物理入門コース［新装版］ 弾性体と流体

物理入門コース［新装版］

An Introductory Course of Physics

ELASTIC BODIES AND FLUIDS

弾性体と流体

恒藤敏彦 著

岩波書店

物理入門コースについて

理工系の学生諸君にとって物理学は欠くことのできない基礎科目の１つである．諸君が理学系あるいは工学系のどんな専門へ将来進むにしても，その基礎は必ず物理学と深くかかわりあっているからである．専門の学習が忙しくなってからこのことに気づき，改めて物理学を自習しようと思っても，満足のゆく理解はなかなかえられないものである．やはり大学１〜２年のうちに物理学の基本をしっかり身につけておく必要がある．

その場合，第一に大切なのは，諸君の積極的な学習意欲である．しかしまた物理学の基本とは何であるか，それをどんな方法で習得すればよいかを諸君に教えてくれる良いガイドが必要なことも明らかである．この「物理入門コース」は，まさにそのようなガイドの役を果すべく企画・編集されたものであって，在来のテキストとはそうとう異なる編集方針がとられている．

物理学に関する重要な学科目のなかで，力学と電磁気学はすべての土台になるものであるため，多くの大学で早い時期に履修されている．しかし，たとえば流体力学は選択的に学ばれることが多いであろうし，学生諸君が自主的に学ぶのもよいと思われる．また，量子力学や相対性理論も大学２年程度の学力で読むことができるしっかりした参考書が望まれている．

編者はこのような観点から物理学の基本的な科目をえらんで，「物理入門コース」を編纂した．このコースは『力学』，『解析力学』，『電磁気学 I, II』，『量子力学 I, II』，『熱・統計力学』，『弾性体と流体』，『相対性理論』および『物理のための数学』の 8 科目全 10 巻で構成されている．このすべてが大学の 1, 2 年の教科目に入っているわけではないが，各科目はそれぞれ独立に勉強でき，大学 1 年あるいは 2 年程度の学力で読めるようにかかれている．

物理学のテキストには多数の公式や事実がならんでいることが多く，学生諸君は期末試験の直前にそれを丸暗記しようとするのが普通ではないだろうか．しかし，これでは物理学の基本を身につけるどころか，むしろ物理嫌いになるのが当然というべきである．このシリーズの読者にとっていちばん大切なことは，公式や事実の暗記ではなくて，ものごとの本筋をとらえる能力の習得であると私たちは考えているのである．

物理学は，ものごとのもとには少数の基本的な事実があり，それらが従う少数の基本的な法則があるにちがいないと考えて，これを求めてきた．こうして明らかにされた基本的な事実や法則は，ぜひとも諸君に理解してもらう必要がある．このような基礎的な理解のうえに立って，ものごとの本筋を諸君みずからの努力でたぐってゆくのが「物理的に考える」という言葉の意味である．

物理学にかぎらず科学のどの分野も，ものごとの本筋を求めているにはちがいないけれども，物理学は比較的に早くから発展し，基礎的な部分が煮つめられてきたので，1 つのモデル・ケースと見なすことができる．したがって，「物理的に考える」能力を習得することは，将来物理学を専攻しようとする諸君にとってばかりでなく，他の分野へ進む諸君にとっても大きなプラスになるわけである．

物理学の基礎的な概念には，時間，空間，力，圧力，熱，温度，光などのように，日常生活で何気なく使っているものが少なくない．日常わかったつもりで使っているこれらの概念にも，物理学は改めてややこしい定義をあたえ基本的な法則との関係をつける．このわずらわしさが，学生諸君を物理嫌いにするもう 1 つの原因であろう．しかし，基本的な事実と法則にもとづいてものごとの本筋をとらえようとするなら，たとえ日常的・感覚的にはわかりきったことであっても，いちいちその実験的根拠を明らかにし，基本法則との関係を問い直すことが必要である．まして私たちの日常体験を超えた世界——たとえば原子内部——を扱う場合には，常識や直観と一見矛盾するような新しい概念さえ必要になる．物理学は実験と観測によって私たちの経験的世界をたえず拡大してゆくから，これにあわせてむしろ常識や直観の方を改変することが必要なのである．

このように，ものごとを「物理的に考える」ことは，けっして安易な作業ではないが，しかし，正しい方法をもってすれば習得が可能なのである．本コースの執筆者の先生方には，とり上げる素材をできるだけしぼり，とり上げた内容はできるだけ入りやすく，わかりやすく叙述するようにお願いした．読者諸君は著者と一緒になってものごとの本筋を追っていただきたい．そのことを通じておのずから「物理的に考える」能力を習得できるはずである．各巻は比較的に小冊子であるが，他の本を参照することなく読めるように書かれていて，

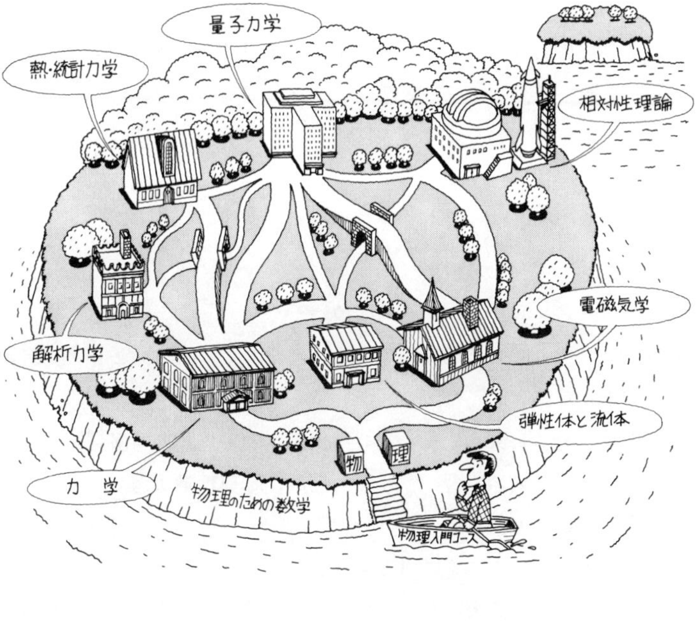

決して単なる物理学のダイジェストではない．ぜひ熟読してほしい．

すでに述べたように，各科目は一応独立に読めるように配慮してあるから，必要に応じてどれから読んでもよい．しかし，一応の道しるべとして，相互関係をイラストの形で示しておく．

絵の手前から奥へ進む太い道は，一応オーソドックスとおもわれる進路を示している．細い道は関連する巻として併読するとよいことを意味する．たとえば，『弾性体と流体』は弾性体力学と流体力学を現代風にまとめた巻であるが，『電磁気学』における場の概念と関連があり，場の古典論として『相対性理論』と対比してみるとよいし，同じ巻の波動を論じた部分は『量子力学』の理解にも役立つ．また，どの巻も数学にふりまわされて物理を見失うことがないように配慮しているが，『物理のための数学』の併読は極めて有益である．

この「物理入門コース」をまとめるにあたって，編者は全巻の原稿を読み，執筆者に種々注文をつけて再三改稿をお願いしたこともある．また，執筆者相互の意見，岩波書店編集部から絶えず示された見解も活用させていただいた．今後は読者諸君の意見もききながらなおいっそう改良を加えていきたい．

1982年8月

編者　戸田盛和
中嶋貞雄

「物理入門コース／演習」シリーズについて

このコースをさらによく理解していただくために，姉妹篇として「演習」シリーズを編集した．

1. 例解　力学演習
2. 例解　電磁気学演習
3. 例解　量子力学演習
4. 例解　熱・統計力学演習
5. 例解　物理数学演習

各巻ともこのコースの内容に沿って書かれており，わかりやすく，使いやすい演習書である．この演習シリーズによって，豊かな実力をつけられることを期待する．(1991年3月)

はじめに

連続体の力学すなわち流体や弾性体の力学は，われわれの周囲に展開する自然現象を理解するのに不可欠である．その基本的な体系は 20 世紀以前におよそととのえられたのであり，古典物理学の 1 つの成果である．20 世紀になって量子論が誕生し，1930 年頃までに量子力学が形成されると，物理学の主流は原子・分子あるいは原子核さらには素粒子といったミクロの世界を解明し，またその結果にもとづいて物質の構造や性質を理解する方向に向かった．そのため近年の物理学の教育でも量子物理学の方に自然と重点がおかれ，古典物理学に属する連続体の力学はやや脇役にまわされた感がある．しかし波動ひとつとって見ても，弦の振動や音波，水の波などの身近かな題材でその物理を具体的に理解するのが望ましい．たとえばいきなり電磁波の放出を学ぶよりは，音波の放出から始める方がわかりやすい．量子力学で出てくる固有関数などの数学的道具立てについても同じことがいえる．

原子・分子あるいは原子核のレベルの物理学の体系がおよそととのった今日，乱流に代表されるような非線形現象の研究など，古典物理学の範囲の研究がきわめて活発になってきている．また連続体の力学が応用される舞台である地球物理学や宇宙物理学の研究が，めざましい発展を見せている．このようなことを考えあわせると，物理学を学ばれる諸君が早い段階で連続体の力学の基礎を身につけるのは決して無駄ではない．

この本では流体と弾性体の力学の基本的な考え方と物理的内容の理解を目指したつもりである．そのかわり数学的な取り扱いはかなり省略あるいは簡単にすませることになった．たとえば完全流体の2次元流では複素関数論の美しい応用があるが，どの流体力学の本にも詳述してあるからここでは一切ふれなかった．また流体に比較的多くのページを使ったため，弾性体の力学を扱った第7章は大幅に圧縮しなければならず，基本的な枠組の説明に限ることにした．以上のような点については巻末にあげた参考書で‘さらに勉強’されることを望みたい．なお各節の‘問題’には具体例でいろいろな量がどれくらいの大きさであるかを求めるものが多い．‘感じ’をつかむためにぜひやってもらいたい．

この本を書くにあたって編者の戸田盛和，中嶋貞雄の両先生および京都大学理学部の巽友正先生からいろいろと御教示を頂いた．流れの可視化の研究の権威である九州大学応用力学研究所の種子田定俊先生は円柱のまわりの流れの写真を快く提供して下さった．ここで厚く感謝申し上げたい．また終始辛抱強く筆者の相談相手となって助力を惜しまれなかった岩波書店の片山宏海氏に心からお礼申し上げる．氏の熱意がなければこの本は陽の目を見なかったであろう．最後に読者となってくれた研究室の田崎秀一，坪田誠の両君に感謝したい．とくに田崎君の注意深い検討のおかげで多くの誤りを訂正することができた．

1983年6月3日

恒藤敏彦

目次

コーヒー・ブレイク

1

連続体の力学

われわれが日常観察するのは，固体であれ気体，液体であれ，すべて広がりをもつ物体の変形をともなう運動である．それを支配するのはニュートン力学には違いないが，質点系の力学とは異なった形，すなわちこの本で学ぶ連続体の力学が必要となる．本論に入る前に，弾性体とか流体，あるいはそれらをひっくるめて連続体というとき，どんなものを意味するのかを明らかにしておこう．

ニュートン力学はケプラーの法則に象徴されるように天体の運動を焦点として形成された．惑星の運動を考えるとき，太陽と惑星の間の距離はそれらの大きさに比べてはるかに大きく，しかも太陽も惑星もほとんど球形であるから，質量をすべて重心に集めて大きさのない質点として取り扱ってもよい．すると太陽系は万有引力を及ぼしあう質点系となる．質点の運動は各瞬間でのその位置座標で記述されるから，天体を質点とみなすという一種の理想化によって，問題はきわめて簡単化されるわけである．

現実の太陽系に対してこの理想化は大変よい近似であるが，理想化であることには変わりがない．たとえば水星の運動には，ごくわずかではあるが，太陽が完全に球形でないことが影響する．また月の運動によって地球上の潮汐が生じ，それによって月が地球をまわる周期はわずかずつ長くなっていく．このような効果を問題にするときには，もちろん，太陽や地球を質点と考えるわけにはいかない．さらに，われわれの身近に生じる現象に目を移すと，どうしても質点の集まりとしては扱えない物体，すなわち広がりをもち，しかもその形を変える物体の運動を問題にしなければならない．ニュートン自身も空気や水の抵抗の問題や波動に深い関心をもち，『プリンキピア』の第2篇「物体の運動について——抵抗のある媒質中の」で詳しい議論を展開した．ニュートン以後の力学の発展は，まず広がりはあるが形を変えない剛体の力学，そしてさらに伸縮したり歪んだりする固体や，自由に形を変える空気や水の力学への一般化であった．この本で学ぶのは，弦や膜の振動，それがつくる音の伝搬，水の流れや波といった，日常経験する多くの現象を扱う力学である．

固体と流体　金属や氷のような固体は外から力を加えたとき，それに抵抗してもとの形をたもとうとする．それに反し，気体と液体は，たとえばプラスチックの袋に密封した空気や水をとってみればわかるように，体積の変化には抵抗するが，体積を変えないような変形はどんなに小さな力によっても生じる．したがって変形がどんどん進む，つまり「流れる」という現象が見られる．気体と液体とは密度の違い，圧縮のしやすさなど物理的な性質は異なるが，運動の仕方に関しては共通しているので，ふつう両者をひっくるめて**流体**(fluid)

とよぶ.

固体も流体もわれわれが普通に使う巨視的なスケールでは質点の集まりではなく，むしろ質量が連続的に分布した連続的な物体にみえる．質量の空間的な分布が連続的な，広がりのある物体のことを**連続体**(continuum)とよぶ．とくに流体や固体のなかを伝わる波などを考慮するとき，連続体を空間に充満している媒質とみなして連続媒質(continuous medium)ということもある.

ミクロの記述と連続体　現実の物体を連続体とみなすのは一種の理想化である．「質点」というのとはいわば反対の理想化といってもよい．われわれはどんな物体も原子(あるいはその構成要素である電子と原子核)からできていることを知っている．たとえば鉄の棒をとってみよう．微視的にはそれは鉄の原子が格子状に並んだ結晶の状態にある．一般に，原子間の相互作用のエネルギーは，原子が一定の並び方をしているときにもっとも低く，その並び方が熱運動でみだされていないのが固体である．隣り同士の原子間の距離は，鉄の場合約 2.5 Å であり，ほかの固体でも大体このていどの値である．したがって 1 cm^3 のなかには約 10^{23} 個という莫大な数の原子があることになる．たとえばこれを波長がミクロン(10^{-4} cm)ていどの光で見ると，顕微鏡を使ってみようとしても，光学顕微鏡の分解能は波長で限られるため，なめらかな物体にしかみえない．高性能の電子顕微鏡で初めて原子の配列が識別できるのであって，巨視的にみると連続体にみえるというのはこの意味である.

外から固体に力を加えると固体は歪み，原子の並び方が変化する．そうするともとにもどろうとする力が原子間にはたらき，変形がある大きさになると外力と釣り合う．原子間の相互作用がわかっていれば，もとの結晶格子の並び方から原子の位置があるずれをしたとき，それに応じてどんな力が原子間にはたらくかを知ることができる．したがって鉄棒の変形や振動を，それをつくっている個々の原子にはたらく力の釣り合いやその運動として取り扱うことができる．しかしこのようなミクロの記述は必ずしも必要ではない．鉄の棒を押したり引っ張ったり，あるいは振動させたときに生じる変形は巨視的なスケールで生じているから，原子の並び方の変化も原子間の距離というミクロのスケールでみると，きわめてゆっくりとした変化である．したがって鉄の棒を連続体として扱ってもいっこうに差し支えない．固体を連続体として扱うときその力学がどんな形になるかは，第7章で考察する．

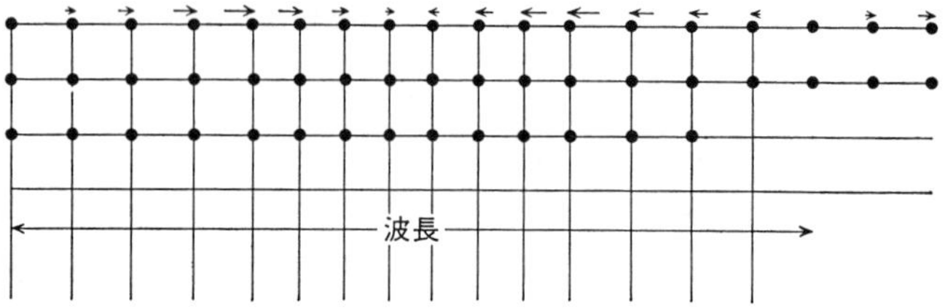

図 1-1 音波が伝わるとき，固体の原子は変位する．

連続体の近似がどのような場合に有効かを示すよい例は，固体のなかを伝わる音波である．音波にともなって原子は図1-1のような変位をする．この図からわかるように，変位は波長というスケールで変化する．図1-2は音波の振動数と波長の逆数(すなわち波数)との関係を示したもので，破線は連続体近似で求めた結果である．波長が原子間距離 a に近づくと，すなわち変形の仕方がミクロのスケールで生じるようになると，連続体近似は使えなくなる．逆に波長が原子間隔の10倍くらいになるとすでに近似がきわめてよいことがわかる．

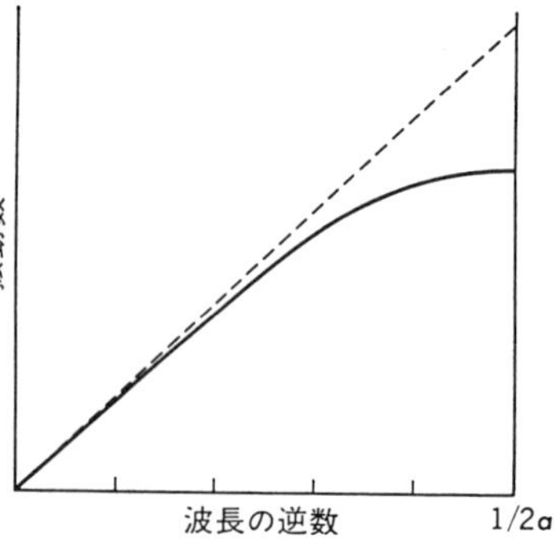

図 1-2 固体中を伝わる音波の振動数と波長の逆数の関係．

弾性体 固体でも外から加える力がある限界をこえると，その力を取り去ったときにもとの形にもどらなくなる．つまり永久変形をおこす．図1-3は銅線を引っ張ったときの力の大きさと伸びとの関係を示したもので，矢印の点以上の力を加えると伸びが急に大きくなり，同時に永久変形が生じる．このよ

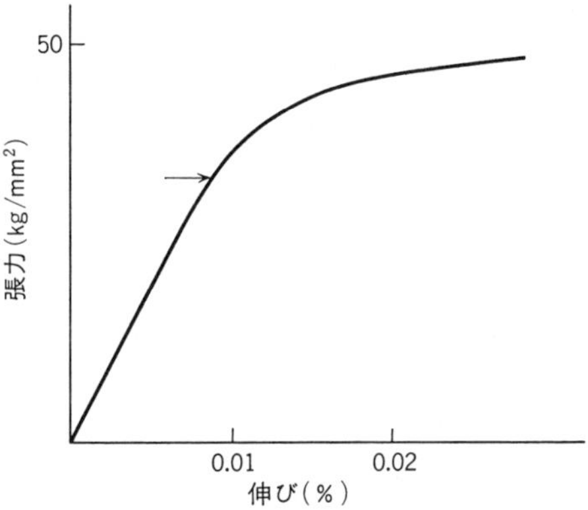

図 1-3　銅線を引っ張ったとき，矢印以上の力を加えると永久変形が起こる．

うな永久変形が起こらない範囲での力学的な現象を扱うとき，固体を**弾性体**(elastic body)とよぶ．第7章で考察するのは弾性体の力学だけである．

流体　この本の主な部分(第3〜第6章)では流体の力学を議論するが，流体の場合には連続体としての取り扱いがどうしても必要になる．液体では平均の原子間距離は固体とほぼ同じで数Åていどであり，気体でも標準状態(1気圧，0°C)では1 cm^3のなかに10^{19}個ていどの分子がある．気体や液体では，この莫大な数の原子あるいは分子は固体におけるように定まった位置を占めていないで，つねに乱雑な熱運動をしている．そのためにもはや個々の原子，分子の運動を追いかけるのは不可能であり，問題にできるのは平均的な量，すなわち密度，圧力，温度あるいは流れの速度といった量である．むしろこのような平均的な量こそわれわれの知りたいものである．したがって連続体として流体を考えるのはきわめて自然になってくる．

密度のような平均的な量が意味をもつためには，ある大きさの領域を考えなければならない．同様に，乱雑な運動によって平均化が生じるように，時間的にも少なくともある時間にわたって平均することが必要である．質量mの分子の気体での密度ρは，ある体積vのなかの分子の数をnとすると，$\rho=mn/v$で与えられる．体積vを分子間の平均距離と同程度の大きさの領域とすると，そのなかにある分子の数は激しくしかも乱雑に変化する量になってしまう．どのくらいの大きさにとればよいかという目安は，分子がたがいに衝突するまでに自由に運動する距離，すなわち**平均自由行程**とよばれる長さ l で与えられる．l は液体では分子間の距離ていどであり，標準状態の気体では 10^{-6} cm のていどである．これに比べて大きなスケールの領域で平均すれば密度とか圧力が意味をもつと考えてよい．また時間のスケールは衝突の間の時間で定められ，気体で 10^{-10} s のていどである．時間的にはこれよりはるかに長い時間で変化し，空間的には l より大きな距離にわたって変化するような巨視的な運動を扱う場合には，各瞬間に各点で値をもつ量として，密度や圧力を考えることができる．すなわち流体を連続体とみなすことができる．第3章で流体の微小な部分に注目し，その質量とかまわりの流体がそれに及ぼす力とかを考えるが，その微小部分の大きさは巨視的には微小であるが，ミクロには上に述べた意味で充分大きくなくてはならない．たとえば液体の中で花粉のように微小な粒子にはたらく力は，平均的な圧力によるものだけでなく，ゆらぎも重要になることは，ブラウン運動によく示されている．

場の力学　連続体の力学でのもっとも重要な点についてふれておこう．流体を例にとると，流体のある部分は，それのまわりにある流体と無関係に運動することはできない．ある部分が動くためにはまわりも動かなければならない．流体の各部分はいつもたがいに押し合いながら運動する．すなわち連続体では，ある部分はそれに接する部分と強い相互作用をして運動をする．いいかえると，連続体ではたらく力は近接作用の力である．（もちろん重力のような遠隔作用の力もはたらく.）このような力の作用のもとでどんな運動が起こるかを考察するわけである．

連続体は空間に広がった媒質とみることができる．その状態は空間の各点での密度，圧力，流れの速さなどの量で記述される．このように空間の各点で考える量を**場の量**とよぶ．連続体の運動方程式はこれらの場の量の変化を支配する方程式であり，その意味で連続体の力学は電磁場のような場の力学の原型であるといえる．歴史的にも電磁気学の形成には 18, 19 世紀に発展した弾性体や流体の力学が大きな役割を演じたのであった．それはラプラス，ガウス，ストークスなど電磁気学でなじみ深い名前がここでもしばしば出てくることでうなずけるであろう．身近に観察できる流体や弾性体の運動は，電磁場の理論などで使われる保存則などの定式化やベクトル解析，偏微分方程式などの数学的な道具を，物理的な意味をつかみながら理解するのにはよい題材である．具体的な問題の取り扱いについても同じことがいえる．近接作用のはたらく媒質でのもっとも特徴的な運動は波動であるが，流体や弾性体での音波であっても，電磁場での電磁波や光であっても，波動の理論の基本は同じである．この本ではまず，もっとも簡単な弦や膜の波動の取り扱いから始める．

なお連続体の力学への入門であるこの本で取り上げるのは，断わるまでもなく基礎的な事柄に限られる．たとえば流体力学では，境界層や乱流についてはごく簡単にふれるだけであるし，また温度勾配があるときに生じる対流，さらに大気の流れや海流のように水の蒸発，凝結といった熱現象が本質的に関係する流れはまったく取り上げない．熱的な過程がかかわってくると流れの現象は大変豊富になることを注意しておこう．またこの本で扱う波動はすべて振幅が充分小さく，いわゆる線形近似が有効な場合に限られている．しかし振幅が有限であることが本質的な意味をもつ非線形現象のなかには，衝撃波や孤立波(ソリトン)といったきわめて興味深いものが数多くある．このような魅力のある領域にふみこむためにも，まず基本になる物理を理解しなければならない．

最後に，‘流体’とも‘弾性体’ともいえない，両方の性質を同時に示すような物質も多くあることを注意しておこう．ガムのような高分子物質でゴムと同じく弾むが，放って置くと流れるものはその一例である．また卵の白身は水のような流れ方はしない．いろいろな物質の変形を扱う分野はレオロジー(rheology)とよばれる．

2

弦と膜の力学

波動は光，音，電子の波などの例をあげるまでもなく，普遍的な運動の形である．波動について基本的な事柄を学ぶには弦楽器の弦あるいはドラムの膜がよい題材になる．ここではそれらを理想化して，張力だけしかはたらかない線あるいは面として取り扱う．弦や膜の運動方程式はどんな形になるのか？ その前に，張力とはどんな力だろうか？ その辺から議論を始めよう．

2-1 張力

弦楽器の弦のように自由にまがる細い糸を理想化して考えよう．太さは無視するが，質量は有限であるとする．このような弦の両端を力 F で引っ張ったとすると，弦のどの部分をとってもその両端は残りの部分から外側に向かう力 F を受ける(図 2-1)．この力を**張力**(tension)とよぶ．微視的にみると張力を伝えているのは分子間力であるが，ここではその機構を知ることは必要ではない．弦がピンと直線に張られていれば，任意の部分の両端にはたらく張力は逆向きで釣り合っている．このときの弦にそって x 軸をとろう．いま張力は一定にして，弦を xy 面上の滑らかな曲線

$$y = u(x) \tag{2.1}$$

の形にしたとする．この曲線の形をした溝にはめこんだと思えばよい(図 2-2)．この場合にも張力の大きさはどこでも一定の値 F であるが，それがはたらく方向は各点での接線にそって，つまりその点での弦の形を近似する直線にそってはたらく．接線は場所によって変化するから，張力だけでは釣り合わず，弦は溝に力を及ぼす．$x_0 - \Delta x/2$ と $x_0 + \Delta x/2$ との間にある弦の微小な部分(これを簡単のため要素 Δx とよぶ)が溝の壁に及ぼす力を求めよう．

式(2.1)で表わされる曲線の x における接線と x 軸とのなす角を $\theta(x)$ とすると，それは図 2-3 からわかるように

図 2-1 弦の両端を力 F で引っ張る．

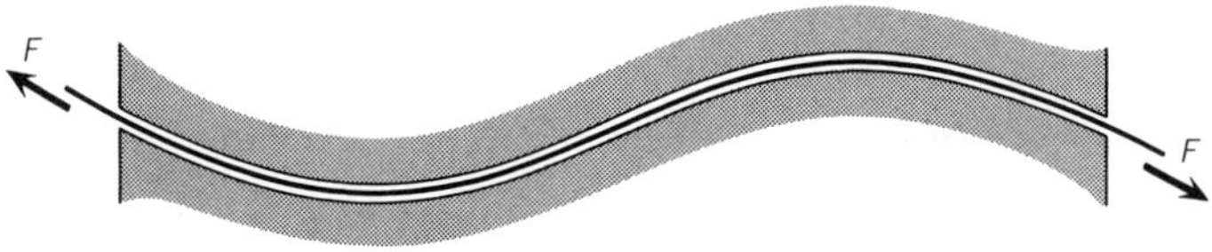

図 2-2 曲線溝に弦をはめて引っ張る．

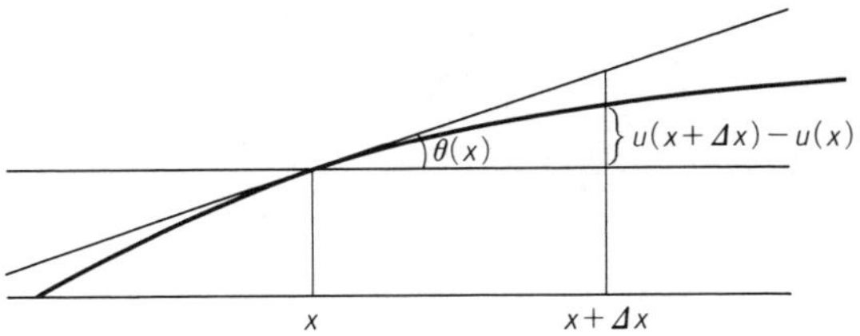

図 2-3 $\theta(x)\ll 1$ すなわち弦の傾きが小さい場合.

$$\tan\theta(x)=\frac{du(x)}{dx}\equiv u'(x) \tag{2.2}$$

で与えられる.(これから $du(x)/dx$ を $u'(x)$ と書く.)話を簡単にするために,どこでもこの角が小さい($\theta(x)\ll 1$),すなわち直線からのずれが小さい場合に限定しよう.そのときには $\tan\theta\cong\theta$ と近似でき,したがって

$$\theta(x)\cong u'(x)\ll 1 \tag{2.3}$$

である.接線方向にはたらく張力 F の x 成分の大きさは,θ の1次までの項を問題にする近似では $F\cos\theta=F(1-\theta^2/2+\cdots)\cong F$ となって一定であるが,y 成分は $F\sin\theta(x)\cong F\theta(x)\cong Fu'(x)$ となる.したがって要素 $\varDelta x$ の右端と左端とにはたらく張力の y 成分は,それぞれ

$$Fu'\left(x_0+\frac{1}{2}\varDelta x\right),\qquad -Fu'\left(x_0-\frac{1}{2}\varDelta x\right)$$

に等しい.$\varDelta x$ は微小量であるから,$\varDelta x$ について展開し,

$$u'\left(x_0\pm\frac{1}{2}\varDelta x\right)\cong u'(x_0)+\left.\frac{du'}{dx}\right|_{x=x_0}\left(\pm\frac{1}{2}\varDelta x\right)$$

としてよい.したがって要素 $\varDelta x$ にはたらく力は両端にはたらく力の和,すなわち

$$Fu'\left(x_0+\frac{1}{2}\varDelta x\right)-Fu'\left(x_0-\frac{1}{2}\varDelta x\right)$$
$$\cong F\left.\frac{du'}{dx}\right|_{x=x_0}\varDelta x=F\left.\frac{d^2u(x)}{dx^2}\right|_{x=x_0}\varDelta x \tag{2.4}$$

となる.これが求める結果である.静止しているためには,もちろんこの弦の要素は溝の壁からこれと逆向きの力を受けている.結果が u の2階微分に比例

するのは自然であって，かりに1階微分に比例するとすれば，この要素を含む部分が直線状になっていても張力だけでは釣り合わないことになる．もし壁からの力などの外力がなければ，張力だけの釣り合いの式として(2.4)が0に等しい，すなわち

$$\frac{d^2u(x)}{dx^2} = 0 \tag{2.5}$$

がえられる(考えている要素はどこにとってもよい)．この方程式の解 $u=ax+b$ (a, b は定数)は確かに直線を表わす．

弾性エネルギー　運動の議論に進む前に，弦を引っ張ったときに弦に蓄えられるエネルギー，すなわち張力に対応する弾性エネルギーにふれておこう．はじめある長さの弦が力 F で引っ張られて長さ l になっているとする．弦が一様に伸びるときには，弦に蓄えられた弾性エネルギーは l の関数と考えてよい．それを $U(l)$ で表わそう．さらに微小な長さ Δl だけ伸ばすとき，U は，力 F がする仕事 $F\Delta l$ だけ増大するはずである．

$$U(l+\Delta l)-U(l) \cong \frac{dU(l)}{dl}\Delta l = F\Delta l$$

ここで，弦を l から Δl だけ伸ばすには F よりわずかに大きな力 $F+\Delta F$ で引っ張らなければならないが，ΔF は Δl に比例するから，この補正は，エネルギーには Δl の2次の変化となり無視できることを使った．さて，上で議論した問題に帰って，弦が曲線状になったときのエネルギーの変化を求めよう．直線からずれるのであるから弦はもちろん伸びるが，その伸びは一般には一様でなく場所によって異なるであろう．しかし弦の微小な要素をとってみれば，そのなかでは伸びは一様であると考えてよい．ふたたび弦の要素 Δx に注目すると，最初の長さは Δx であったが，$u(x)$ で表わされる y 方向への変位があると，その長さは

$$\sqrt{(\Delta x)^2+(u'(x_0)\Delta x)^2}-\Delta x \cong \frac{1}{2}(u'(x_0))^2\Delta x \tag{2.6}$$

だけ変化する．ただし $u'(x_0)$ は $du(x)/dx$ の点 x_0 での値であり，上の仮定(2.3)から1よりはるかに小さいとした．したがって，この弦の要素 Δx のもつ弾

性エネルギーの変化は，上の結果から

$$\frac{1}{2}F\left(\frac{du}{dx}\right)^2 \Delta x$$

で与えられる．したがって弦が直線状に張られているときからの，弦全体の弾性エネルギーの増加分 U は，すべての微小要素についての和，すなわち積分

$$U = \frac{1}{2}F\int_0^L \left(\frac{du}{dx}\right)^2 dx \tag{2.7}$$

に等しい．ただし弦は0から L の間に張ってあるとした．弦の曲がり方，すなわち $u(x)$ が異なればこのエネルギー U も異なる．この意味で U は関数 $u(x)$ の関数(汎関数 functional とよばれる)である．

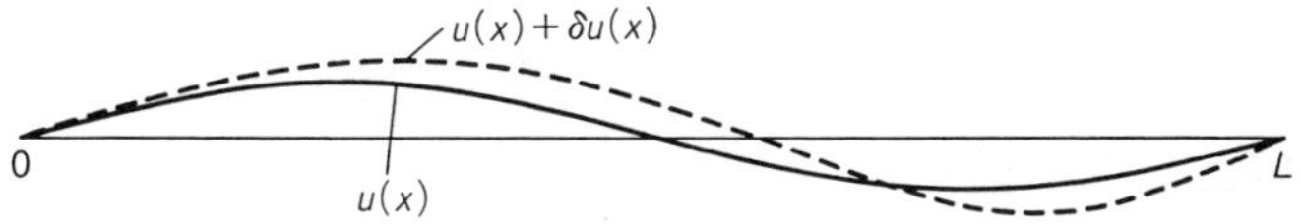

図 2-4　$u(x)$ の形になった弦をさらに $\delta u(x)$ 変化させる．

いま，弦がある曲線 $u(x)$ の形になっているとき，さらに微小な変化 $\delta u(x)$ を加えたとする(図 2-4)．そのとき U がどれだけ変化するかを $\delta u(x)$ の1次までの近似で求めよう．

$$\begin{aligned}\delta U &= \frac{1}{2}F\int_0^L \left\{\left(\frac{d(u+\delta u)}{dx}\right)^2 - \left(\frac{du}{dx}\right)^2\right\}dx \\ &\cong F\int_0^L \frac{du}{dx}\frac{d\delta u}{dx}dx \\ &= F\frac{du}{dx}\delta u\bigg|_0^L - F\int_0^L \frac{d^2u}{dx^2}\delta u dx \end{aligned} \tag{2.8}$$

最後の式に移るさい部分積分を行なった．両端ではもともと $\delta u=0$ になるような変化だけを許すとしよう：$\delta u(0)=0$, $\delta u(L)=0$．そうすると第1項は考えなくてもよい．第2項に現われる $F\cdot d^2u/dx^2\cdot dx$ は，要素 dx にはたらく張力の y 成分であることを思い出そう((2.4)式)．弦を $\delta u(x)$ だけずらすときに張力のする仕事が第2項なのである．また，かりにどこでも $d^2u/dx^2=0$ ((2.5)式)であれば，微小な変化 $\delta u(x)$ に対し U は変化しない($\delta U=0$)ことになる．すな

わち釣り合いの条件は弾性エネルギーUが極値，一般に極小になるという条件として表わされる．

問　題

1. 半径Rの滑車にひもをかけ，両端に1 kgのおもりをつけた．ひもの接している各点で滑車の受ける力を求めよ．この場合にはひもの方向の変化(本文の$\theta(x)$)は小さくないことに注意．頂点の近くでは(2.2)式で正しく与えられることを示せ．どんな曲線も微小部分は円で近似できる．その円の半径をその点での曲率半径という．

2. 線密度σ，長さLの弦が水平に張力Fで張ってある．重力がはたらくときの弦の形を定める方程式を求めよ．ただし弦の接線の方向と水平方向との間の角はどこでも小さいとする．$L=10$ m，$\sigma=1$ g/cm，$F=1$ kgw のとき，弦の中点の下がりを求めよ．

2-2　弦の運動方程式

質点系の運動は，各瞬間におけるすべての質点の位置によって記述される．同様に弦の運動を表わすには，弦の各部分の位置の時間変化を与えればよい．質点系における質点の番号に相当して，弦の各部分にしるしをつけるには，たとえば弦にそって測った長さを利用すればよい．直線状に張力Fで張られて静止しているときの，弦の各点のx座標をその点のしるしとしよう．xという弦の点の時刻tにおける変位は，一般には3次元のベクトルである．それを$\boldsymbol{u}(x,t)=(u_x(x,t),u_y(x,t),u_z(x,t))$で表わそう．したがって質点系の場合の，質点の位置にあたる力学変数はこの$\boldsymbol{u}(x,t)$である．質点の番号にあたるxが連続な変数であるから，弦の自由度は無限大である(例題1を見よ)．もちろんこれは連続体というモデルが適用できるかぎりでの話である．

ここでは前節と同じく，簡単のためにxy面内だけでの運動に限り($u_z(x,t)=0$)，しかも弦は直線からわずかしかずれないとする．このときには，y方向の変位$u_y(x,t)$だけが生じるような運動を考えることができる(弦にそった方向の運動$u_x(x,t)$については問題1を見よ)．以下では$u_y(x,t)$の添字yを省略して，$u(x,t)$と書く．したがって時刻tでの弦の形はxy面内の曲線$y=u(x,

t) となるわけである．このとき張力のために弦の微小要素 $\varDelta x$ にどんな力がはたらくかはすでに前節で考察した((2.4)式)．ニュートンの第2法則に従って，この力と慣性力とを等しいとおけば，要素 $\varDelta x$ に対する運動方程式がえられる．弦の線密度，すなわち単位長さあたりの質量を σ (kg/m) としよう．すると弦の要素 $\varDelta x$ の質量は $\sigma\varDelta x$ である．位置 x にあるこの要素の速度は変位 $u(x,t)$ の時間微分である．$u(x,t)$ は2つの変数 x と t の関数であるから，これは偏微分

$$\frac{\partial u(x,t)}{\partial t} = \lim_{\varDelta t\to 0}\frac{1}{\varDelta t}\{u(x,t+\varDelta t)-u(x,t)\}$$

である．同様に加速度は変位の時間についての2階の偏微分 $\partial^2 u(x,t)/\partial t^2$ であるから，慣性力は

$$\sigma\varDelta x\cdot\frac{\partial^2 u(x,t)}{\partial t^2} \tag{2.9}$$

に等しい．(厳密にいうと $\varDelta x$ の右端と左端とでは加速度が異なるが，その違いは(2.9)に対しては $\varDelta x$ の2次以上の補正となり，$\varDelta x\to 0$ の極限で無視できる.) (2.9)と(2.4)とを等しいと置いて

$$\sigma\varDelta x\frac{\partial^2 u(x,t)}{\partial t^2} = F\frac{\partial^2 u(x,t)}{\partial x^2}\varDelta x$$

両辺を $\varDelta x$ でわると(そして $\varDelta x\to 0$ の極限をとるといままでに無視した $\varDelta x$ について2次以上の項は0になる)，方程式

$$\sigma\frac{\partial^2 u(x,t)}{\partial t^2} = F\frac{\partial^2 u(x,t)}{\partial x^2} \tag{2.10}$$

が弦の任意の点で成り立たなければならないことになる．これが弦の微小振動を支配する運動方程式であり，x と t の偏微分に依存する偏微分方程式の形をとる．

先に進む前に，弦の運動にともなうエネルギーを求めておこう．変形にともなう弾性エネルギーはすでに求めた((2.7)式)．運動エネルギーは弦の各要素の運動エネルギー $\frac{1}{2}(\sigma\varDelta x)\left(\frac{\partial u}{\partial t}\right)^2$ の和，すなわち

$$K = \frac{\sigma}{2}\int_0^L dx\left(\frac{\partial u(x,t)}{\partial t}\right)^2 \tag{2.11}$$

で与えられる．やはり弦の長さを L とした．(2.7)式とあわせて，弦の全エネルギーは

$$E = \frac{1}{2}\int_0^L dx\left\{\sigma\left(\frac{\partial u}{\partial t}\right)^2 + F\left(\frac{\partial u}{\partial x}\right)^2\right\} \tag{2.12}$$

となる．被積分関数

$$\mathcal{E}(x,t) = \frac{1}{2}\sigma\left(\frac{\partial u(x,t)}{\partial t}\right)^2 + \frac{1}{2}F\left(\frac{\partial u(x,t)}{\partial x}\right)^2 \tag{2.13}$$

は，時刻 t に x の位置の弦のもつ単位長さあたりのエネルギー，すなわち**エネルギー密度**である．

例題 1　図 2-5 のように質量 m の質点が間隔 a でバネによってつながれた鎖がある．隣接する質点は大きさ F の力で引き合っているとする．静止しているときの鎖と直角方向の変位だけを考え，各質点に対する運動方程式を求めよ．ただし変位の大きさはすべて a よりはるかに小さいとする．$m/a=\sigma$ を一定にして，$m\to 0, a\to 0$ の極限をとると (2.10)式がえられることを示せ．

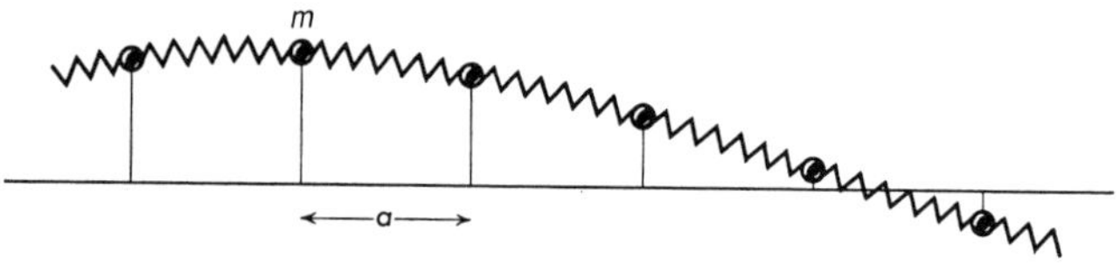

図 2-5　質量 m の質点をバネでつなぐ．

［解］　図 2-5 で i 番目の質点の y 方向の変位を $u_i(t)$ とする．i 番目の質点が $i+1$ 番目から受ける張力と，$i-1$ 番目から受ける張力とは大きさが F に等しいから，y 成分はそれぞれ

$$F\frac{u_{i+1}-u_i}{a}, \qquad -F\frac{u_i-u_{i-1}}{a}$$

で与えられる．ここですべての $u_i \ll a$ を使った((2.3)のところと同じ議論をすればよい)．したがって合力の y 成分を md^2u_i/dt^2 に等しいとおけば，運動方程式

$$m\frac{d^2u_i}{dt^2} = F\frac{u_{i+1}+u_{i-1}-2u_i}{a}$$

がえられる．i 番目の質点の x 座標を x としよう．問題の極限をとったとき $u_i(t) \to u(x,t)$ となるとすると，右辺は

$$F\left\{\frac{u(x+a,t)-u(x,t)}{a}-\frac{u(x,t)-u(x-a,t)}{a}\right\}$$

$$\to F\frac{\partial^2 u(x,t)}{\partial x^2}a$$

となる．左辺は $m=\sigma a$ であるから

$$\sigma a\frac{\partial^2 u(x,t)}{\partial t^2}$$

となり(2.10)がえられる．

N 個の質点からなる鎖の自由度は(y 方向だけ考えているから)N に等しい．$a \to 0$ にした連続な弦のもつ自由度はしたがって無限大となる．▎

問　題

1. 単位長さ(引っ張られていないときの)あたりの伸びに張力が比例するような線密度 σ のゴムひもがある．ある長さに伸ばして x 軸に平行して張ってあるときの張力を F とする．このゴムひもの x 軸方向(縦方向)の微小振動に対する運動方程式を求めよ．

2-3 弦の振動——ダランベールの解

この節では方程式(2.10)で記述される弦の振動を取り扱う．すこし書きなおして

$$\boxed{\frac{1}{c^2}\frac{\partial^2 u(x,t)}{\partial t^2}=\frac{\partial^2 u(x,t)}{\partial x^2}} \tag{2.14}$$

と表わすことにする．ただし

$$c \equiv \sqrt{\frac{F}{\sigma}} \tag{2.15}$$

は速度の次元をもつ定数である．偏微分方程式(2.14)は1次元の波動方程式とよばれる．第1にこの方程式が求めるべき関数 $u(x,t)$ について1次である，つまり u やその微分を積の形で含まない**線形**(linear)の偏微分方程式であるこ

とに注意しよう．したがって，かりに $u_1(x,t)$ と $u_2(x,t)$ とがそれぞれ(2.14)を満足すると，和 $u_1(x,t)+u_2(x,t)$ も解になる．これはすべての線形方程式に共通する基本的な性質で，**重ね合わせの原理**(superposition principle)とよばれる．

一般に(2.14)式の解は次のようにして求められる．まず任意の(なめらかな)関数 $g(x)$ の2階微分 d^2g/dx^2 は，いちど微分して得られる関数 $g'(x)=dg(x)/dx$ の微分である．

$$\frac{d^2g(x)}{dx^2} = \frac{d}{dx}\left(\frac{dg}{dx}\right)$$

つまり微分という演算を2回行なって得られる関数である．偏微分についても同様で

$$\frac{\partial^2 u(x,t)}{\partial t^2} = \frac{\partial}{\partial t}\frac{\partial}{\partial t}u(x,t), \qquad \frac{\partial^2 u(x,t)}{\partial x^2} = \frac{\partial}{\partial x}\frac{\partial}{\partial x}u(x,t)$$

$$\frac{\partial^2 u(x,t)}{\partial x \partial t} = \frac{\partial}{\partial x}\frac{\partial}{\partial t}u(x,t) = \frac{\partial}{\partial t}\frac{\partial}{\partial x}u(x,t)$$

であるから，(2.14)式は

$$\frac{1}{c}\frac{\partial}{\partial t}\cdot\frac{1}{c}\frac{\partial}{\partial t}u - \frac{\partial}{\partial x}\frac{\partial}{\partial x}u = \left(\frac{1}{c}\frac{\partial}{\partial t}+\frac{\partial}{\partial x}\right)\left(\frac{1}{c}\frac{\partial}{\partial t}-\frac{\partial}{\partial x}\right)u = 0$$

と書ける．こうすると $f(x)$ を任意の関数として

$$u(x,t) = f(x-ct) \tag{2.16 a}$$

$$u(x,t) = f(x+ct) \tag{2.16 b}$$

が解であることは容易に示される．たとえば $s=x-ct$ とおくと

$$\frac{\partial f(x-ct)}{\partial t} = \frac{df(s)}{ds}\frac{\partial s}{\partial t} = -c\frac{df}{ds}, \qquad \frac{\partial f}{\partial x} = \frac{df}{ds}$$

などを使えばよい．この形の解は**ダランベールの解**(d'Alembert's solution)とよばれる．

ダランベールの解の意味を考えよう．たとえば(2.16 a)の解をとると，$t=0$ で弦は $y=f(x)$ という形をしている．それが $t=t$ では $y=f(x-ct)$ となるのであるから，図2-6のように同じ形を保ちながら ct だけ右に進んでいる．すな

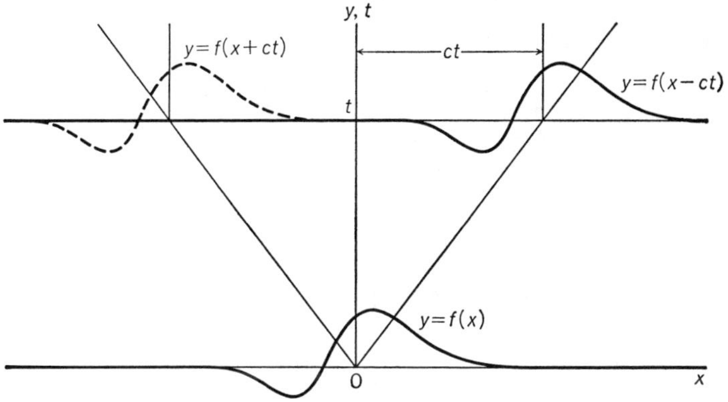

図 2-6 右に進む波では，$t=0$ のとき $y=f(x)$ の波形が $t=t$ では $y=f(x-ct)$ となる．左に進む波では $y=f(x+ct)$ になる．縦軸は波形に対しては y 軸，波の位置については t 軸を表わす．

わち $f(x)$ で表わされる波形が速度 c で右に進むのである．(2.16 b) はもちろん左へ進む解である．

ダランベールの解をどのように使うかを見るために，次の例を考えよう．無限に長い弦を考え，図 2-7 のように A, B, C の 3 点をおさえて静止させ，$t=0$ ではなしたとき，どんな運動をするか？　初期条件は，第 1 に弦が与えられた形をしていること，第 2 に $t=0$ で静止している，すなわち弦のどの部分の初速も 0 ということである．質点系の力学での初期条件が，質点の位置と速度を指定することであったのに対応している．したがって初期条件は

$$u(x,0) = f(x), \qquad \left.\frac{\partial u(x,t)}{\partial t}\right|_{t=0} = 0 \tag{2.17}$$

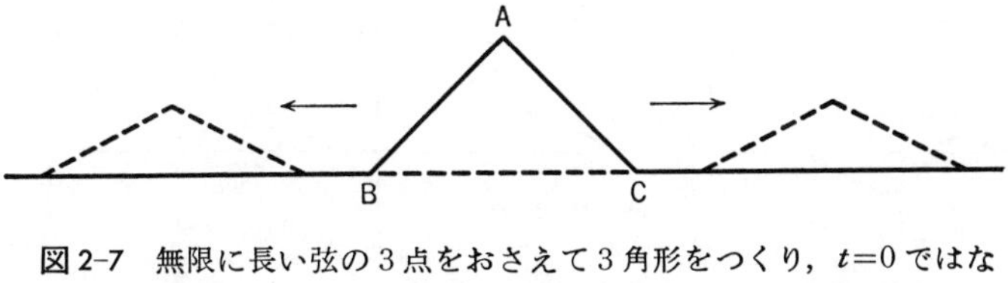

図 2-7 無限に長い弦の 3 点をおさえて 3 角形をつくり，$t=0$ ではなすと，実線の山が 2 つの破線の山に分かれてそれぞれ左右に進む．

と表わされる．ただし $y=f(x)$ は図の3角形を表わすものとする(外側では0)．第2の条件をみたすには

$$u(x,t)=\frac{1}{2}\{f(x-ct)+f(x+ct)\} \tag{2.18}$$

ととればよい．これが求める解であって，ちょうど半分の高さの3角形のパルスが左右に速度 c で進むことを表わしている．もちろん始めの形は3角形である必要はなく任意の形から出発してもよい．

次に弦が直線状になっているとし，$t=0$ のときある初速度を与えた場合を考えよう．たとえばピアノでハンマーが弦をたたいて音が出るときなどの場合である．このときの初期条件は

$$u(x,0)=0, \qquad \left.\frac{\partial u(x,t)}{\partial t}\right|_{t=0}=g(x) \tag{2.19}$$

である．ただし $g(x)$ は点 x の初速度である．この条件をみたすには

$$u(x,t)=\frac{1}{2c}\int_{x-ct}^{x+ct}dx'g(x')=\frac{1}{2c}\{G(x+ct)-G(x-ct)\} \tag{2.20}$$

とすればよい．ここで $G(x)$ は $g(x)$ の不定積分である．

有限の長さ L の弦で両端 $(x=0,\ x=L)$ が固定されている場合を考える．

$$u(0,t)=u(L,t)=0 \tag{2.21}$$

このとき初期条件(2.17)を満足する解も簡単に求められる．ただし f は $f(0)=f(L)=0$ をみたす任意の関数とする．弦を仮想的に無限に延長し，$(0,L)$ で与えられた波形 $f(x)$ を図2-8のように L で折り返し，周期 $2L$ で続けた関数を $\bar{f}(x)$ としよう．この $\bar{f}(x)$ を(2.18)に使えばよい．なぜなら $x=0$ と $x=L$ では右と左に進む波がいつも打ち消しあうからである．もちろん実際に必要なのは区間 $(0,L)$ の中だけである．

このようにダランベールの解は1次元の問題を扱うには便利であるが，2次

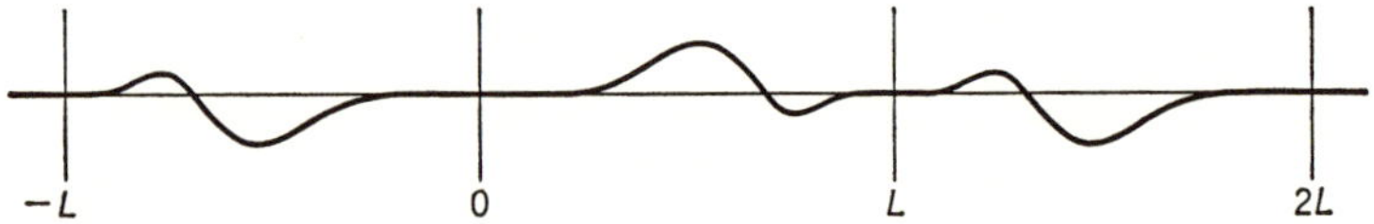

図2-8 両端を固定された長さ L の弦は，仮想的に無限に延長して考える．

元，3次元になると使えない．次の節で扱う固有関数を用いる方法はこの意味で一般的である．

問　題

1.　線密度 $\sigma=2$ g/cm の弦が張力3 kgw で張ってある．弦を伝わる波の速度を求めよ．

2.　ピアノのハンマーが弦をたたいたときのように，(2.19)で $g(x)=v$，$-a\leqq x\leqq a$，それ以外では0である場合の運動を図示せよ．ただし弦は $-L, L$ で固定されているとする．

2-4　単色波，固有振動

波動方程式の解のなかでもっとも基本的なのは，一定の振動数をもつ波，いわゆる**単色波**(monochromatic wave)を表わす解である(この名前は光学に由来するもので，白色光は多くの色の光を混ぜてえられるのに対して，ある色の光は一定の振動数をもつ)．ダランベールの解で，関数 f として三角関数をとればこのような解がえられるが，もういちど波動方程式(2.14)に帰って考えることにしよう．

一般に振動や波動を取り扱うとき，次のような**複素表示**を使うと便利である．弦の変位はもちろん実数でなければならないが，方程式(2.14)が線形で，しかも係数が実数であることを利用して，$u(x,t)$ として一般に複素数の値をもつ関数を考え，求めるのはその実部であると約束するのである．すなわち

$$u(x,t) = u_1(x,t)+iu_2(x,t)$$

が方程式(2.14)をみたすということは，実部 u_1 も虚数部分 u_2 も解であることを意味する．したがって複素関数の解が求まれば，その実部を物理的に意味のある解として使えばよい．いま求めようとしている一定の振動数をもつ解であれば，$\sin\omega t$ あるいは $\cos\omega t$ の代りに，指数関数

$$e^{-i\omega t} = \cos\omega t-i\sin\omega t$$

を使って，変位を

$$u(x,t)=f(x)e^{-i\omega t} \tag{2.22}$$

とおいてみよう．$f(x)$ も複素数である．これを(2.14)に代入すると

$$\frac{d^2f(x)}{dx^2}+k^2f(x)=0 \tag{2.23}$$

ただし

$$k^2=\frac{\omega^2}{c^2} \tag{2.24}$$

微分方程式(2.23)の解は $k=\pm\omega/c$ として $(\omega>0)$,

$$f(x)=Ae^{ikx} \tag{2.25}$$

である．ここで A は複素数の定数である．(2.22)に代入して

$$u(x,t)=Ae^{i(kx-\omega t)} \tag{2.26}$$

が複素表示での解である．したがって，$A=|A|e^{i\alpha}$ (α は実数) と書いて実部をとった

$$u_1(x,t)=|A|\cos(kx-\omega t+\alpha) \tag{2.27}$$

が求める一定振動数 ω の解となる．α のかわりに $\alpha-\pi/2$ とすれば $\sin(kx-\omega t+\alpha)$ になるから，sin の代りに cos が現われることにはとくに意味はない．

この解(2.27)は図 2-9 のような正弦波を表わし，$k=\omega/c$ をとるとそれは速度 c で右へ，$-\omega/c$ をとると左へ進行する．このような波を**進行波**(travelling wave)とよぶ．ここで，ω は**角振動数**(angular frequency) (単位：rad/s)，k は

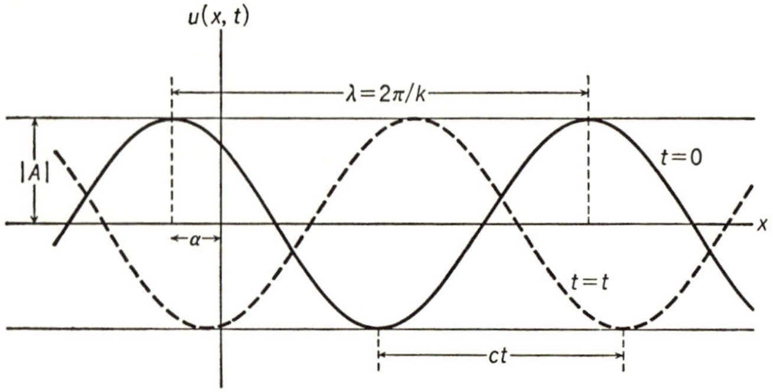

図 2-9　進行波.

波数(wave number)とよばれ

$$\omega = |k|c \tag{2.28}$$

の関係にある．ある定まった点でみたときの弦の振動の周期 T あるいは振動数 ν(単位：ヘルツ Hz)で ω を，波の波長 λ で $|k|$ を表わすと

$$\omega = \frac{2\pi}{T} = 2\pi\nu, \qquad |k| = \frac{2\pi}{\lambda} \tag{2.29}$$

となる．これから振動数というときは断わらないかぎり ω を指すものとする．(2.27)の三角関数の変数($kx-\omega t+\alpha$)を**位相**(phase)とよぶ．位相が 2π の整数倍だけ異なっても波の高さは等しい．速度 c は一定位相の点(たとえば0であれば山，π であれば谷)が進む速度であるから，**位相速度**(phase velocity)とよばれる(あとでこれと区別して群速度が出てくる．第5章)．

固有振動　現実の弦は長さが有限であり，端で何らかの境界条件を満足しなければならない．たとえば弦楽器のように両端が固定されている(あるいは指でおさえる)と，そこで変位はつねに0でなければならない．両端が固定されているときの境界条件は(2.21)である．また一方の端 $x=L$ が自由に動ける(y 方向に)場合には

$$\left.\frac{\partial u(x,t)}{\partial x}\right|_{x=L} = 0 \tag{2.30}$$

でなければならない．なぜならこの弦の端の点は右側から y 方向の力を受けないから，左側からの力 $F\partial u/\partial x$ も0でないと力が釣り合わないことになる．

ここでは両端が固定されている場合をくわしく調べよう．境界条件は(2.21)，

$$u(0,t) = u(L,t) = 0 \tag{2.31}$$

である．進行波の解(2.26)は境界条件(2.31)を満足しないが，重ね合わせの原理を使って容易にこの条件をみたす解をつくることができる．右と左に進む波を重ねた形も解であるから，$x=0$ ではいつも0となるように

$$\frac{1}{2i}\{e^{i(kx-\omega t)}-e^{i(-kx-\omega t)}\} = \sin kx\cdot e^{-i\omega t}$$

を採用しよう．そうすれば

$$\sin kL = 0$$

となるようにkの値をとれば(2.31)が満足できる．したがってnを正の整数として$k=n\pi/L$，すなわち波長を$2L/n$とすればよい．まとめると

$$\begin{aligned} u_n(x,t) &= A_n \sin k_n x \cdot e^{-i\omega_n t} \\ k_n &= n\pi/L,\ \ \omega_n = |k_n|c = n\pi c/L \end{aligned} \qquad (n=1,2,\cdots) \tag{2.32}$$

という一連の解が得られる．もちろんu_nの実部

$$|A_n| \sin k_n x \cos(\omega_n t+\alpha_n) \tag{2.33}$$

が求める変位であることを忘れてはならない．nを正の整数に限ったのは，位相定数のえらび方で全体の符号を逆にできるからである．

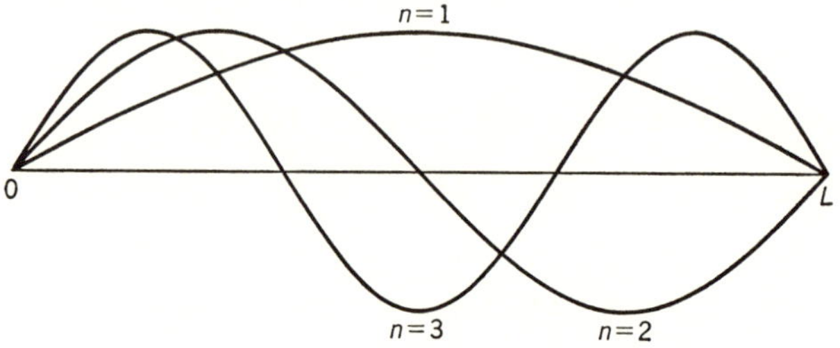

図 2-10 振動のモード．節の数$+1=n$である(両端は除く)．

(2.32)のように，与えられた境界条件を満足し，一定の振動数をもつ解u_nのことを**固有関数**(eigenfunction)，ω_nを**固有振動数**(eigenfrequency)，u_nで表わされる個々の振動の仕方を**固有振動モード**(eigenmode)という．(2.26, 27)の表わす進行波と違って，(2.32)の波では，正弦波($\sin k_n x$)は静止していてその大きさが，$|A_n|\cos(\omega_n t+\alpha)$で振動する．したがって谷や山になる位置と節になる位置は動かない．このような波を**定在波**(stationary wave)とよぶ．図2-10のように，整数$n-1$は節(ふし)(node)の数を表わす．$n=1$のモードを**基本振動**とよぶ．この場合，固有振動数は基本振動数の整数倍である．いまは理想的な弦を考えているから，どんなに短い波長の振動($n\to\infty$)も許される．すなわち固有振動のモードの数は無限大である．これは連続な弦の自由度が無限大であることに対応している(2-2節の例題1で扱った鎖で質点の数がN個であればy方向に振動するモードの数もN個である)．

固有振動による展開　固有振動の解がなぜ基本的かというと，任意の振動，

たとえば任意の初期条件で始まる振動が固有振動のモードの重ね合わせで表わされるからである．すなわち波動方程式(2.14)に従い，境界条件(2.31)を満足する任意の関数 $u(x,t)$ は

$$u(x,t) = \sum_{n=1}^{\infty} A_n \sin k_n x \cdot e^{-i\omega_n t} \tag{2.34}$$

と展開される(このことを固有関数の**完全性**という)．

初期条件としてある形で静止していた弦を $t=0$ ではなした場合を考えよう．初期条件は(2.17)，

$$u(x,0) = f(x), \qquad \left.\frac{\partial u(x,t)}{\partial t}\right|_{t=0} = 0$$

である．ただし両端が固定されているから $f(0)=f(L)=0$ である．(2.34)の実部が求める関数であるから，この2つの条件は

$$\sum_{n=1}^{\infty} a_n \sin k_n x = f(x), \qquad \sum_{n=1}^{\infty} ib_n(-i\omega_n) \sin k_n x = 0 \tag{2.35}$$

となる．ただし複素数の係数 A_n を $A_n=a_n+ib_n$ と書いた．第2の式は任意の x $(0\leqq x\leqq L)$ で成り立たなければならないから，すべての $b_n=0$ である．第1式から係数 a_n は

$$a_n = \frac{2}{L}\int_0^L dx f(x) \sin k_n x \tag{2.36}$$

と定められる(問題1)．これは $f(0)=f(L)=0$ をみたし，$0\leqq x\leqq L$ で連続な任意の関数 $f(x)$ のフーリエ分解にほかならない．

もし初期条件が

$$u(x,0) = 0, \qquad \left.\frac{\partial u(x,t)}{\partial t}\right|_{t=0} = g(x)$$

すなわち真直ぐな弦に初速度を与えたときには，$a_n=0$,

$$\sum_{n=1}^{\infty} b_n \omega_n \sin k_n x = g(x)$$

となるように b_n を定めればよい(このときも両端の速度は0，すなわち $g(0)=g(L)=0$)．

(2.36)式を導くとき，固有関数の**直交性**

$$\int_0^L dx u_n(x,0) u_{n'}(x,0) = 0 \qquad (n \neq n') \tag{2.37}$$

を用いた．たとえば今の場合，$n=1$, $n'=2$ の積の積分は，図 2-11 の上下の灰色の部分の面積の差であり，0 に等しい．固有関数の完全性と直交性はもっと一般的に証明される．弦の振動の例でいえば，両端の境界条件が異なっても，あるいは密度 σ が x の関数 $\sigma(x)$ であっても直交性と完全性をもつ固有関数の列があることが証明できる．

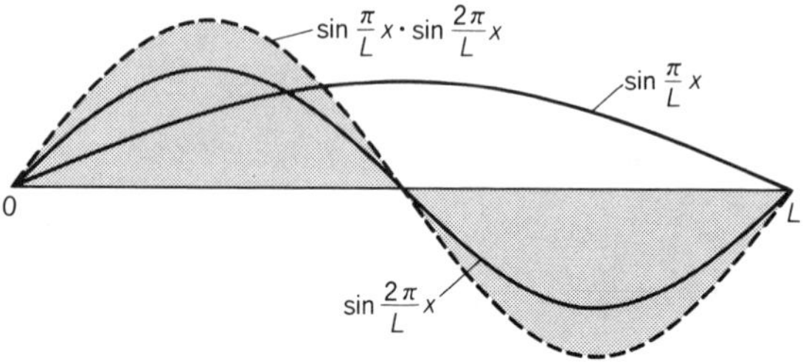

図 2-11 モード 1 の波とモード 2 の波の積は破線になる．

この節を終わる前に，弦の全エネルギー(2.12)が固有振動にともなうエネルギーの和の形に与えられることを示しておこう．弦の振動を固有振動に分解した式(2.34)の実部を(2.12)に代入し，固有関数の直交性を用いて積分を行ない，(2.32)を使うと

$$E = \frac{\sigma L}{4} \sum_{n=1}^{\infty} \omega_n^2 (a_n^2 + b_n^2) \tag{2.38}$$

が得られる．$|A_n| = \sqrt{a_n^2 + b_n^2}$ は個々の固有振動のモードの振幅であることを思い出そう(2.33)．全エネルギー E はエネルギー保存則から一定なのは当然であるが，個々の固有モードのエネルギーが一定であることに注意しなければならない．a_n という振幅の振動にともなうエネルギーを書き直すと

$$\frac{\sigma L}{4} \omega_n^2 a_n^2 = \frac{\sigma L}{4} k_n^2 c^2 a_n^2 = 2\pi^2 \left(\frac{Mc^2}{2}\right) \left(\frac{a_n}{\lambda_n}\right)^2 \tag{2.39}$$

となる．ただし $M = \sigma L$ は弦全体の質量，λ_n はこのモードの波長である．$Mc^2/2$ は質量 M の質点が位相速度 c に等しい速度で運動しているときの運動エネ

ルギーであるから，振動のエネルギーの評価にこの表式は便利である．

問　　題

1. (2.36)式を示せ．

2. ピアノ線の密度は 7.9 g/cm^3 である．半径 0.50 mm のピアノ線が張力 78.9 kgw で張ってある．固定した両端の間の長さが 68.80 cm のとき基本振動数($f=\omega/2\pi$)を求めよ．

3. 問題 2 のピアノ線が振幅 1 cm で基本振動を行なっているときの全エネルギーを求めよ．

4. 両端を固定した弦の真中をつまんで放した時に生じる振動を固有振動に分解せよ．

2-5　運動量とエネルギーの流れ

波の伝搬は質量の移動を伴わないが，一般に運動量とエネルギーを運ぶ．すなわち運動量とエネルギーの流れが生じる．2-3 節で扱った例でも図 2-7 のように 3 角形のパルスが左右に進んだあと弦は静止するから，明らかにエネルギーが左右に運ばれている．運動量とエネルギーの流れを見るために，弦の各部分で運動量およびエネルギーの保存則がどのような形で成り立つかを調べよう．

この章で扱ってきたのは弦の方向(x 軸)に直角な(y 軸)方向の振動であるから，問題にするのは y 方向の運動量成分である．ふたたび x と $x+\Delta x$ との間にある弦の微小要素に注目しよう．この要素のもつ運動量の y 成分は $(\sigma\Delta x)\cdot\partial u(x,t)/\partial t$ に等しい．その時間変化の割合は

$$\frac{\partial}{\partial t}\left(\sigma\Delta x\frac{\partial u}{\partial t}\right)=\frac{\partial}{\partial x}\left(F\frac{\partial u}{\partial x}\right)\cdot\Delta x \tag{2.40}$$

となる．ただし波動方程式(2.14)を用いた．むしろこれは波動方程式の書き直しにすぎないのだが，右辺をこのように書いたのには理由がある．運動量は保存されるから，要素 Δx のなかにあった運動量(左辺のカッコの中)の変化分は，この要素の両端から出入りするはずである．その出入りは今の場合，張力による．実際，(2.40)の右辺は両端にはたらく張力の y 成分 $F\partial u/\partial x$ の差，したが

って空間微分の形になっている．長さ L の弦全体に対しては，積分

$$\frac{\partial}{\partial t}\int_0^L dx\sigma\frac{\partial u(x,t)}{\partial t}=F\left\{\left.\frac{\partial u(x,t)}{\partial x}\right|_{x=L}-\left.\frac{\partial u(x,t)}{\partial x}\right|_{x=0}\right\} \tag{2.41}$$

となり，弦が両端で受ける力の(向きを考えた)和に等しい．このようにして運動量密度(弦であるから単位長さあたりの運動量)は $\sigma\partial u/\partial t$ であるが，(2.40)から運動量の流れ，すなわち単位時間に x を通過する運動量は $F\partial u(x,t)/\partial x$ であることがわかった．弦自身の(x 方向の)移動によってではなく，弦の各要素間にはたらく力によって運動量が運ばれるのである．

同様にエネルギー密度(2.13)の時間微分

$$\frac{\partial\mathcal{E}}{\partial t}=\sigma\frac{\partial u}{\partial t}\frac{\partial^2 u}{\partial t^2}+F\frac{\partial u}{\partial x}\frac{\partial^2 u}{\partial t\partial x}$$

で，波動方程式によって第1項を書きかえ，第2項とまとめると

$$\frac{\partial\mathcal{E}}{\partial t}=\frac{\partial}{\partial x}\left(F\frac{\partial u}{\partial x}\frac{\partial u}{\partial t}\right) \tag{2.42}$$

となり，やはり x による微分の形になる．カッコの中は張力の y 成分が単位時間にする仕事であって，点 x の右側が左側にする仕事であるから，それだけのエネルギーが単位時間に右から左へ移動すると考えられる．したがって $-F\cdot(\partial u/\partial x)(\partial u/\partial t)$ はエネルギーの流れ(x 方向への流れを正とする)である．(2.40)と(2.42)は運動量とエネルギーの保存則を局所的な形，つまり各点で成り立つべき式として表わしたものである．遠距離力がないとき，いいかえると，張力のように相接する要素間にしか相互作用がないときには，保存則はいつも上のような形，すなわち保存される量の密度がその流れの x 微分(3次元では発散 div になる)に等しいという形をとる．

なお，エネルギーやその流れのように変位 u の2次の量を求めるときには実数の(本当の) u を代入しなければならない．

問　題

1.　ダランベールの解 $u=f(x-ct)$ のときのエネルギーの流れを求めよ．

2.　両端が固定された弦の基本振動における運動量とエネルギーの流れを考察せよ．

弦の振動とフーリエ分解

弦の振動は物理の歴史においてはもちろん，数学の歴史においても重要なページを占める．はじめて力学の問題として扱ったのは，テイラー展開で有名なイギリスの数学者テイラー(B. Taylor)であった(1713年の論文)．ダランベールが導いた波動方程式(2.14)は偏微分方程式の始まりであり，ベルヌーイ(D. Bernoulli)，オイラー(L. Euler)らの偉大な数理物理学者の研究するところとなった．両端を固定した弦の固有振動の解(2.34)は，1755年のベルヌーイの有名な論文のなかで与えられた．その論文で彼は‘小振動の共存’の原理として波動の物理，いや物理学全般にとって重要な重ね合わせの原理を提出している．小振動とは正弦波のことで，正弦波を加え合わせたのもまた解であると主張したのである．ところがオイラーは，それは一般解ではないと批判した．物理的には図2-7のような滑らかな形でない初期条件で生じる振動も可能であり，そのような波形はどこでも滑らかな三角関数の和で表わされるはずがない，というのが彼の批判であった．ずっと後になって(1822)そんな数学的な問題を気にしなかったフーリエ(J. Fourier)は熱伝導の研究で，どんな形も三角関数の和で表わされる，と主張し，彼の名前が定理に使われるようになった．

オイラーの批判に端を発したこの問題は，数学の重要な一分野となった．フーリエが正しかったことはその発展により示される．むしろ‘関数’の概念がこの問題をめぐって一般化されたといった方がよいだろう．おかげで‘デルタ関数’のような奇妙な関数までわれわれは安心して使えるようになった．

なお読者自身のコーヒー・ブレイクの折りにぜひガリレイの『新科学対話』の第1日目の終りのあたりを開いて見るように．弦の振動とか楽音について素晴らしい議論が展開されている．

2-6 反射，透過，減衰

いままで考察してきた場合よりすこし複雑な例を2つとりあげよう．1つは異なる弦の継ぎ目で波がどうなるかという問題の例であり，もう1つは境界条件の一般化の例である．

2本の弦をつないだ場合

図2-12のように線密度σとσ'の弦が$x=0$で継がれ，張力Fで張ってある．継ぎ目$x=0$ではもちろん左の弦と右の弦の変位(y方向)は等しくなければならない．また弦の傾き，すなわち変位のx微分も等しくないと，継ぎ目の点にはたらく力が釣り合わなくなる．したがって$x<0$の弦の変位を$u_1(x,t)$，$x>0$の弦の変位を$u_2(x,t)$とすると

$$u_1(0,t) = u_2(0,t)$$
$$\left.\frac{\partial u_1(x,t)}{\partial x}\right|_{x=0} = \left.\frac{\partial u_2(x,t)}{\partial x}\right|_{x=0} \tag{2.43}$$

が成り立たなければならない．いま振動数ωの進行波が左から入射しているとしよう．(2.43)がみたされるためには$u_2(x,t)$も同じ振動数の波でなければならない．ωに対応する波数の大きさは$x<0$では$k=\omega/c=\omega/\sqrt{F/\sigma}$，$x>0$では$k'=\omega/c'=\omega/\sqrt{F/\sigma'}$である．したがって右へ進む波だけしかない，すなわち

$$u_1(x,t) = u_{1\mathrm{i}}e^{i(kx-\omega t)}, \qquad u_2(x,t) = u_2e^{i(k'x-\omega t)}$$

とすると，(2.43)の第2の条件が満足できない(この節ではk, k'はつねに正とする)．実際，$x=0$で反射があると予想されるから，$x<0$では

$$u_1(x,t) = u_{1\mathrm{i}}e^{i(kx-\omega t)}+u_{1\mathrm{r}}e^{i(-kx-\omega t)}$$

のように，左へ進む波すなわち反射波も含めればよいであろう．そうすると(2.43)は

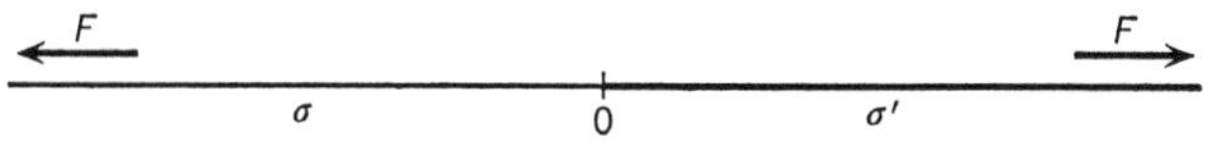

図2-12 線密度の異なる2本の弦を$x=0$でつなぐ．

$$u_{1\mathrm{i}}+u_{1\mathrm{r}}=u_2, \qquad ku_{1\mathrm{i}}-ku_{1\mathrm{r}}=k'u_2$$

となる．これから反射波と透過波の振幅 $u_{1\mathrm{r}}$ と u_2 が

$$u_{1\mathrm{r}}=\frac{k-k'}{k+k'}u_{1\mathrm{i}}, \qquad u_2=\frac{2k}{k'+k}u_{1\mathrm{i}} \tag{2.44}$$

と入射波の振幅 $u_{1\mathrm{i}}$ で定められる．$\sigma \gtrless \sigma'$ であれば，$k \gtrless k'$ であることに注意しよう．$\sigma' \to \infty$ および $\sigma' \to 0$ の極限はそれぞれ固定端と自由端の境界条件と一致する(問題 1)．

一端が固定されていない弦

2-4 節では，弦の両端が固定されているときの固有振動を求めた．こんどは左端 $x=0$ では固定されているが，弦のもう一方の端 $x=L$ では，図 2-13 のように y 方向に振動する単振り子につながれているときの固有振動を求めよう．この単振り子の質量を m，バネ定数を κ とすると，その運動方程式は

$$m\frac{d^2y}{dt^2}+\kappa y=-F\left.\frac{\partial u}{\partial x}\right|_{x=L} \tag{2.45}$$

となる．右辺は弦がこの単振り子に及ぼす力の y 成分である．単振り子の y 座標 $y(t)$ は弦の端につながれているから

$$y(t)=u(L,t) \tag{2.46}$$

すなわちこの式が弦の変位 $u(x,t)$ に対する $x=L$ での境界条件となる．$x=0$ では $u(0,t)=0$ であるから，振動数 ω の固有関数は

$$u(x,t)=u_\omega \sin kx\cdot e^{-i\omega t} \tag{2.47}$$

という形においてよい．ただし u は波動方程式(2.14)に従うから，$\omega^2=k^2c^2$ である．許される ω の値はもう 1 つの境界条件(2.46)から定まる．(2.46, 47)を

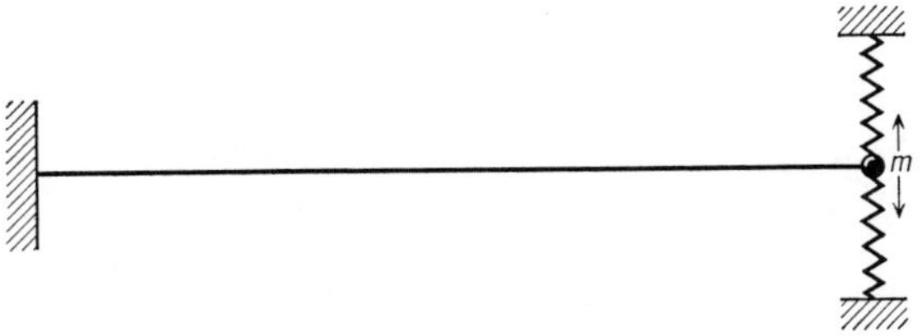

図 2-13　弦の一端を固定し，他端を単振り子につなぐ．

(2.45)に代入すると

$$-(\omega^2-\omega_0{}^2)\sin kL = -\frac{Fk}{m}\cos kL$$

となる．ただし $\omega_0{}^2 \equiv \kappa/m$ は単振り子の振動数である．この式を $\alpha \equiv kL$ に対する式としてかきなおそう．波数 k は波長に逆比例するから，α は無次元の量である．$\omega^2 = k^2c^2 = k^2F/\sigma$ を使うと

$$\tan\alpha = \left(\frac{\sigma L}{m}\right)\frac{\alpha}{\alpha^2-\alpha_0{}^2} \tag{2.48}$$

となる．ただし $\alpha_0{}^2 = \omega_0{}^2L^2/c^2 = (\sigma L/m)(\kappa L/F)$．これから α を定めれば k あるいは ω が求められる．$\sigma L/m$ と $\alpha_0{}^2$ の値が与えられたとき，(2.48)の解はグラフを使って求められる．図 2-14 のように左辺と右辺を α の関数として描いたとき，その交点を与える α が求める値である．2 つの極限の場合を調べてみよう．

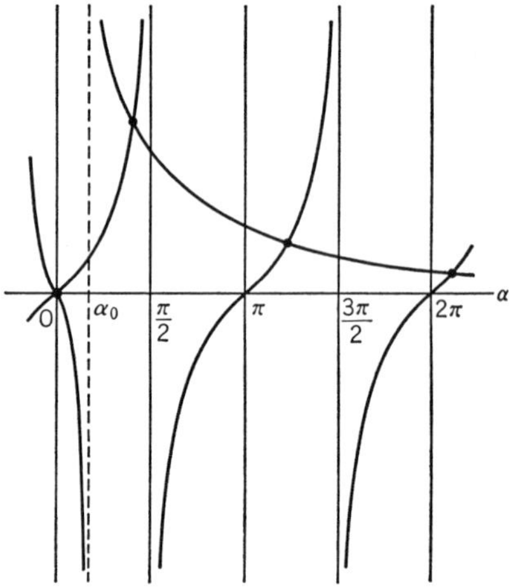

図 2-14　$\tan\alpha = \dfrac{\sigma L}{m}\dfrac{\alpha}{\alpha^2-\alpha_0{}^2}$ の解は図の交点として求められる．

1)　$\kappa\to 0$：自由な質点 m がつながれている場合．

このとき $\alpha_0\to 0$ であるから(2.48)は

$$\tan\alpha = \frac{\sigma L}{m}\frac{1}{\alpha} \tag{2.49}$$

となる．図 2-14 からわかるように，波数 k(したがって ω)は固定端($m=\infty$)の場合の値($\alpha=\pi, 2\pi, \cdots$)より大きく，自由端の値($\alpha=\pi/2, 3\pi/2, \cdots$)より小さくなる．固定端のときになかったモード($\alpha=0$ に対応する)が現われることに注意.

2) $m\to 0$：弦の端がバネにつながれている場合.

このとき α_0 が ∞ になるから，(2.48)は

$$\tan\alpha = -\frac{F}{\kappa L}\alpha \tag{2.50}$$

となる．図 2-14 から，波数 k は固定端のときより小さくなることがわかる．この場合バネ定数 κ を弱くしていくと自由端の場合に近づく.

端に摩擦力がはたらく

ついでに減衰力がはたらく場合も取り上げよう．弦の端 $x=L$ にはバネの力ではなく速度に比例する摩擦力がはたらくとする．弦の端の速度は $\partial u(L,t)/\partial t$ であるから摩擦係数を η とすると摩擦力は $-\eta\partial u(L,t)/\partial t$ である．これと張力による力 $-F(\partial u(x,t)/\partial x)_{x=L}$ の和が 0 でなければならない．したがって $x=L$ での境界条件は

$$\eta\frac{\partial u(L,t)}{\partial t} = -F\left.\frac{\partial u(x,t)}{\partial x}\right|_{x=L} \tag{2.51}$$

である.

こんどは弦は x の負の方向には無限に長いとし，正の方向に向かう振幅 A，振動数 ω の進行波が入射するとしよう．$x=L$ での反射も考えに入れて，波動方程式(2.14)の解として

$$u = Ae^{i(kx-\omega t)}+Be^{-i(kx+\omega t)} \tag{2.52}$$

という形を仮定し，(2.51)に代入すると

$$B = \frac{kF-\omega\eta}{kF+\omega\eta}e^{2ikL}A$$

と定められる．したがって実際の波の形は

$$\mathrm{Re}\,u = A\left\{\cos[kx-\omega t]+\frac{kF-\omega\eta}{kF+\omega\eta}\cos[k(x-2L)+\omega t]\right\} \quad (2.53)$$

となる．ちょうど $kF-\omega\eta=0$，すなわち減衰力の大きさが $(\omega=kc)$

$$\eta = F/c = \sqrt{F\sigma} \quad (2.54)$$

のときには反射波がなく，進行波によるエネルギーの流れはすべて摩擦によって吸収される．摩擦力が強すぎても反射波が生じることに注意しよう．(これは電気回路でインピーダンス整合とよばれることに対応する.)

ピアノの弦の振動

ピアノはどのようにしてあの美しく豊かな音をつくりだすのか？ その秘密をすべてとき明かすのは至難と思われるが，基本的なメカニズムだけでも弦の振動の物理にとってきわめて魅力のある問題である.

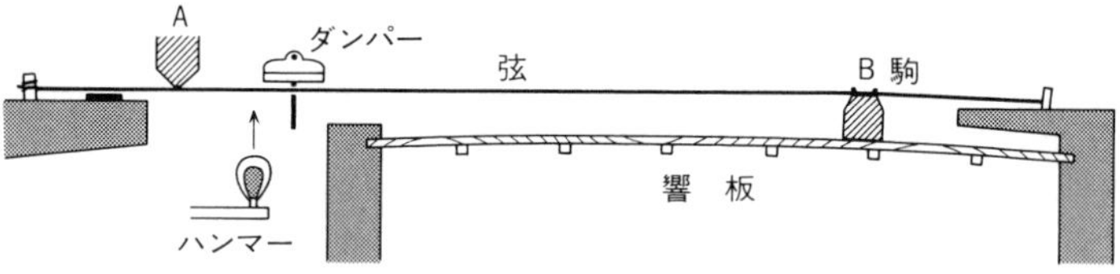

図 2-15 ピアノの構造(模式図).

88 鍵のピアノは振動数にして 27.50 Hz から 4186 Hz までの音を出す．弦の振動に関する部分だけをごく図式的に描くと図 2-15 のようになる．弦はとくに高張力にたえる鋼鉄でつくった線，いわゆるピアノ線であり，1 つの鍵に対し低音部では 2 本，中・高音部では 3 本が張られている．グランドピアノでは弦 1 本が約 80 kgw の張力で張られているから，全体では 20 トンもの力が枠にかかっていることになる．弦の振動する部分は図の A と B との間であって，B は駒とよばれ響板に固定されている．弦の一方の端はチューニング・ピンに巻きつけられており，このピンをまわすことによって張力を加減して正しい音に調律される．音の高さ(音名)は基本振動数に対応する．両端が固定されているから固有振動数に対する式(2.32)が弦の長さ，張

力，線密度と振動数の間の関係を与えると考えられる．基本振動は$n=1$であるから

$$f=\frac{\omega_1}{2\pi}=\frac{c}{2L}=\frac{1}{2L}\sqrt{\frac{F}{\sigma}} \tag{2.55}$$

という式を使ってみよう．次の表はピアノの弦に関する1つのデータである．

音名	弦の長さ(cm)	弦の半径(mm)	張力(kgw)	振動数
C_7	5.40	0.40	78.9	4186.009
C_5	19.25	0.45	78.9	1046.502
C_3	68.80	0.50	78.9	261.625

ピアノ線の密度を7.9 g/cm^{3}として上の公式で計算すると，すこし低い振動数がえられる(2-4節問題2)．これはピアノ線自体がもつ弾性などの効果によると思われる．低音の方では弦の長さをあまり長くすることはできないから，線密度を大きくするためにピアノ線のまわりに銅線が巻いてある．

鍵をたたくとハンマーが弦をたたき，弦の振動が始まる．この振動は駒を通して響板に伝えられ，響板の振動が空気中の音波を励起する．表面積の小さい弦が振動しただけでは小さな音しか出ないから響板が使われる(5-5節を参照)．振動のエネルギーの大部分が響板に移ることによって弦の振動は減衰する．固有振動のエネルギーは(2.39)式で与えられるが，いま定まった振動数ωの振動を考え，$L=\pi c/\omega=(\pi/\omega)\sqrt{F/\sigma}$を代入すると，振幅$a$の振動のエネルギーは

$$\frac{\sigma L}{4}\omega^2 a^2=\frac{\pi}{4}\omega\sqrt{\sigma F}a^2 \tag{2.56}$$

となる．この式を見ると弦の振動のエネルギーを大きくするには張力と線密度を大きくすればよいことがわかる．高張力のピアノ線が19世紀半ばに使われはじめ，ピアノの音量はいちだんと豊かになった．

ハンマーが弦をたたくと，基本振動$n=1$のほかに$n=2,3,4,\cdots$の高調波(倍音とよばれる)も励起され，いろいろな倍音の大きさが音色をつくる．$n=7,9$の振動がない方が美しい音になるので，なるべく$n=7$と9の振動が生じないように，普通，ハンマーは弦の端から1/8の所をたたく．たたいた点の近くに節がくるような振動は励起されないからである．またあまり大き

なnの倍音が出ないようにハンマーはやわらかい材質でつくられている.

弦が1つの鍵に対して2あるいは3本張ってあるのは，第1に音量を増すためであるが，また振動の持続時間にも関係がある．シロホンのようにたたいたときだけ音が出るのではなく，鍵を押さえてダンパーがはたらかないようにしていると長い間歌うのがピアノの特徴の1つである．2本の弦の場合で考えてみよう．図2-16(a)のように2本がそろって(同じ位相で)振動していると駒は2つの弦から同じ方向の力をうけるから，響板に弦の振動のエネルギーが速やかに伝えられる．しかし同図(b)のような振動の仕方をすると($\pi/2$だけ位相がずれる)，駒にはたらく力は打ち消しあうから弦の振動が長続きする．もし2つの弦の振動数がわずかにずれていると同図(b)のような振動の仕方も必ず励起され，それが音の性格に微妙な影響を与えることが知られている．3本のうち2本だけをハンマーがたたき，残りの1本は共鳴によって振動を始めることによって，振動を長く続かせる機構も使われている.

このほか，無数の工夫が積み重なって，現在の美しいピアノの音が生まれたのである.

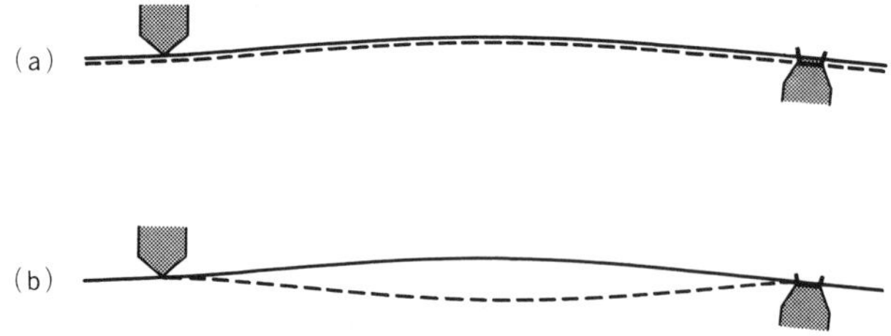

図2-16　2本弦の振動．(a)同位相の場合，(b)πだけずれた場合.

問　　題

1.　(2.44)で$\sigma'\to\infty$および$\sigma'\to 0$の極限が，固定端および自由端の境界条件と一致することを示せ.

2.　(2.42)により(2.53)の波におけるエネルギーの流れを考察せよ.

2-7　膜の弾性エネルギー

2次元的な連続体で弦のように張力だけを伝えるのは，弾性的な膜である．とくに1次元の弦の場合に見られなかった新しい点に注目して，膜の力学を考察することにしよう．太鼓のように膜が一様な張力で平面(xy 面とする)に張ってあるとする．このとき膜を任意の直線で2つに分けて考えたとすると，直線の片側は他の側を単位長さあたり同じ大きさの力で引っ張りあっている(図2-17)．この単位長さあたりの張力を f としよう．また単位面積あたりの質量，つまり面密度を $\sigma\,(\mathrm{kg/m^2})$ とする．弦の場合と同様，静止しているときの膜に垂直な z 方向の変位だけを考える．座標 (x, y) をもつ膜の点の変位を $u(x, y)$ とすると，変位したときの膜は

$$z = u(x, y) \tag{2.57}$$

という方程式で表わされる曲面になる．

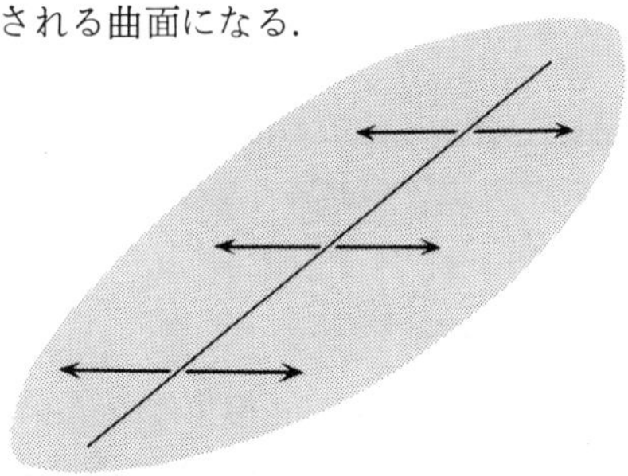

図2-17　ぴんと張ってある膜．

弦の弾性エネルギーが弦の伸びに比例したのと同様に，変化が小さければ膜の弾性エネルギーは面積の増加に比例する．たとえば辺の長さが L_x, L_y の矩形の膜を x 方向に Δx だけ伸ばすとき(図2-18)，$L_y \times f \times \Delta x$ の仕事をしなければならない．つまり膜の弾性エネルギーの増加は面積の増加 $L_y \Delta x$ に比例する．

曲面になった場合でも微小な要素は平面とみなすことができる．いま，図2-19のように，変位する前の膜の矩形の要素 $\Delta x \Delta y$ を考え，これが $u(x, y)$ とい

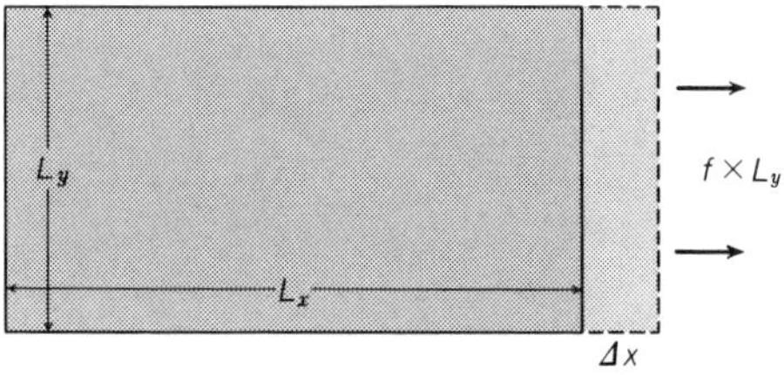

図 2-18　矩形の膜を Δx だけ伸ばす.

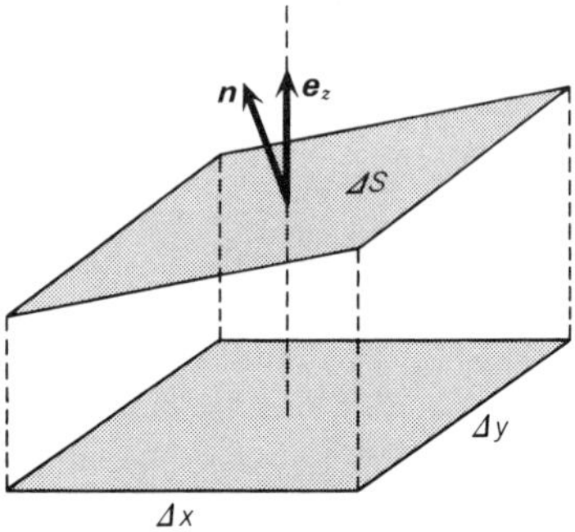

図 2-19　膜の矩形要素 $\Delta x \Delta y$ が変位して ΔS となる.

う z 方向への変位をしたとする．このとき要素の面積の増加を求めよう．変位のあとの面積を ΔS とし，そこでの曲面の法線方向の単位ベクトルを $\boldsymbol{n}$ とする．図からわかるように ΔS の xy 面への射影(上から見た ΔS の面積)は $\Delta x \Delta y$ に等しいから，$\boldsymbol{e}_z$ を z 方向の単位ベクトルとして

$$(\boldsymbol{e}_z \cdot \boldsymbol{n})\Delta S = \Delta x \Delta y \tag{2.58}$$

$\boldsymbol{n}$ がわかればこの式から ΔS が求められる．そこで法線ベクトル $\boldsymbol{n}$ を $u(x,y)$ で表わそう．曲面上の点 (x,y,z) の近くのやはり曲面上にある点の座標を $(x+dx, y+dy, z+dz)$ としよう．2点とも曲面上にあるから，(2.57)式を満足する：

$$z = u(x,y), \qquad z+dz = u(x+dx, y+dy)$$

dx, dy は微小であるから，この2式から

$$-\frac{\partial u(x,y)}{\partial x}\cdot dx - \frac{\partial u(x,y)}{\partial y}\cdot dy + 1\cdot dz = 0 \tag{2.59}$$

が得られる．この式はベクトル $(-\partial u/\partial x, -\partial u/\partial y, 1)$ とベクトル (dx, dy, dz)

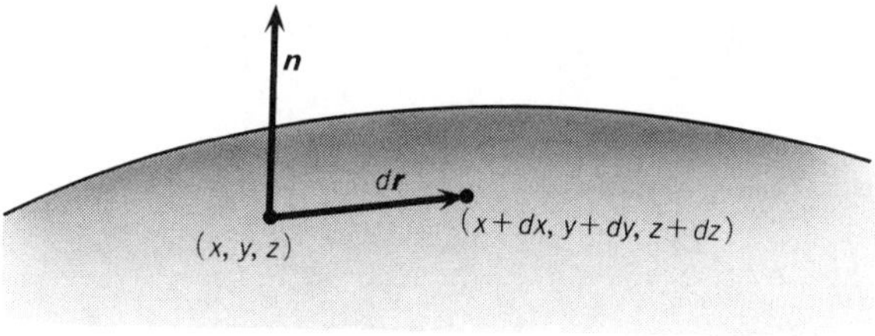

図 2-20　曲面の接ベクトルと法線ベクトルは直交する.

とのスカラー積が 0, すなわち 2 つのベクトルが直交することを意味する. ベクトル $d\boldsymbol{r}=(dx, dy, dz)$ は曲面上の微小な距離はなれた 2 点を結ぶベクトル, すなわち接ベクトルである(図 2-20). (2.59)によると, ベクトル $(-\partial u/\partial x, -\partial u/\partial y, 1)$ は任意の接ベクトルと直交しているから, これが法線の方向を与える(z の正方向に向くように符号をえらんだ). その大きさが 1 になるようにすると

$$\boldsymbol{n} = \left\{1+\left(\frac{\partial u}{\partial x}\right)^2+\left(\frac{\partial u}{\partial y}\right)^2\right\}^{-1/2}\left(-\frac{\partial u}{\partial x}, -\frac{\partial u}{\partial y}, 1\right) \tag{2.60}$$

が得られる. したがって(2.58)に代入し, 面積 $\varDelta S$ が

$$\varDelta S = \sqrt{1+\left(\frac{\partial u}{\partial x}\right)^2+\left(\frac{\partial u}{\partial y}\right)^2}\,\varDelta x\varDelta y$$

と求まる. 一方微小要素 $\varDelta x\varDelta y$ のもつ弾性エネルギーの変化は $f\cdot(\varDelta S-\varDelta x\varDelta y)$ である. 膜全体のエネルギーの変化 U は, したがって, 積分

$$\begin{aligned} U &= f\iint dxdy\left\{\sqrt{1+\left(\frac{\partial u}{\partial x}\right)^2+\left(\frac{\partial u}{\partial y}\right)^2}-1\right\} \\ &\cong \frac{1}{2}f\iint dxdy\left\{\left(\frac{\partial u}{\partial x}\right)^2+\left(\frac{\partial u}{\partial y}\right)^2\right\} \end{aligned} \tag{2.61}$$

で与えられる. ただし積分は膜の占める xy 面にわたって行なう. また $\partial u/\partial x$, $\partial u/\partial y$ がどこでも 1 より充分小さいとして展開し, 初項だけとった. (2.61)式は 1 次元の弦のエネルギーの式(2.7)の自然な拡張になっている.

2-1 節の終りで行なった考察を膜の場合にくり返してみよう. すなわち膜が $z=u(x, y)$ という曲面になっているとき, 微小な量 $\delta z=\delta u(x, y)$ だけそれを変化させる. このとき U の変化 δU を求めるのである. (2.61)から

$$\delta U = \frac{1}{2} f \iint dxdy \left\{ \left(\frac{\partial (u+\delta u)}{\partial x} \right)^2 + \left(\frac{\partial (u+\delta u)}{\partial y} \right)^2 - \left(\frac{\partial u}{\partial x} \right)^2 - \left(\frac{\partial u}{\partial y} \right)^2 \right\}$$
$$\cong f \iint dxdy \left\{ \frac{\partial u}{\partial x} \frac{\partial \delta u}{\partial x} + \frac{\partial u}{\partial y} \frac{\partial \delta u}{\partial y} \right\}$$
$$= f \iint dxdy \left\{ \frac{\partial}{\partial x} \left(\frac{\partial u}{\partial x} \delta u \right) + \frac{\partial}{\partial y} \left(\frac{\partial u}{\partial y} \delta u \right) - \left(\frac{\partial^2 u}{\partial x^2} + \frac{\partial^2 u}{\partial y^2} \right) \delta u \right\} \quad (2.62)$$

となる．膜の縁では $\delta u(x, y)$ は 0 であるような変化だけを考えると，(2.62)の最初の 2 項は 0 になる．たとえば 2 辺が L_x, L_y の矩形の膜であれば

$$\int_0^{L_x} \int_0^{L_y} dxdy \frac{\partial}{\partial x} \left(\frac{\partial u}{\partial x} \delta u \right) = \int_0^{L_y} \left\{ \left. \frac{\partial u}{\partial x} \right|_{x=L_x} \delta u(L_x, y) - \left. \frac{\partial u}{\partial x} \right|_{x=0} \delta u(0, y) \right\} dy$$

となり，仮定によって $\delta u(L_x, y) = \delta u(0, y) = 0$ であるから，積分は 0 に等しい．したがって $F_z(x, y)$ を点 (x, y) にはたらく単位面積あたりの z 方向の力とすると，エネルギー変化 δU は，F_z のする仕事から

$$\delta U = -\iint dxdy F_z \cdot \delta u$$

それゆえ

$$F_z(x, y) = f \cdot \left(\frac{\partial^2 u}{\partial x^2} + \frac{\partial^2 u}{\partial y^2} \right) \quad (2.63)$$

となる．変化 $\delta u(x, y)$ は大きさがどこでも微小であればよい．このような任意の変化に対して U が変化しないためには，どこでも $F_z = 0$，すなわち

$$\frac{\partial^2 u(x, y)}{\partial x^2} + \frac{\partial^2 u(x, y)}{\partial y^2} = 0 \quad (2.64)$$

でなければならない．膜が $z = u(x, y)$ という形で静止しているとき，弾性エネルギーは極小でなければならない．その形から何らかの変化をさせるとエネルギーが小さくなるのなら，そのような変化が生じるはずである．この極小の条件が(2.64)なのである．ここでは質点系の力学での仮想変位の考えと同じ方法を用いたが，弦の場合と同様に直接張力の z 成分を求めることもできる(問題 1)．

(2.63, 64)式は xy 座標の選び方によらない形をしている．いいかえると，xy 軸を回転させて新しい座標 $x'y'$ に移っても，方程式の形は不変である(問題

2)．膜は一様であり，張力も一様(f 一定)であったから，結果が座標系の選び方に依存しては困るのである．

F_z の形から，ある点で膜が上に反っていれば(下に凸)，そこでは上向きの力がはたらくことがわかる．u が平面を表わすとき，すなわち $u=ax+by+c$ であれば，静的平衡の式(2.64)はもちろん満足される．また，図 2-21 のようにある方向には上に反っていれば，それに直角方向には(同じ曲率半径で)下に反っていなければ力の釣り合いはとれない．したがって膜は鞍(くら)のような形をするはずである．鞍の真中に原点をとると，その近くで変位は $u=a(x^2-y^2)$ と近似される．

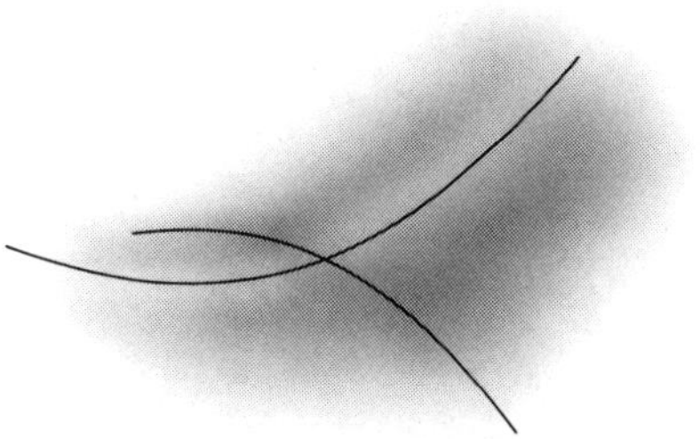

図 2-21　力が釣り合っている膜では，ある方向に上に反っていれば，直角方向には下に反っている．

問　　題

1.　図 2-19 の微小な面積要素 ΔS の各辺にはたらく z 方向の力を求め，それらの合力が

$$f\cdot\left(\frac{\partial^2 u}{\partial x^2}+\frac{\partial^2 u}{\partial y^2}\right)\Delta S$$

となることを示せ．

2.　z 軸まわりに x, y 軸を任意の角度回転させた新しい座標でも，(2.64)式が同じ形をもつことを示せ．

2-8 2次元の波動

前節で扱った理想的な膜の運動の議論に進もう．運動といっても膜の各点の変位はいつも小さい場合に限るから，弦のときと同様に振動だけを取り扱う．z 方向の変位は時間的に変化するから，変位 u は時間にも依存する関数 $u(x, y, t)$ となる．膜の面密度を σ (kg/m^2) とする．点 (x, y) にある面積 $\varDelta S$ の微小要素の，z 方向の加速度は時間による2階の偏微分 $\partial^2 u(x, y, t)/\partial t^2$ であるから，慣性力は

$$\sigma \varDelta S \partial^2 u/\partial t^2$$

である．一方，(2.63)から $\varDelta S$ にはたらく張力の z 成分は

$$F_z \varDelta S = f \varDelta S\left(\frac{\partial^2 u}{\partial x^2}+\frac{\partial^2 u}{\partial y^2}\right)$$

である．両者を等しいとおいて，運動方程式

$$\sigma \varDelta S \frac{\partial^2 u}{\partial t^2} = f \varDelta S\left(\frac{\partial^2 u}{\partial x^2}+\frac{\partial^2 u}{\partial y^2}\right)$$

が得られる．微小要素はどこにとってもよいから，結局膜の運動方程式は

$$\boxed{\frac{1}{c^2}\frac{\partial^2 u(x, y, t)}{\partial t^2} = \frac{\partial^2 u(x, y, t)}{\partial x^2}+\frac{\partial^2 u(x, y, t)}{\partial y^2}} \tag{2.65}$$

となる．ただし，定数

$$c = \sqrt{f/\sigma} \tag{2.66}$$

は弦の場合の(2.15)に相当する速度である．(2.65)は2次元の波動方程式である．前節でも注意したように，この方程式は xy 平面での座標の選び方(原点の位置と座標軸の方向)によらない形をしている．以下，2次元の波動方程式がどんな解をもつかという観点から，2次元の波動を考察しよう．

平面波　u が1つの空間座標，たとえば x だけに依存するとすれば，1次元の場合と同じ形になるから，基本的な解として(2.26)のような解があることは明らかである．しかし波の進む方向は xy 面内のどの方向でもよい．それゆ

え，2次元のベクトル $\boldsymbol{k}=(k_x, k_y)$ でその方向を指定し，複素表示で

$$u(x, y, t) = Ae^{i(\boldsymbol{kx}\mp\omega t)} \tag{2.67}$$

とおいてみる．これを(2.65)に代入すると，$\omega^2/c^2=\boldsymbol{k}^2$，すなわち $\boldsymbol{k}$ の大きさが $k=\omega/c$ であれば解になっていることがわかる．$\boldsymbol{k}$ は波数ベクトルとよばれ，その大きさ k は(2.29)式 $k=2\pi/\lambda$ で波長 λ と関係している．$\boldsymbol{kx}=k_x x+k_y y=$一定という関係をみたす点 (x, y) の集まりは，$\boldsymbol{k}$ に直角な直線を表わすが，その直線にそって波の位相は等しい(図2-22)．このような波は平面波とよばれる．(3次元では直線の代りに $\boldsymbol{k}$ に垂直な平面上で位相が等しいから‘平面’波とよばれる.）1次元と同様，重ね合わせの原理が成り立つから，いろいろな波数ベクトルをもつ波の重ね合わせで任意の波を表わすことができる．

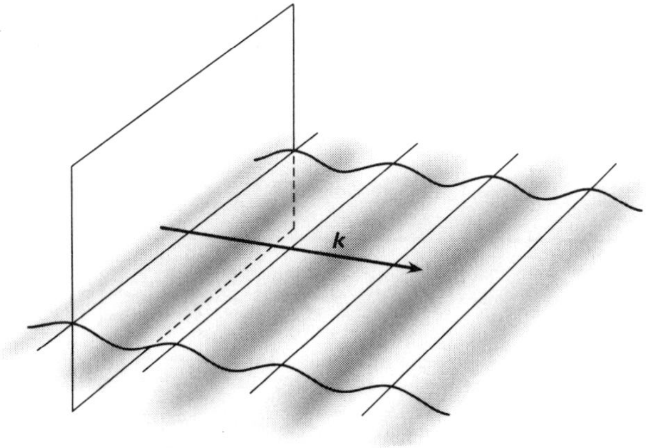

図2-22　平面波とは $\boldsymbol{k}$ に垂直な平面上で位相が等しい波である．膜の波の場合は車庫の屋根などに使われるプラスチックの波板を思いうかべればよい．

正方形の膜の固有振動　例として1辺が L の正方形の縁で膜が固定されている場合の固有振動を求めよう．境界条件は，膜が $0\leqq x\leqq L$, $0\leqq y\leqq L$ にあるとして，

$$u(0, y, t) = u(x, 0, t) = u(L, y, t) = u(x, L, t) = 0 \tag{2.68}$$

である．ある $\boldsymbol{k}=(k_x, k_y)$ が与えられたとき，(2.67)の u のほかに，波数ベクトル $(-k_x, k_y), (k_x, -k_y), (-k_x, -k_y)$ の波もすべて同じ振動数 $\omega=c\sqrt{k_x{}^2+k_y{}^2}$

をもつことに注意すれば，弦のときの議論をすこし拡張して，次の固有関数と固有振動数がえられることがわかる：

$$u_{n_1,n_2}(x,y,t)=A\sin\frac{n_1\pi}{L}x\sin\frac{n_2\pi}{L}y\times\begin{cases}\sin\omega_{n_1,n_2}t\\ \cos\omega_{n_1,n_2}t\end{cases}\qquad(n_1,n_2=1,2,\cdots)$$

$$\omega_{n_1,n_2}=c\sqrt{\left(\frac{n_1\pi}{L}\right)^2+\left(\frac{n_2\pi}{L}\right)^2}\tag{2.69}$$

整数 n_1-1（または n_2-1）は x 軸（y 軸）に垂直な節(ふし)の数を表わす．図 2-23 は振動数の小さい 4 つの固有振動の形を示している．

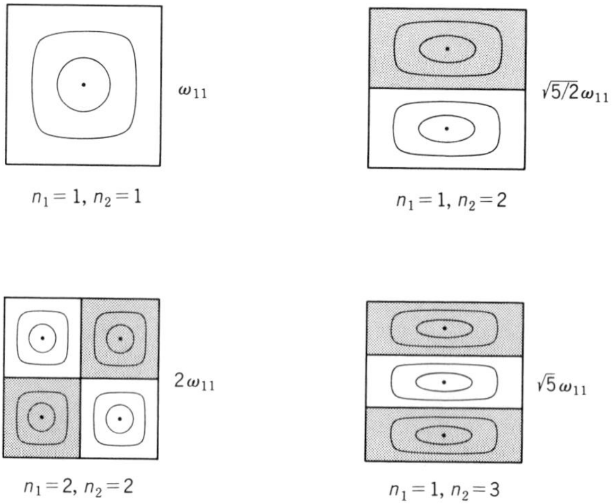

図 2-23　正方形の膜の固有振動の例．白い部分と灰色の部分は上下逆に振動する．

円形の波動　　次に，1 次元の波には見られなかった 2 次元的な波の例として，円形の波を取り扱う．膜の 1 点を打ったとき，円形の波が生じることは，水面の波との類推から期待できるだろう．またドラムのような円形の境界条件があると，以下のような取り扱いを行なわなければならない．

最初に波動方程式(2.65)を 2 次元の極座標を用いた形に書き直さなければならない．それを行なうには(公式を使わずに！)，エネルギーの表式(2.61)に帰

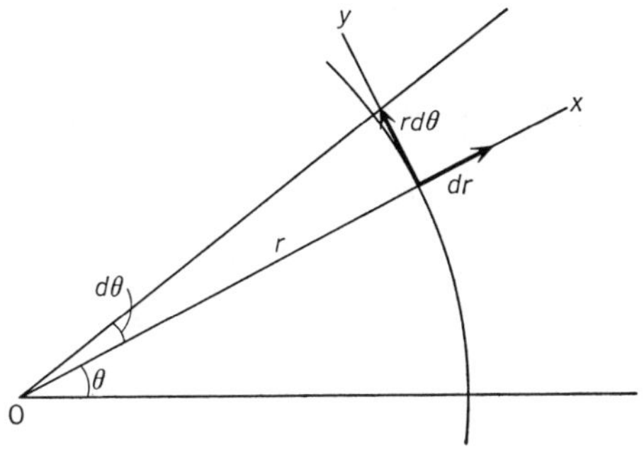

図 2-24　dr と $rd\theta$ は互いに直交する．

るとよい．図 2-24 のように，dr (θ 一定) と $rd\theta$ (r 一定) はたがいに直交する方向の変化である．局所的に xy 軸を動径方向とそれに直角な方向にとったデカルト座標を用いると，dr と $rd\theta$ が dx と dy の役割をするから，U の表式で

$$\frac{\partial u}{\partial x} \to \frac{\partial u}{\partial r}, \qquad \frac{\partial u}{\partial y} \to \frac{1}{r}\frac{\partial u}{\partial \theta}$$

と置き換えれば，極座標で表わした形が求められる (U は xy 軸の選び方によらないことを使った)．したがって

$$U = \frac{1}{2}f\iint drd\theta\cdot r\left\{\left(\frac{\partial u}{\partial r}\right)^2 + \frac{1}{r^2}\left(\frac{\partial u}{\partial \theta}\right)^2\right\} \tag{2.70}$$

となる．この式で $u(r,\theta,t)$ に $\delta u(r,\theta,t)$ という微小変化を加えたときの U の変化を δu の 1 次まで求めれば張力 F_z の表式がえられる．そのために $\partial\delta u(r,\theta,t)/\partial r$ を含む積分を部分積分で書き直すときに面積分の要素からくる因子 r を忘れてはならない．また縁は固定されているから変化 δu は $r=R$ で 0 でなければならないことに注意しよう．結局，(2.65) 式は極座標では

$$\frac{1}{c^2}\frac{\partial^2 u}{\partial t^2} = \frac{1}{r}\frac{\partial}{\partial r}\left(r\frac{\partial u}{\partial r}\right) + \frac{1}{r^2}\frac{\partial^2 u}{\partial \theta^2} \tag{2.71}$$

となる．

一定の振動数をもつ波に興味があるから，

$$u(r,\theta,t) = z(r,\theta)e^{-i\omega t} \tag{2.72}$$

とおいて上の式に代入すると，$z(r,\theta)$ に対する方程式

$$\frac{\partial^2 z}{\partial r^2}+\frac{1}{r}\frac{\partial z}{\partial r}+\frac{1}{r^2}\frac{\partial^2 z}{\partial \theta^2}+k^2 z=0 \tag{2.73}$$

がえられる($k=\omega/c$). この偏微分方程式の解は一般に円柱関数(ベッセル関数)を用いて表わされる. その議論は他にゆずって(本コース第10巻『物理のための数学』を参照), ここでは物理的な考察から解の大ざっぱな性質を理解しよう. もっとも簡単なのは z が r だけの関数であるときで, (2.73)は

$$\frac{d^2 z}{dr^2}+\frac{1}{r}\frac{dz}{dr}+k^2 z=0 \tag{2.74}$$

という常微分方程式になる. 1次元の対応する方程式(2.23)になかった第2項は, 張力の z 成分が動径方向の曲り方 d^2z/dr^2 だけでなく, 円形の曲りからも生じることを表わしている. たとえば $z=ar$ は円錐形を表わすが, このときでも張力の z 成分は0ではない(問題2).

方程式(2.74)の解の性質を調べよう. z は r だけの関数であるから, 円形の波を表わすであろう. 円形の波が中心 $r=0$ から広がっていくとすると, 波のエネルギーは保存されるから, 広がるにつれて波の振幅は小さくなるはずである. 1波長, つまり山と山との間のリングの面積は $2\pi r\lambda$ であって, 波が一定速度で広がるにつれ r に比例して大きくなる. 波のエネルギー密度すなわち

$$\frac{1}{2}\sigma\left(\frac{\partial u}{\partial t}\right)^2+\frac{1}{2}f\left\{\left(\frac{\partial u}{\partial r}\right)^2+\frac{1}{r^2}\left(\frac{\partial u}{\partial \theta}\right)^2\right\}$$

は振幅の2乗 z^2 に比例するから, リングの中のエネルギー $2\pi r\lambda z^2$ が一定であるためには z は $1/\sqrt{r}$ で小さくならなければならない. そこで

$$z(r)=\tilde{z}(r)/\sqrt{r}$$

として(2.74)に代入してみると, $\tilde{z}(r)$に対する式

$$\frac{d^2\tilde{z}}{dr^2}+\left(\frac{1}{4r^2}+k^2\right)\tilde{z}=0$$

がえられる. k^{-1}(波長)にくらべてはるかに大きな半径の所では k^2 に比べて $1/4r^2$ は無視できるから, そこでは $\tilde{z}(r)$は $e^{\pm ikr}$($\sin kr$ あるいは $\cos kr$)に比例するようになる. すなわち r が充分大きいところでは

$$z(r) \propto \frac{1}{\sqrt{r}} e^{\pm ikr}$$

という形になることがわかる．したがって波は

$$u(r,t) = \frac{A}{\sqrt{r}} e^{\pm ikr - i\omega t} \tag{2.75}$$

で与えられる．広がる波であれば＋の符号を選べばよい．あとでみるように(第5章)，3次元空間で球状に広がる波では同様にして振幅が $1/r$ に比例して小さくなる．

次に θ 方向にも変化する波について簡単にふれておこう．z の θ への依存の仕方は，

$$z(r, \theta+2\pi n) = z(r, \theta) \tag{2.76}$$

という条件をみたさなければならない．θ と $\theta+2\pi n$ とは実は同じ方向を表わすからである．θ 方向にはもともと境界条件が課せられているといってよい．三角関数の形なら $\sin m\theta$ あるいは $\cos m\theta\,(m=1,2,\cdots)$ であればよい．かりに

$$z(r,\theta) = z_m(r)\cos m\theta \qquad (m=1,2,\cdots) \tag{2.77}$$

とおいて，(2.73)に代入すると，$z_m(r)$ に対する式

$$\frac{d^2 z_m}{dr^2} + \frac{1}{r}\frac{dz_m}{dr} + \left(k^2 - \frac{m^2}{r^2}\right) z_m = 0 \tag{2.78}$$

がえられる．半径 r の円周 $2\pi r$ を1周するとき m 個の節があるから，θ 方向

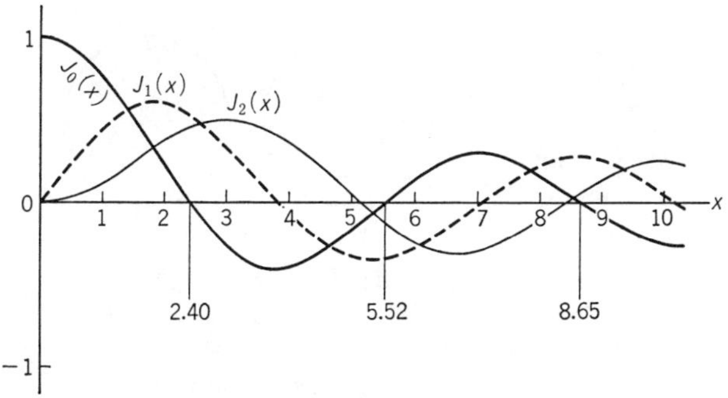

図 2-25 第1種ベッセル関数 $J_0(x)$, $J_1(x)$, $J_2(x)$.

の波長は $2\pi r/m$，したがって波数は m/r，その2乗を k^2 から引いたのが動径方向の波数の2乗になるわけである(第3項)．このような波も r が充分大きいところでは(2.75)のようにふるまう(θ 方向の波長は r とともに大きくなるから)．

次に中心に近いところでの波をしらべてみよう．(2.78)で r が小さいから逆に k^2 は無視してよい．$z_m(r)\propto r^\alpha$ と仮定して(2.78)に代入すると，$\alpha(\alpha-1)+\alpha$

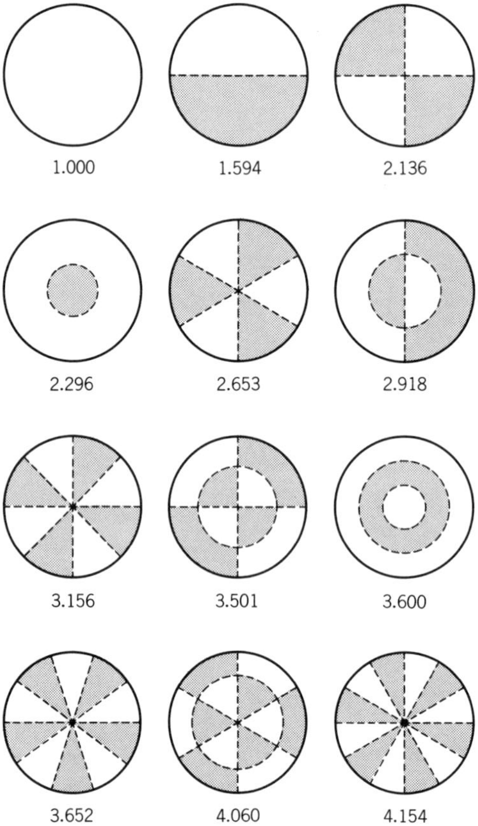

図 2-26　円形膜の固有振動モード．白い部分と灰色の部分は振動の方向が逆になる．各モードの下に記した数字は振動数で，左上隅の場合の振動数を1としたときの比で示したもの(Lord Rayleigh: *Theory of Sound*)．

$-m^2=0$，すなわち

$$z_m(r) \propto r^{\pm m} \tag{2.79}$$

であることがわかる．中心 $r=0$ で振幅が有限でなければならないから，＋符号の解を採用すればよい(これは第1種ベッセル関数(円柱関数) $J_m(r)$ に対応する)．

これで解の大体の様子がわかった．太鼓のように半径 R の円周上で膜が固定されているという境界条件であれば，ちょうど $r=R$ に節がくるように k したがって ω が定められる．図2-25は，$m=0, 1, 2$ に対する(2.78)式($k=1$)の正確な解である第1種ベッセル関数のグラフである．k を適当に選ぶことによって関数の任意の0点，つまり節を R にもってくることができる．したがって m と半径方向の節の数とが固有振動のモードを指定する．図2-26は振動数の低いモードを描いたものである．点線の直径の数が m であり，点線の円が半径方向の節を表わし，下に添えた数値は基本振動数に対する比である．

問　題

1. (2.71)式の右辺を導け．

2. $f=1$ kgw/cm の力で半径 10 cm の円形の枠に膜を張った．膜の面密度を $\sigma=0.3$ g/cm^2 としたとき，波の速度 c および基本振動数を求めよ．($J_0(r_0)=0$ となる最小の r_0 は 2.405 に等しい．図2-25.)

3

完全流体の運動

流体という捕まえどころのない物の運動はどのように記述すればよいか？　一口に流れといっても，静かな流れから大小の渦が入り乱れた激しく変化する流れまで，さまざまである．また音波や水面の波も流体の運動である．ニュートンの運動方程式は流体の場合どんな形をとるのか？　流体にはどんな力がはたらくのか？　これらの問いに答えることによって，流体力学の基礎を学ぶのがこの章の目的である．まず流体における基本的な力，すなわち圧力の考察から始めよう．

3-1　流体にはたらく力

コップの中の水には重力が作用し，その表面には大気圧がはたらいている．また水はコップの壁に圧力を及ぼし，その反作用の力を受けている．このとき全体として水にはたらく力は釣り合っており，水のどの部分をとってみてもそれにはたらく力は釣り合っているに違いない．でなければその部分は運動を始めるであろう．したがって流体の静止する条件(そしてもちろん流体の運動)を論ずるには，流体の各部分にはたらく力を知らなければならない．

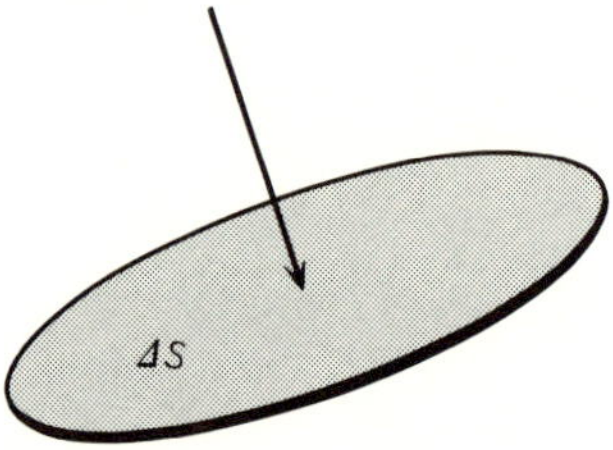

図 3-1　静止している流体の中に薄い板を入れる．

静止している流体の中に微小な薄い板を入れると，その面は流体から圧力を受ける．すなわち一方の面に流体が及ぼす力 $\boldsymbol{F}$ は，(i) その面に垂直であり，(ii) 面の面積に比例し，(iii) 同じ場所であればこの微小な面がどの方向を向いているかによらない(**パスカルの法則**)．大きさがこの面の面積 ΔS に等しく，方向が法線方向であるベクトルを $\Delta\boldsymbol{S}$ とすると，$\boldsymbol{F}$ は

$$\boldsymbol{F} = -P(\boldsymbol{r})\Delta\boldsymbol{S} \tag{3.1}$$

と表わされる．符号が負であるのは，法線方向を面から流体の中へ向かってとったからである．係数 $P(\boldsymbol{r})$ が圧力であり，一般に場所によって異なるから $\boldsymbol{r}$ の関数である．圧力の次元は［力/面積］で，単位は MKS 単位系ではパスカル Pa である．

$$1\,\mathrm{Pa} = 1\,\mathrm{m^{-1}\cdot kg\cdot s^{-2}}$$

微小な板の厚さが無視できれば，その両面には明らかに逆向きの圧力がはたらく．ということは，板で仕切られた流体の片側がもう一方の側に(3.1)の圧力

を及ぼしているわけで，この事情は板があってもなくても変わらない．前に考察した弦や膜の場合，相接する部分はたがいに張力を及ぼしあうのとまったく同様である．弦や膜の取り扱いで行なったように，流体の微小な要素に注目しよう．

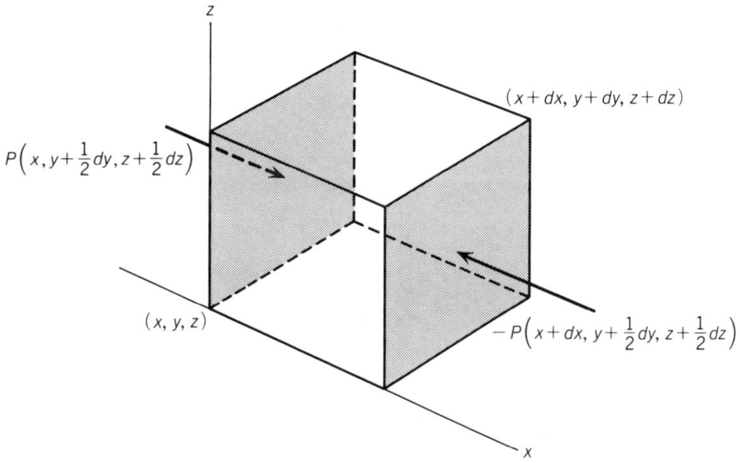

図 3-2 流体の中におかれた微小な直方体の面が受ける力．

図 3-2 のように，1 つの頂点が位置 $\boldsymbol{r}=(x, y, z)$ にある微小な直方体の要素を考え，直交する辺に沿って x, y, z 軸をとる．この直方体の各辺の長さを dx, dy, dz とし，この中にある流体にそのまわりの流体が及ぼす力，すなわち 6 つの面にはたらく力の和を求めよう．各面の大きさは微小であるから，圧力の大きさとしてはその面の中心における値を使ってよい．x 軸に垂直な 2 つの面にはたらく力は，(3.1) から，

$$-P\left(x+dx, y+\frac{1}{2}dy, z+\frac{1}{2}dz\right)dydz$$

および

$$P\left(x, y+\frac{1}{2}dy, z+\frac{1}{2}dz\right)dydz$$

である．和は

$$-\left[P\left(x+dx,y+\frac{1}{2}dy,z+\frac{1}{2}dz\right)-P\left(x,y+\frac{1}{2}dy,z+\frac{1}{2}dz\right)\right]dydz$$

$$\cong -\frac{\partial P(x,y,z)}{\partial x}dxdydz$$

となる．ただし $(dx)^2dydz$，$dx(dy)^2dz$ などの微小量の高次のベキに比例する項は無視した．注目している要素の大きさは任意に小さくとっても，以下の結論には変わりないからである．y 軸および z 軸に垂直な面にはたらく力も同様にして求められる．したがって考えている微小な直方体にはたらく力の x,y,z 成分はまとめて

$$-\left(\frac{\partial P(\boldsymbol{r})}{\partial x},\frac{\partial P(\boldsymbol{r})}{\partial y},\frac{\partial P(\boldsymbol{r})}{\partial z}\right)dxdydz = -\nabla P(\boldsymbol{r})dV \tag{3.2}$$

と書くことができる．ここで $dV\equiv dxdydz$ はこの要素の体積であり，ベクトル $\nabla P(\boldsymbol{r})$ は $P(\boldsymbol{r})$ のグラジエント (gradient) とよばれる．グラジエントとは傾きあるいは勾配という意味である．∇ はグラジエントの演算子で，デカルト座標では

$$\nabla = \left(\boldsymbol{e}_x\frac{\partial}{\partial x}+\boldsymbol{e}_y\frac{\partial}{\partial y}+\boldsymbol{e}_z\frac{\partial}{\partial z}\right) \tag{3.3}$$

と表わされる．ここで $\boldsymbol{e}_x,\boldsymbol{e}_y,\boldsymbol{e}_z$ はそれぞれ x,y,z 軸方向の単位ベクトルである．圧力は要素の表面にはたらく面積力であるが，その合力が体積 dV に比例することが大切な点である．ここでは微小な直方体を考えて(3.2)を導いたが，結果が要素の形によって異なるのではないかという疑問が出るであろう．一般には次節で行なうように，ガウスの定理を用いて同じ結果がえられる(この節の例題では 4 面体の場合を考察する)．

流体の各部分には重力のような外部からの力がはたらく．上と同じ体積 dV の微小な流体の要素にはたらく重力を求めよう．要素のあるところでの密度を $\rho(\boldsymbol{r})$ とすると，その質量は $\rho(\boldsymbol{r})dV$ であるから，重力は

$$\boldsymbol{g}\rho(\boldsymbol{r})dV$$

で与えられる．ここで $\boldsymbol{g}$ は単位質量にはたらく重力のベクトルである．たとえば z 軸を鉛直線上向きにとると，$\boldsymbol{g}=-g\boldsymbol{e}_z$ である($\boldsymbol{e}_z$ は z 軸方向の単位ベクト

ル，g は重力加速度 9.8 m/s^2)．

前に述べたとおり，流体が静止しているときにはその各要素において力が釣り合っている．重力がはたらいている場合であれば

$$-\nabla P(\boldsymbol{r})dV + \boldsymbol{g}\rho(\boldsymbol{r})dV = 0$$

すなわち各点で

$$-\nabla P(\boldsymbol{r}) + \boldsymbol{g}\rho(\boldsymbol{r}) = 0 \qquad (3.4)$$

が満足されなければならない．一般に点 $\boldsymbol{r}$ にある流体にはたらく単位質量あたりの外力を $\boldsymbol{f}(\boldsymbol{r})$ とすると，釣り合いの式は

$$-\frac{1}{\rho(\boldsymbol{r})}\nabla P(\boldsymbol{r}) + \boldsymbol{f}(\boldsymbol{r}) = 0 \qquad (3.5)$$

である．この方程式だけでは圧力と密度の両方を定めることはできない．流体中の圧力と密度の変化を求めるにはさらにもう1つの方程式，すなわち圧力と密度との関係が必要である(例題2を参照)．密度の変化が無視できるときには，(3.5)は外力 $\boldsymbol{f}(\boldsymbol{r})$ のもとで静止している流体中の圧力の空間変化を定める．また外力がないときには，静止している流体中で圧力勾配は0，すなわち圧力はどこでも一定となる．

例題1 図3-3のような体積 $\varDelta V$ の微小な4面体が周囲の流体から受ける圧力の和はやはり(3.2)で与えられることを示せ．

［解］ 図のように各座標軸に垂直な面の面積を $\varDelta S_x, \varDelta S_y, \varDelta S_z$，斜めの面の

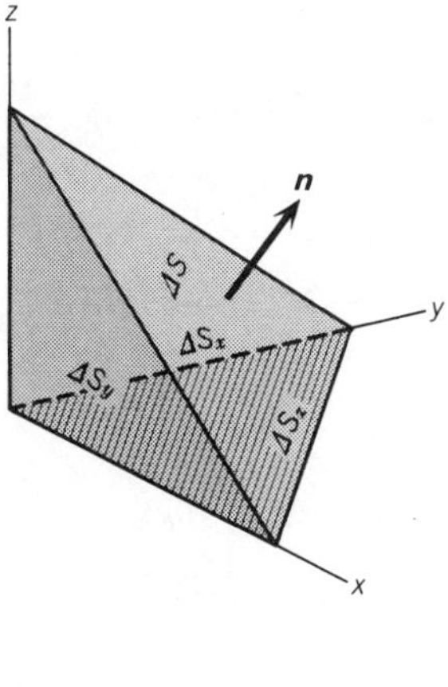

図3-3 微小な4面体．

面積を ΔS，その法線ベクトルを $\boldsymbol{n}$ とすると

$$\Delta S\boldsymbol{n} = \Delta S_x\boldsymbol{e}_x + \Delta S_y\boldsymbol{e}_y + \Delta S_z\boldsymbol{e}_z \tag{3.6}$$

という関係がある．これは，たとえば x 軸方向から斜めの面をみると，すなわち yz 面への射影をとると ΔS_x と一致することから理解できる．面 ΔS にはたらく圧力は(3.1)から

$$-P\left(x+\frac{1}{3}dx, y+\frac{1}{3}dy, z+\frac{1}{3}dz\right)\Delta S\boldsymbol{n}$$
$$= -\left[P(x,y,z)+\frac{1}{3}\left\{\frac{\partial P}{\partial x}dx+\frac{\partial P}{\partial y}dy+\frac{\partial P}{\partial z}dz\right\}\right]\Delta S\boldsymbol{n}$$

で近似される．ただし P は3角形の重心での値を使った．また面 ΔS_x などにはたらく圧力は

$$-P\left(x, y+\frac{1}{3}dy, z+\frac{1}{3}dz\right)\Delta S_x\boldsymbol{e}_x$$
$$= -\left[P(x,y,z)+\frac{1}{3}\left\{\frac{\partial P}{\partial y}dy+\frac{\partial P}{\partial z}dz\right\}\right]\Delta S_x\boldsymbol{e}_x$$

などである．4つの面への圧力の和は，(3.6)を使うと

$$-\frac{1}{3}\left\{\frac{\partial P}{\partial x}dx+\frac{\partial P}{\partial y}dy+\frac{\partial P}{\partial z}dz\right\}\Delta S\boldsymbol{n}+\frac{1}{3}\left\{\frac{\partial P}{\partial y}dy+\frac{\partial P}{\partial z}dz\right\}\Delta S_x\boldsymbol{e}_x$$
$$+\frac{1}{3}\left\{\frac{\partial P}{\partial x}dx+\frac{\partial P}{\partial z}dz\right\}\Delta S_y\boldsymbol{e}_y+\frac{1}{3}\left\{\frac{\partial P}{\partial x}dx+\frac{\partial P}{\partial y}dy\right\}\Delta S_z\boldsymbol{e}_z$$
$$= -\frac{1}{3}\left\{\frac{\partial P}{\partial x}dx\Delta S_x\boldsymbol{e}_x+\frac{\partial P}{\partial y}dy\Delta S_y\boldsymbol{e}_y+\frac{\partial P}{\partial z}dz\Delta S_z\boldsymbol{e}_z\right\}$$
$$= -\nabla P\frac{1}{6}dxdydz = -\nabla P(\boldsymbol{r})dV$$

となる．ただし $\Delta S_x=\dfrac{1}{2}dydz$ などと，$\Delta V=\dfrac{1}{6}dxdydz$ を用いた．▎

例題2　大気が温度一定の理想気体であると仮定して，圧力の高度変化を求めよ．

［解］　理想気体の状態方程式は

$$P = (RT/\mu)\rho$$

である(R は気体定数，μ はモルあたりの質量で大気の場合には平均の分子量

29である)．(3.4)式から，zを高度として，

$$\frac{dP(z)}{dz} = -g\rho(z) = -\left(\frac{g\mu}{RT}\right)P(z)$$

したがって$z=0$のところでの圧力をP_0とすると

$$\int_{P_0}^{P(z)} \frac{1}{P} dP = -\left(\frac{g\mu}{RT}\right)\int_0^z dz$$

積分を行なうと

$$\log\left[P(z)/P_0\right] = -(g\mu/RT)z$$

それゆえ

$$P(z) = P_0 \exp\{-(g\mu/RT)z\} \tag{3.7}$$

がえられる．実際の大気ではもちろん温度一定という仮定は成り立たないが，図3-4に見るとおり観測値と(3.7)式との一致は，15000 m くらいまでは悪くない．▌

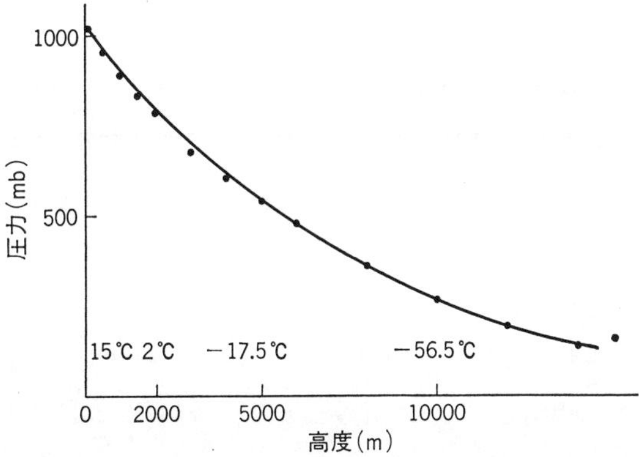

図3-4　大気圧の高度変化．観測値(黒点)と理論値(曲線)はこの範囲ではほぼ一致する．

問　題

1.　半径50 cmの球が水に浮んでいる．球の中心の水面からの高さは10 cmである．水面下の球面にはたらく圧力から球の質量を求めよ．

3-2　流れの記述

この節では，流体の運動をどのように表現すればよいかを考察する．質点系の力学と同じ方法を使えば，弦や膜の振動を扱ったときのように流体の各要素にしるしをつけて，その運動を追いかけることになる．現実にこれに近いことをするには，流れの中にアルミニウムやプラスチックの粉のような適当な微粒子を入れたり，染料を流したりして，その動きを見ればよい．数学的に表現するには，ある時刻 t_0 における流体要素の位置 $\boldsymbol{r}_0$ をその要素のしるしと考える．運動は任意の時刻 t にそれがどこにあるか，すなわち位置 $\boldsymbol{R}(\boldsymbol{r}_0, t)$ を与えることによって記述される．この記述方法は，弦や膜についての章で考察した振動のように，大きな変形をともなわない運動を扱うのには便利である．しかし流体の運動では，隣接した2つの要素も時間がたつと大きく離れてしまうのが普通である．しかも流体の各要素は実際には見分けがつかないから，たいていの場合われわれに興味があるのは流れのパターンである．身近な例として川の流れや翼のまわりの空気の流れなどを取れば，どこで流速が大きいか，どこで渦が発生するか，あるいは流れの様子が時間的にどのように変化するかなどを知りたいのである．流体要素の位置を追跡する方法は，このような問題の取り扱いに適した方法とはいえない．

流れの模様を表わすには，空間の各点での流体の速度を与えればよいであろう．一般にそれは時間とともに変化するから，時刻 t における点 $\boldsymbol{r}$ での流体の速度ベクトルを $\boldsymbol{v}(\boldsymbol{r}, t)$ と表わそう．これは $\boldsymbol{r}$ というところに固定した流速計が時々刻々観測する流速である．第1章で述べたように，空間の各点で与えられる量は一般に場とよばれるから，$\boldsymbol{v}(\boldsymbol{r}, t)$ を**速度場**(velocity field)とよぶことにする．速度はベクトル量であるからこれはベクトル場である．ある時刻における速度場を図示するには，空間の各点にそこでの速度ベクトルを表わす矢印を書きこめばよいであろう(図3-5)．任意の点から矢印の方向をたどって行くとその軌跡は1つの曲線になる．これをその点を通る**流線**(streamline)とよぶ．

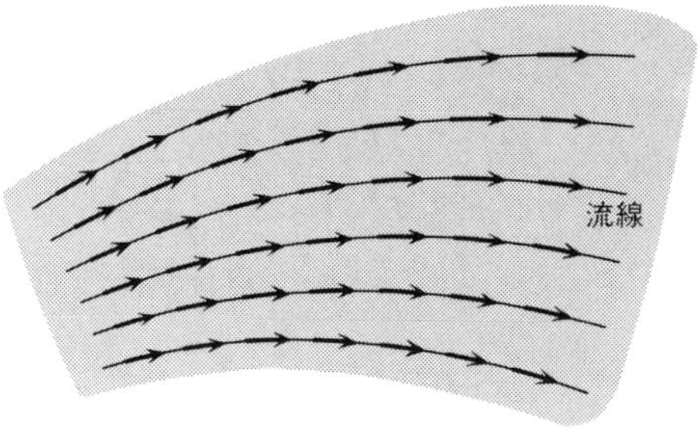

図 3-5　流線と速度場.

いいかえると，流線とはその接線の方向がどこでも速度ベクトルの方向に等しいような曲線である.

一般に空間のなかの曲線を表現するには，曲線上の1点から曲線にそって測った距離 l の関数として曲線上の点の座標を与えればよい．すなわち $\boldsymbol{r}=\boldsymbol{r}(l)$, 成分で書くと $x=x(l)$, $y=y(l)$, $z=z(l)$ が曲線の方程式である．曲線上の微小距離 dl 離れた2点，$\boldsymbol{r}(l+dl)$ と $\boldsymbol{r}(l)$ とを結ぶベクトル

$$\boldsymbol{r}(l+dl)-\boldsymbol{r}(l) \cong (d\boldsymbol{r}(l)/dl)dl$$

の方向が接線の方向である．$|d\boldsymbol{r}(l)|=dl$ であるから，$d\boldsymbol{r}(l)/dl$ が接線方向の単位ベクトルである．流線の場合にはこれがその点での速度場の方向である．したがって流線の方程式は

$$\frac{d\boldsymbol{r}(l)}{dl}=\frac{\boldsymbol{v}(\boldsymbol{r}(l),t)}{|\boldsymbol{v}(\boldsymbol{r}(l),t)|} \tag{3.8}$$

で与えられる.

点 $\boldsymbol{r}_0$ を通る流線は $\boldsymbol{r}(0)=\boldsymbol{r}_0$ となる(3.8)の解で与えられる．(3.8)はある時刻 t での速度場に対応する流線を与える方程式で，この式では t は定数であることを注意しておく．速度場が時間によって変化すると，(3.8)によって定まるある時刻 t での流線と他の時刻 t' での流線とはもちろん異なっている.

流線は流れのパターンを表わすのに便利である．それでは流体の要素はある時刻の流線にそって運動するのであろうか？　時刻 t_0 に点 $\boldsymbol{r}_0$ にある流体の要素に注目すると($\boldsymbol{r}_0$ にある流体にしるしをつける)，Δt 時間後にそれは $\boldsymbol{r}_1=\boldsymbol{r}_0+$

$\boldsymbol{v}(\boldsymbol{r}_0, t_0)\Delta t$ に移動する．次に時刻 $t_0+\Delta t$ における速度場は $\boldsymbol{v}(\boldsymbol{r}_1, t_0+\Delta t)$ に変化しているから，さらに Δt 時間後を考えると，注目している流体要素は $\boldsymbol{r}_1$ から

$$\boldsymbol{r}_2 = \boldsymbol{r}_1 + \boldsymbol{v}(\boldsymbol{r}_1, t_0+\Delta t)\Delta t$$

に移る．もとの時刻 t_0 における流線にそって動くのであれば，この式の $\boldsymbol{v}$ に現われる時間はいつも t_0 である（$t_0+\Delta t$ などではなくて）．速度場 $\boldsymbol{v}(\boldsymbol{r}, t)$ がわかっているとき，流体要素の運動は方程式

$$\frac{d\boldsymbol{r}(t)}{dt} = \boldsymbol{v}(\boldsymbol{r}(t), t) \tag{3.9}$$

で定められる．ただし $\boldsymbol{r}(t)$ は注目している要素の時刻 t における位置である．速度場 $\boldsymbol{v}(\boldsymbol{r}, t)$ というとき，$\boldsymbol{r}$ と t とは独立な変数である．$\boldsymbol{v}(\boldsymbol{r}, t)$ が与えられたとき，特定の流体要素の時刻 t での速度（左辺）は，それの時刻 t における位置 $\boldsymbol{r}(t)$ での速度場 $\boldsymbol{v}(\boldsymbol{r}(t), t)$ に等しいということを（3.9）式は表わしているにすぎない．

このように流線と流体要素の運動の軌跡とは一般に異なる．両者が同じ曲線になるのは速度場が時間によらない，したがって流線が時間とともに変化しない場合，つまり流れのパターンが変化しない**定常流**の場合である．このとき $\boldsymbol{v}$ は $\boldsymbol{r}$ だけの関数であるから，（3.9）は（3.8）と同じ曲線群を与える（問題1）．定常流では流体要素は1つの流線にそって運動する．

この事情を理解するために具体例をあげよう．(a)無限に長い円柱がその軸に垂直方向の速度一定の一様な流れのなかに静止している場合と，(b)静止している流体のなかを円柱が軸に垂直方向（x 軸方向とする）に直線運動する場合である．密度の変化が無視できる粘性のない流体に対して，この2つの場合の流れは後に述べる4-4節で求められるが，ここではその結果だけを図示しよう．(a)の場合の流線は図3-6のようになる（流れは円柱の軸に垂直などの面でも同じで，2次元的な流れである）．この流れは時間的に変化しない定常流であるから，流体要素はこの流線にそって運動する．(b)の場合，円柱が動くとき流体をかきわけて進むから，そのまわりに流れが生じる．ある瞬間にその流れの様子を表わす流線を描くと図3-7のようになる．円柱は動いているから今度は

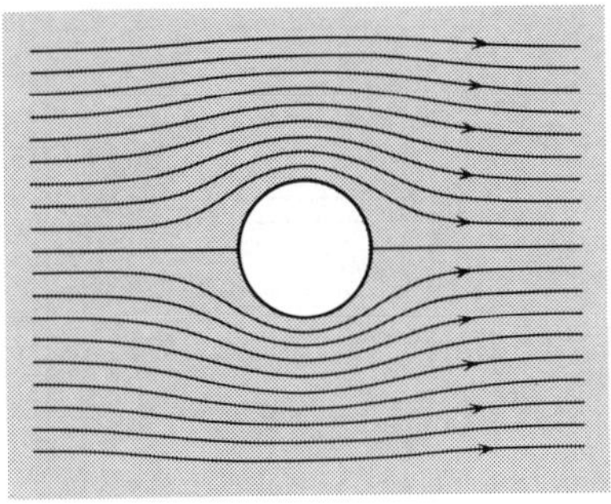

図 3-6　一様な流れのなかに静止している円柱のまわりの流線.

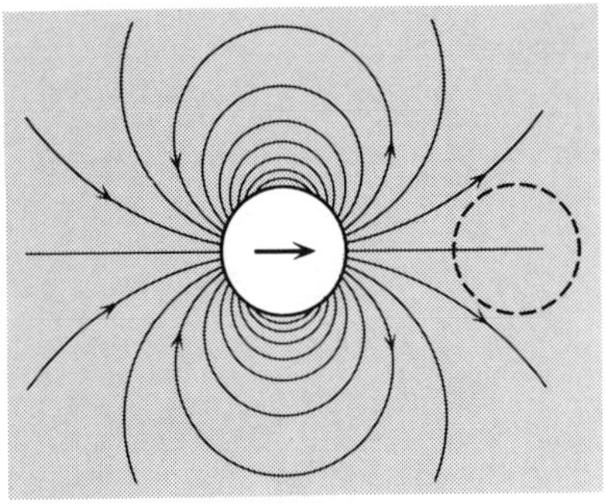

図 3-7　静止している流体のなかを運動する円柱のまわりの流線.

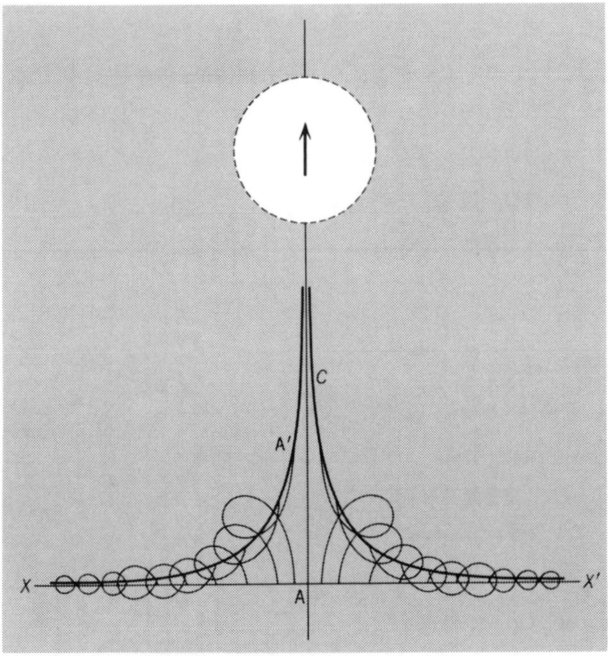

図 3-8　静止流体中を円柱が XX' のはるか下から上に通過すると，XX' 軸上にあった流体要素は曲線 C 上にくる.

マクスウェルと流体力学

マクスウェル(J. C. Maxwell)は電磁気学そして気体運動論で偉大な業績を残した人である．その彼が1870年に「流体運動における変位について」という面白い小論文を書いている．始めに流体力学では普通は速度場だけを問題にすることを注意したあと，彼は「分子論では，個々の分子がその同一性を保つことを仮定するから，理論として完全であるためには，任意の時刻に各分子の位置を決定できなければならない」と述べ，それが可能な簡単な例として，3-2節でふれた直線運動する円柱のまわりの流れを論じている．図3-8は，実はマクスウェルが計算して求めた流体粒子の軌跡の図を引用したものである．マクスウェルはまた下図も描いている．これは流体に格子状の線を書いておき，円柱を動かしてくると格子がどんな様子になるかを示したものである．彼は墨流し手法でこの図を作ることができるだろうといって，この小論文を結んでいる．

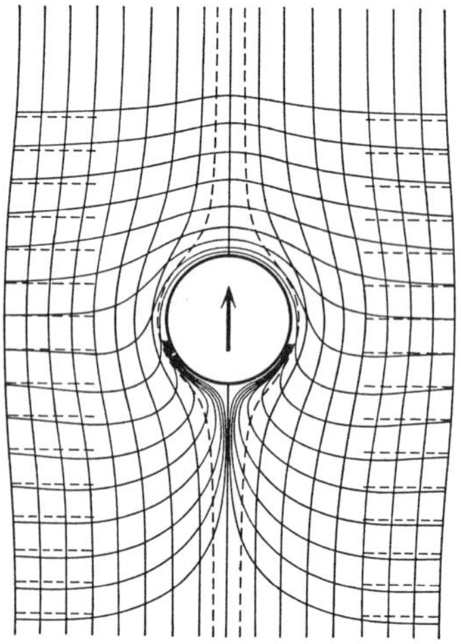

もっとも文字どおり流体分子の軌跡と見るのはおかしい．マクスウェル自身もその創始者の1人である分子運動論によれば，分子は流体のなかで乱雑な運動もしているからである．やはり流体要素というべきであろう．なお微小だが巨視的な大きさの流体要素のことを‘流体粒子’とよぶことがある．

速度場も時間とともに変化する．ある時間の後には流線は同じ図を破線で示した円のまわりに移したものになる．この場合には流体の要素は図 3-8 に示した軌跡にそって運動する．円柱は図の下から上へ通過する．始め一直線 XX' 上にあった流体要素は図のような軌跡を描いて最後には曲線 C 上にきて止まる．たとえば A 点にあった粒子は A′ にくる．この軌跡は円柱が直線運動をするかぎり，その運動の仕方にはよらない(もちろん完全流体と仮定しての話である)．この図からわかるように流線は簡単な曲線であっても，運動の軌跡は一般に複雑な形をしている．流体力学では速度場が基本的な量であり，それを表わす流線の図がもっともよく使われるわけである．

流れがあると各点での流体の密度 $\rho(\boldsymbol{r},t)$ も一般には変化する．(密度はスカラー量であるから，密度場 $\rho(\boldsymbol{r},t)$ はスカラー場である.) したがって次の課題は，流体の各要素がたがいに圧力を及ぼしあい，また外力を受けて運動するとき，$\rho(\boldsymbol{r},t)$ と $\boldsymbol{v}(\boldsymbol{r},t)$ を定める運動方程式を見出すことである．

問　題

1.　速度場が t によらない定常流では，(3.9)式と(3.8)式は同じ方程式になることを示せ.

3-3　連続の方程式

流体の運動も力学の基本法則に従う．それらはすべて保存則の形に表わされるが，まず質量保存の法則がある(ここでは非相対論的な運動しか考えない)．流体の占めている空間のなかに任意の領域 V を考えよう．V をとりかこむ閉曲面を S とする(図 3-9)．流れがあると，この面 S を通して流体の出入りがあるが，この領域のなかに流体の湧き出し口や吸い込み口がないとすると，流入する質量と流出する質量との差，すなわち V のなかの流体の質量の変化は，そのなかで密度の変化があることを意味する．このことを式で表わそう．

時刻 t における領域 V のなかの質量は体積積分

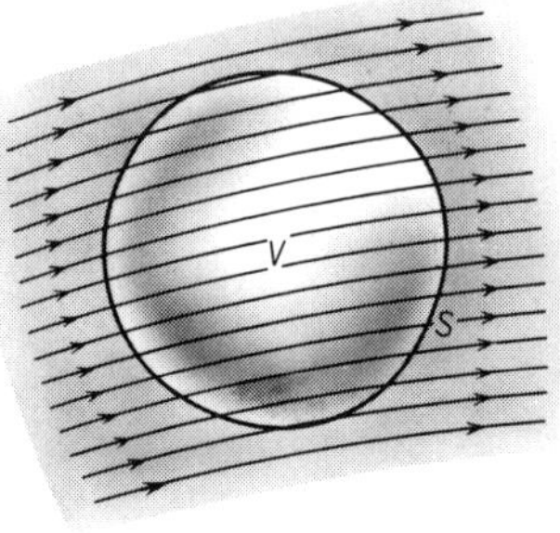

図 3-9　流体中に任意の領域 V と閉曲面 S を考える．

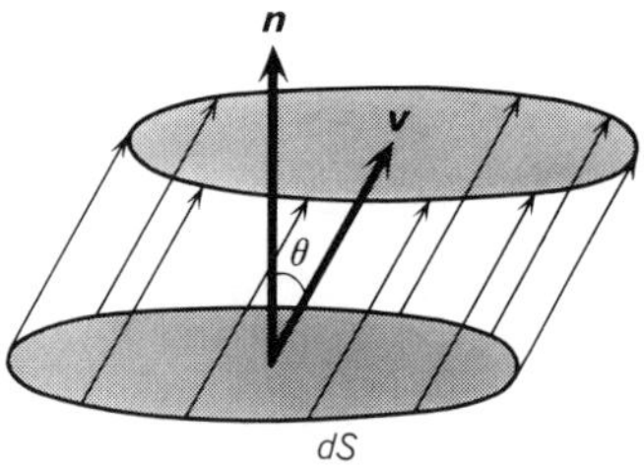

図 3-10　微小面積 dS を通して単位時間に流れる量．

$$M(t) = \int_V \rho(\boldsymbol{r}, t)dV \tag{3.10}$$

で与えられる．次に S を通して単位時間に流れる質量を求めよう．面 S の上の位置 $\boldsymbol{r}$ にある微小な面積要素 dS を通して単位時間に流れるのは，図 3-10 に示した dS を底面として速度ベクトルでつくる柱体の中の流体である．$\boldsymbol{r}$ での曲面 S の法線方向の単位ベクトルを $\boldsymbol{n}$（外向きにとる）とすると，その体積は $\boldsymbol{v}(\boldsymbol{r}, t)\cdot\boldsymbol{n}dS = \boldsymbol{v}(\boldsymbol{r}, t)\cdot d\boldsymbol{S} = |\boldsymbol{v}(\boldsymbol{r}, t)|dS\cos\theta$ で与えられる（$d\boldsymbol{S} \equiv \boldsymbol{n}dS$，$\theta$ は $\boldsymbol{n}$ と $\boldsymbol{v}$ の間の角）．したがってこの柱体の中の質量は $\rho(\boldsymbol{r}, t)\boldsymbol{v}(\boldsymbol{r}, t)\cdot d\boldsymbol{S}$ に等しい．ここでベクトル

$$\boldsymbol{j}(\boldsymbol{r}, t) \equiv \rho(\boldsymbol{r}, t)\boldsymbol{v}(\boldsymbol{r}, t) \tag{3.11}$$

は $\boldsymbol{r}, t$ における**流量**（あるいは運動量密度）である．したがって単位時間に閉曲面 S を通って流出する質量は面 S の全体にわたっての和，すなわち面積分

$$J_S = \int_S \boldsymbol{j}(\boldsymbol{r}, t)\cdot d\boldsymbol{S} \tag{3.12}$$

で与えられることになる．$d\boldsymbol{S}$ の方向を外向きにとったから，流出（入）する場合に J_S は正（負）となる．

領域 V のなかに湧き出し口も吸い込み口もないときには，J_S は V の中の質量 M の変化に等しいはずであるから，

$$\frac{dM_V}{dt} = -J_S$$

この方程式は湧き出し口も吸い込み口もない任意の領域 V に関して質量の保存を表わしている．次にこれを空間の各点で成り立つ式に書き直そう．上式は任意の領域で成り立つから，点 $\boldsymbol{r}_0$ を含む微小な領域(動かない領域) $\varDelta V$ をとり，$\varDelta V$ を小さくした極限を考えよう．上式の左辺は

$$\lim_{\varDelta V\to 0}\frac{dM_{\varDelta V}}{dt} = \lim_{\varDelta V\to 0}\frac{d}{dt}\int_{\varDelta V}\rho(\boldsymbol{r},t)dV = \frac{\partial\rho(\boldsymbol{r}_0,t)}{\partial t}\varDelta V \tag{3.13}$$

となる．右辺の極限も $\varDelta V$ に比例するはずであるから

$$\lim_{\varDelta V\to 0} J_{\varDelta S} = \lim_{\varDelta V\to 0}\int_{\varDelta S}\boldsymbol{j}(\boldsymbol{r},t)\cdot d\boldsymbol{S} = \mathrm{div}\,\boldsymbol{j}(\boldsymbol{r}_0,t)\varDelta V \tag{3.14}$$

と書こう．ここで $\varDelta S$ は微小領域 $\varDelta V$ をかこむ閉曲面である．$J_{\varDelta S}$ がスカラー量であるから $\mathrm{div}\,\boldsymbol{j}$ もスカラー量であり，$\boldsymbol{j}$ の**発散**(divergence)とよばれる．発散とはいま考えているように流体がまわりへ広がって行くことを意味する．

一般に連続なベクトル場 $\boldsymbol{A}(\boldsymbol{r})$ があったとき，

$$\int_S \boldsymbol{A}(\boldsymbol{r})\cdot d\boldsymbol{S} = \int_V \mathrm{div}\,\boldsymbol{A}(\boldsymbol{r})dV \tag{3.15}$$

が成り立つ．ここで S は領域 V をかこむ閉曲面であり，$\boldsymbol{A}$ の発散 $\mathrm{div}\,\boldsymbol{A}$ はデカルト座標では

$$\mathrm{div}\,\boldsymbol{A} = \frac{\partial A_x}{\partial x}+\frac{\partial A_y}{\partial y}+\frac{\partial A_z}{\partial z} = \nabla\cdot\boldsymbol{A} \tag{3.16}$$

で与えられる．$\nabla\cdot\boldsymbol{A}$ はグラジエントの演算子(3.3)と $\boldsymbol{A}$ とのスカラー積である(以下この本では $\mathrm{div}\,\boldsymbol{A}$ と $\nabla\cdot\boldsymbol{A}$ の両方の書き方を使う)．(3.15)は**ガウスの定理**(Gauss' theorem)とよばれる．(3.15)を示すには，V を微小な直方体 $\varDelta V$ に分割して考えればよい．辺が $\varDelta x, \varDelta y, \varDelta z$ の直方体をかこむ面 $\varDelta S$ についての面積分で，x 軸に垂直な 2 つの面からの寄与は，

$$[A_x(x+\varDelta x,y,z)-A_x(x,y,z)]\varDelta y\varDelta z \cong (\partial A_x/\partial x)\varDelta x\varDelta y\varDelta z = (\partial A_x/\partial x)\varDelta V$$

になる((3.2)式を導いたときの議論を参照)．y, z 軸に垂直な面からの寄与も同様であるから，面積分は

$$\int_{\Delta S} \boldsymbol{A}\cdot d\boldsymbol{S} = \left(\frac{\partial A_x}{\partial x}+\frac{\partial A_y}{\partial y}+\frac{\partial A_z}{\partial z}\right)\Delta V$$

に等しい．V のなかのすべての直方体についてこの式の和をとると，相接する直方体の共通する面からの面積分への寄与は相殺するから，左辺の和では V の表面の寄与しか残らず，結局(3.15)がえられる．

(3.13)と(3.14)の符号を変えたものが等しいから，

$$\boxed{\frac{\partial \rho(\boldsymbol{r},t)}{\partial t}+\mathrm{div}\, \boldsymbol{j}(\boldsymbol{r},t) = 0} \tag{3.17}$$

あるいは(3.11)により

$$\frac{\partial \rho}{\partial t}+\mathrm{div}\,(\rho \boldsymbol{v}) = 0 \tag{3.17$'$}$$

が湧き出し口も吸い込み口もない領域の任意の点($\boldsymbol{r}_0$ は任意の点であった)で成り立たなければならない．これは**連続の方程式**(equation of continuity)とよばれ，流体の運動を支配する基本方程式の1つである．電磁気学でこれに対応するのは電荷の保存則である．

点源からの流れ　(3.17)は湧き出し口も吸い込み口もない領域で成り立つ方程式である．では，流体が出入りする源があるときにはどうなるか．それを示す一例として，半径 a の球面から一定の割合で流体が四方に流れ出すときの速度場を考察しよう(図3-11)．定常的な流れであるから $\boldsymbol{v}$ は時間によらない．またどの方向にも等しい，つまり等方的な流れであり，速度の方向はどこでも動径方向(球の中心を原点にとる)であるから，速度場は極座標の動径方向の成分だけをもち，その大きさ v は原点からの距離 r だけの関数である．任意の半径 $r\,(\geqq a)$ の球面を横切って単位時間に流れ出す流体の質量 J は r によらず一定である．したがって

$$4\pi r^2 j(r) = J$$

ただし $j(r)$ は半径 r の球面の単位面積を通して単位時間に流れ出す質量 $\rho(r)\cdot v(r)$ である．この式から

$$j(r) = J/4\pi r^2$$

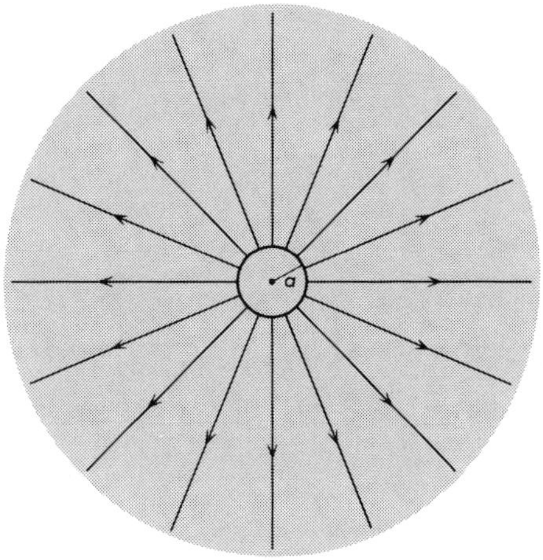

図 3-11 半径 a の球面から流れ出す流体の速度場.

$\boldsymbol{r}$ という点における動径方向の単位ベクトルは $\boldsymbol{r}/r$ ($|\boldsymbol{r}|=r$) であるから，$\boldsymbol{j}(\boldsymbol{r})$ はこの場合

$$\boldsymbol{j}(\boldsymbol{r}) = \frac{J}{4\pi}\frac{\boldsymbol{r}}{r^3} \qquad (r>a) \tag{3.18}$$

と表わされる．球の外では連続の方程式(3.17)が成り立たなければならない．いまは時間によらない定常的な流れとしているから，それは

$$\operatorname{div} \boldsymbol{j} = 0$$

であるが，上の $\boldsymbol{j}$ が $r=0$ を除き $r>0$ の任意の点でこの式をみたしていることは代入して計算してみればわかる．

流量 J を一定にして湧き出し口の半径 a を小さくしていった極限は点源とよばれる(理想化して考えたもの)．半径 r の球についてガウスの定理(3.15)を適用すると

$$J = \int \boldsymbol{j}\cdot d\boldsymbol{S} = \int \operatorname{div} \boldsymbol{j} dV$$

であるから，$\operatorname{div} \boldsymbol{j}$ の積分は点源の場合は r がどんなに小さくても J に等しい．したがって $\operatorname{div} \boldsymbol{j}$ は原点のところだけで値をもち，しかも原点を含むどんなに

小さな球(実は球である必要もない)の内部で積分しても J になる．この事情を

$$\mathrm{div}\, \boldsymbol{j}(\boldsymbol{r}) = J\delta(\boldsymbol{r}) \tag{3.19}$$

と表わす．ここで $\delta(\boldsymbol{r})$ は3次元のデルタ関数とよばれ，

$$\begin{aligned} &\delta(\boldsymbol{r}) = 0 \qquad (\boldsymbol{r} \neq 0) \\ &\int_V f(\boldsymbol{r})\delta(\boldsymbol{r})dV = f(0) \qquad (V \text{ は } \boldsymbol{r}=0 \text{ を含む}) \end{aligned} \tag{3.20}$$

で定義される．ただし $f(\boldsymbol{r})$ は任意の，原点で連続な関数である．いままで湧き出し口として扱ってきたが，J を負にすれば吸いこみ口となり，速度ベクトルは原点に向かう．この本ではどちらの場合も湧き出し口とよぶことにする．なお上式(3.18)は点電荷と電場との関係式と同じ形である(本コース第3巻『電磁気学I』26ページを参照)．

例題1　微小な体積 ΔV を占める流体要素の体積は dt 時間後には $\mathrm{div}\, \boldsymbol{v}\cdot\Delta V\cdot dt$ だけ変化することを示せ．

［解］　考えている体積 ΔV をかこむ閉曲面を ΔS とする．ΔS 上の点 $\boldsymbol{r}$ にあった流体は dt 時間後には $\boldsymbol{r}+\boldsymbol{v}(\boldsymbol{r},t)dt$ に移る．面積要素 dS は dt 時間後に dS' に移るとすると，dS と dS' を底面とする柱体のなかの体積は $\boldsymbol{v}dt\cdot d\boldsymbol{S}$ に等しい．したがって求める体積の変化は

$$dt\int_{\Delta S} \boldsymbol{v}\cdot d\boldsymbol{S}$$

であるが，ガウスの定理でこれは

$$dt\int_{\Delta V} \mathrm{div}\, \boldsymbol{v} dV$$

に等しい．ΔV は微小であるからこれは $\mathrm{div}\, \boldsymbol{v}\cdot\Delta V dt$ である．❙

問　題

1.　任意の領域 V のなかの流体に，その外の流体が及ぼす圧力の和が

$$-\int_S P d\boldsymbol{S} = -\int_V \nabla P dV$$

で与えられることを示せ．(ヒント：この式の x 成分を示すには，単位ベクトル $\boldsymbol{e}_x$ とのスカラー積をとり，ベクトル場 $\boldsymbol{e}_x P(\boldsymbol{r})$ に対しガウスの定理を用いる.)

3-4　オイラーの方程式

ニュートンの第2法則によると，運動量の時間変化の割り合い，すなわち加速度と質量の積は力に等しい．流体の微小な要素の運動にこの法則をあてはめよう．時刻tに位置$\boldsymbol{r}$にある微小要素に注目する．その体積をΔVとすると質量は$\rho(\boldsymbol{r},t)\Delta V$に等しい．次にこの要素の加速度を速度場で表わそう．tにおけるその速度は$\boldsymbol{r}$での速度場の値$\boldsymbol{v}(\boldsymbol{r},t)$で与えられるから，$\Delta t$時間後にこの要素は$\boldsymbol{r}+\Delta\boldsymbol{r}=\boldsymbol{r}+\boldsymbol{v}(\boldsymbol{r},t)\Delta t$に移動する．$t+\Delta t$におけるこの点での速度は$\boldsymbol{v}(\boldsymbol{r}+\boldsymbol{v}(\boldsymbol{r},t)\Delta t,t+\Delta t)$である(図3-12)．したがって注目している要素の速度は，Δt時間の間に

$$\begin{aligned}\Delta\boldsymbol{v} &= \boldsymbol{v}(\boldsymbol{r}+\boldsymbol{v}(\boldsymbol{r},t)\Delta t,t+\Delta t)-\boldsymbol{v}(\boldsymbol{r},t)\\ &\cong \left\{\frac{\partial\boldsymbol{v}}{\partial t}+(\boldsymbol{v}\cdot\nabla)\boldsymbol{v}\right\}\Delta t \qquad (3.21)\end{aligned}$$

だけ変化する．これはまた次のようにして理解される．$\boldsymbol{v}(\boldsymbol{r}+\Delta\boldsymbol{r},t+\Delta t)$とは$\boldsymbol{v}(x+\Delta x,y+\Delta y,z+\Delta z,t+\Delta t)$のことである．たとえば$x$成分$v_x(x+\Delta x,y+\Delta y,z+\Delta z,t+\Delta t)$を1次の微小量まで展開すると，

$$\begin{aligned}&v_x(x,y,z,t)+\frac{\partial v_x}{\partial x}\Delta x+\frac{\partial v_x}{\partial y}\Delta y+\frac{\partial v_x}{\partial z}\Delta z+\frac{\partial v_x}{\partial t}\Delta t\\ &= v_x+(\Delta\boldsymbol{r}\cdot\nabla)v_x+\frac{\partial v_x}{\partial t}\Delta t\end{aligned}$$

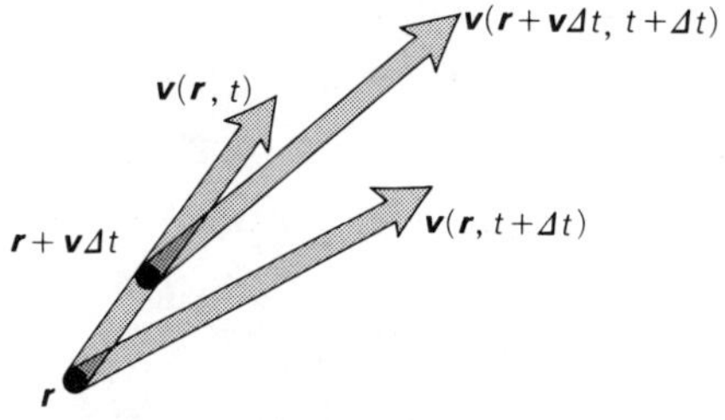

図3-12　Δt時間後の速度は$\boldsymbol{v}(\boldsymbol{r}+\boldsymbol{v}\Delta t,t+\Delta t)$である．

となる．いま $\Delta\boldsymbol{r}=\boldsymbol{v}\Delta t$ であるから，これは $v_x+\left\{\dfrac{\partial v_x}{\partial t}+(\boldsymbol{v}\cdot\nabla)v_x\right\}\Delta t$ に等しい．他の成分もまとめて書くと(3.21)が得られる．したがって流体要素の加速度 $\lim\limits_{\Delta t\to 0}\Delta\boldsymbol{v}/\Delta t\equiv D\boldsymbol{v}/Dt$ を速度場で表わすと

$$\frac{D\boldsymbol{v}(\boldsymbol{r},t)}{Dt}=\frac{\partial\boldsymbol{v}(\boldsymbol{r},t)}{\partial t}+[\boldsymbol{v}(\boldsymbol{r},t)\cdot\nabla]\boldsymbol{v}(\boldsymbol{r},t) \tag{3.22}$$

となることがわかる．流体要素の加速度がたんに速度場の時間による偏微分 $\partial\boldsymbol{v}/\partial t$ でないことに注意しよう．一般に場の量，すなわち $\boldsymbol{r}$ と t の関数 $A(\boldsymbol{r},t)$ について，$\partial A/\partial t$ は空間に固定した点での量 A の時間変化を与えるが，$DA/Dt=\partial A/\partial t+(\boldsymbol{v}\cdot\nabla)A$ は流体要素に属する量として見た A の変化である．速度場が時間によらない流れ，すなわち流れのパターンが時間的に変化しない流れ($\boldsymbol{v}(\boldsymbol{r},t)=\boldsymbol{v}(\boldsymbol{r})$，したがって $\partial\boldsymbol{v}/\partial t=0$)においても，流体が加速度運動をすることは，たとえば場所によって太さが異なる管の中の定常的な流れでは明らかである(例題1,2)．

運動している流体の要素にはたらく力としては，3-1節で考察した重力のような外力とそのまわりの流体が及ぼす圧力のほかに粘性力が加わるが，さしあたり粘性力は考えないことにする(第6章を見よ)．粘性のない流体を**完全流体**あるいは**理想流体**(ideal fluid)とよぶ．外力および(3.2)で与えられる力と，要素の質量 $\rho(\boldsymbol{r},t)\Delta V$ と加速度(3.22)の積を等しいとおいて，完全流体に対する運動方程式がえられる．

$$\boxed{\rho\left\{\frac{\partial\boldsymbol{v}}{\partial t}+(\boldsymbol{v}\cdot\nabla)\boldsymbol{v}\right\}=-\nabla P+\rho\boldsymbol{f}} \tag{3.23}$$

ここで両辺に体積 ΔV が現われるので約した．$\rho,\boldsymbol{v},P$ および外力 $\boldsymbol{f}$ はすべて $(\boldsymbol{r},t)$ における値である．これは**オイラーの方程式**とよばれる(L. Euler, 1755)．

完全流体の運動を支配する基本方程式は連続の方程式(3.17)

$$\frac{\partial\rho}{\partial t}+\mathrm{div}\,(\rho\boldsymbol{v})=0$$

とこのオイラーの方程式である．これらの偏微分方程式には各点での流体の密度 ρ，速度 $\boldsymbol{v}$ の3成分，および圧力 P という5個の未知関数が現われる．方程

式の数は全部で4個であるから，問題を完全に解くにはもう1つの方程式が必要である．それは，静止している流体の平衡を考察したときにふれたように，密度と圧力との間の関係である．第1章で述べたとおり，ここで取り扱うのはつねに流体の各部分で熱力学的な平衡状態が成り立っている，すなわち局所平衡にあるとみなされるような運動であり，したがって各時刻に各点で流体の状態は温度，圧力などの熱力学的変数で記述されるものとする．この場合，密度と圧力との間の関係は個々の流体に特有な状態方程式によって与えられる．その取り扱いは具体的に個々の問題について行なうことにする．

例題1　一定の角速度 Ω で回転している容器のなかの流体にはたらく遠心力が，加速度の式(3.21)によって与えられることを示せ．

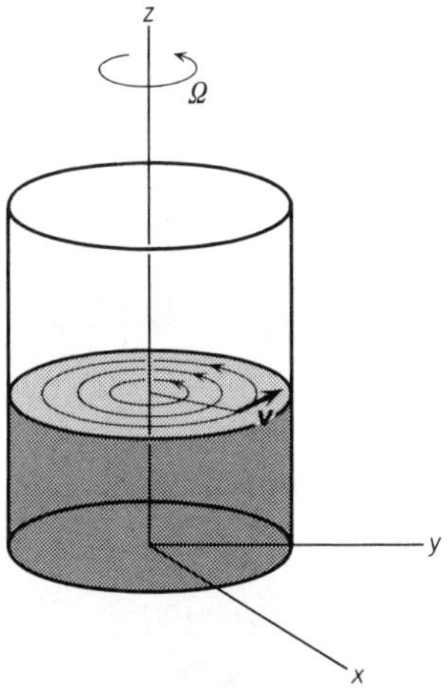

図3-13　容器とともに回転する流体．

［解］　流体も容器とともに一体となってあたかも剛体のような回転運動をするので，この運動は**剛体回転**とよばれる(図3-13)．回転軸を z 方向にとると，この場合の速度場は

$$\boldsymbol{v}(\boldsymbol{r}) = (-\Omega y, \Omega x, 0) \tag{3.24}$$

である(速度の大きさは $\Omega\sqrt{x^2+y^2}$)．このとき(3.21)は

$$\frac{D\boldsymbol{v}}{Dt} = \left(-\Omega y\frac{\partial}{\partial x}+\Omega x\frac{\partial}{\partial y}\right)\boldsymbol{v} = (-\Omega^2 x, -\Omega^2 y, 0)$$

これはちょうど単位質量に対する遠心力の式を与える(符号は逆). ついでにオイラーの方程式に代入すると

$$\rho\Omega^2\boldsymbol{r} = \nabla P - \rho\boldsymbol{f}$$

ただし $\boldsymbol{r}=(x, y, 0)$. ρ の変化が無視でき, 外力 $\boldsymbol{f}$ が z 軸方向の力で一定の大きさなら, この式の $\boldsymbol{r}$ 方向の成分は, $\rho\Omega^2 r=\partial P/\partial r$ となり, 圧力 P は半径方向に $\rho\Omega^2 r^2/2$ のように変化することがわかる. ▎

例題 2 点源からの流れ(3-3 節)における流体要素の位置の時間変化と加速度を求めよ. ただし密度 ρ は一定とする.

［解］ (3.18)で ρ 一定であるから動径方向の速度場は $v(r)=J/4\pi\rho r^2$. いま時刻 $t=0$ に $r=a$ にあった流体要素の運動を追いかけよう(流れは等方的であるから, 1 つの動径方向にそう運動を考察すれば充分である). 時刻 $t\,(>0)$ にそれは $r=R(t)$ にくるとすると, その速度は

$$\frac{dR(t)}{dt} = v(R(t)) = \frac{J}{4\pi\rho}\frac{1}{R^2(t)} \tag{3.25}$$

したがって $R^2(t)dR(t)=(J/4\pi\rho)dt$. これを積分すると

$$\int_a^{R(t)} R^2(t')dR(t') = \frac{J}{4\pi\rho}\int_0^t dt'$$

すなわち

$$(1/3)(R^3(t)-a^3) = (J/4\pi\rho)t$$

これを解いて

$$R(t) = \{a^3+(3J/4\pi\rho)t\}^{1/3}$$

が得られる. 加速度を求めるには(3.25)式を微分して

$$\frac{d^2R(t)}{dt^2} = -\frac{J}{4\pi\rho}\frac{2}{R^3(t)}\frac{dR(t)}{dt} = -v^2(R(t))\frac{2}{R(t)}$$

これは(3.22)の第 2 項(いまの場合 $\partial v/\partial t=0$)を計算し $r=R(t)$ とおいた結果に一致する. ▎

例題 3 ある流体要素に注目し, その密度の時間変化 $D\rho/Dt$ を求めよ. 連続の方程式との関係は?

［解］ 時刻 t における注目している流体要素の体積を ΔV としよう. そのな

かの質量は $M=\rho\Delta V$ である．3-3 節の例題 1 によって，dt 時間後に ΔV は $\mathrm{div}\,\boldsymbol{v}\cdot\Delta V dt$ だけ変化する．そのなかの質量は変わらないから，密度は

$$\frac{M}{\Delta V(1+\mathrm{div}\,\boldsymbol{v}\cdot dt)} \cong \rho(1-\mathrm{div}\,\boldsymbol{v}\cdot dt)$$

となる．すなわち

$$\frac{D\rho}{Dt} = -\rho\,\mathrm{div}\,\boldsymbol{v}$$

普通の偏微分で書くと

$$\frac{\partial\rho}{\partial t}+(\boldsymbol{v}\cdot\nabla)\rho = -\rho\,\mathrm{div}\,\boldsymbol{v} \tag{3.26}$$

$\mathrm{div}\,(\rho\boldsymbol{v})=\rho\,\mathrm{div}\,\boldsymbol{v}+(\boldsymbol{v}\cdot\nabla)\rho$ であるからこれは連続の方程式(3.17)になる．▍

3-5 運動量の保存則

ニュートンの運動方程式は運動量保存則と見ることもできる．すなわちある物体の運動量の変化は他の物体との運動量のやりとりで生じるわけであり，単位時間あたりの運動量の変化がその物体に及ぼされる力にほかならない．流体の運動(オイラーの方程式)をこの見地から考察してみよう．

3-3 節で質量保存則を扱ったときと同様に，空間に固定した領域 V のなかの流体のもつ運動量の変化を問題にする．運動量密度，すなわち単位体積中の運動量は，$\boldsymbol{j}(\boldsymbol{r},t)=\rho(\boldsymbol{r},t)\boldsymbol{v}(\boldsymbol{r},t)$ であるから，V のなかの全運動量は

$$\boldsymbol{J}_V(t) = \int_V \boldsymbol{j}(\boldsymbol{r},t)dV$$

である．これの時間変化

$$\frac{d\boldsymbol{J}_V}{dt} = \int_V \frac{\partial \boldsymbol{j}(\boldsymbol{r},t)}{\partial t}dV \tag{3.27}$$

を生じさせる原因は 3 つある：(1)流体のこの領域への流出入，(2)面 S を通して外の流体が及ぼす圧力，(3)外力．

(1) 面積要素 $d\boldsymbol{S}$ を通して単位時間に流れ出す流体の体積は $\boldsymbol{v}(\boldsymbol{r},t)\cdot d\boldsymbol{S}$ で

あった(3-3節). これだけの流体のもつ運動量は, 運動量密度$\boldsymbol{j}(\boldsymbol{r},t)$との積$\boldsymbol{j}(\boldsymbol{r},t)[\boldsymbol{v}(\boldsymbol{r},t)\cdot d\boldsymbol{S}]$であるから, 閉曲面$S$から単位時間に失われる運動量は$\int_S \boldsymbol{j}(\boldsymbol{r},t)[\boldsymbol{v}(\boldsymbol{r},t)\cdot d\boldsymbol{S}]$に等しい. このベクトルの$i$成分($i=x,y,z$)にガウスの定理を適用すると

$$\int_S j_i\boldsymbol{v}\cdot d\boldsymbol{S} = \int_V \mathrm{div}\,(j_i\boldsymbol{v})dV \tag{3.28}$$

となる. $j_i\boldsymbol{v}$というベクトルの面積分であることに注意.

(2) 完全流体であるから, Sの外の流体が中の流体に及ぼす力は圧力だけで, これはすでに3-1節で求めた. (3)外力と合わせて

$$\int_V [-\nabla P+\rho\boldsymbol{f}]dV \tag{3.29}$$

上の結果をまとめると, 運動量のi成分の時間変化は(これからベクトル$\boldsymbol{A}$の任意の成分を表わすとき, A_iと書く. すなわち添字iはx,y,zのいずれでもよい.)

$$\int_V \frac{\partial j_i}{\partial t}dV = -\int_V \mathrm{div}\,(j_i\boldsymbol{v})dV+\int_V\left[-\frac{\partial P}{\partial x_i}+\rho f_i\right]dV$$

この式は任意の領域について成立するから,

$$\frac{\partial j_i}{\partial t} = -\mathrm{div}\,(j_i\boldsymbol{v})-\frac{\partial P}{\partial x_i}+\rho f_i \tag{3.30}$$

が得られる. これを

$$\frac{\partial j_i}{\partial t}+\sum_{k=x,y,z}\frac{\partial}{\partial x_k}\{j_i v_k+\delta_{ik}P\} = \rho f_i \tag{3.31}$$

と書き直そう. δ_{ik}はクロネッカー(Kronecker)の記号で

$$\delta_{ik} = 1 \quad (i=k), \qquad \delta_{ik} = 0 \quad (i\neq k) \tag{3.32}$$

で定義される. 第2項に現われる量

$$\boxed{\Pi_{ik} \equiv j_i v_k+\delta_{ik}P = \rho v_i v_k+\delta_{ik}P} \tag{3.33}$$

は**運動量の流れのテンソル**とよばれる. Π_{ik}の物理的な意味であるが, たとえばΠ_{xy}はy軸に垂直な単位面積の面を通して単位時間に流れ出る運動量のx

成分である．第1項は流体がもって出る運動量，第2項は圧力による項で，x 軸に垂直な面には x 成分しかはたらかない．外力がなければ運動量保存則は連続の方程式(3.17)と同じ形

$$\boxed{\frac{\partial j_i}{\partial t}+\sum_{k=x,y,z}\frac{\partial}{\partial x_k}\Pi_{ik}=0} \tag{3.34}$$

すなわち密度(運動量の)の時間微分とその流れの発散の和が0という形に表わされる．

運動量密度 $\boldsymbol{j}=\rho\boldsymbol{v}$ を代入し，連続の方程式を用いると(3.31)は運動方程式であるオイラーの方程式に帰着する(問題1)．

問　題

1. 連続の方程式を用いて(3.31)がオイラーの方程式になることを示せ．
2. 外力 $\boldsymbol{f}$ があるとき(3.34)式はどうなるか．

3-6　エネルギー保存則

次にエネルギー保存則がどのような形に表わされるかを考察する．流れにともなう運動エネルギーと，外力があるときにはそのポテンシャル・エネルギーを考慮しなければならないのは当然だが，流体の要素はミクロにみればきわめて多くの粒子から成り立っているから，それらの熱運動にともなう運動エネルギーおよび相互作用エネルギー，すなわち内部エネルギーも計算に入れなければならない．たとえば流体の運動によってある部分が圧縮され密度が大きくなるときには，流れの運動エネルギーの一部が流体を圧縮する仕事に使われ，内部エネルギーに転換される．内部エネルギーを考慮しなければならないことが，質点系あるいは剛体におけるエネルギー保存則と異なる点である．

ここでわれわれが扱っているのは完全流体であるから，粘性によって流れの運動エネルギーが熱になり，流体の内部エネルギーに転換される(このとき流体の温度が上がる)ことはないと考える．また注目している流体の要素が圧縮

される(膨張する)ときその温度が上がる(下がる)が，そのさいまわりの流体へ熱伝導によって熱エネルギーが移動することもないとする．(すなわち流れにともなって生じる過程はすべてエントロピーの変化をともなわない断熱過程であり，したがって可逆的であると仮定する.) 過程はすべて力学的であるといってもよい．このとき流体の要素のもつ内部エネルギーの変化はすべて流れが密度の変化をひきおこすときに行なう仕事に等しい($dE=-PdV$)．この仮定のもとでエネルギー保存を表わす式を導くことにする．

まず流れの運動エネルギーの変化から始めよう．オイラーの方程式(3.23)(簡単のため外力 $\boldsymbol{f}=0$ とする)の両辺と $\boldsymbol{v}$ のスカラー積をつくると

$$\rho\boldsymbol{v}\cdot\frac{\partial\boldsymbol{v}}{\partial t}+\rho\boldsymbol{v}\cdot(\boldsymbol{v}\cdot\nabla)\boldsymbol{v} = -(\boldsymbol{v}\cdot\nabla)P \tag{3.35}$$

となる．第1項は $\dfrac{1}{2}\dfrac{\partial}{\partial t}(\rho\boldsymbol{v}^2)-\dfrac{1}{2}\boldsymbol{v}^2\dfrac{\partial\rho}{\partial t}$ と書き直せる．第2項は $\rho\{v_x(\boldsymbol{v}\cdot\nabla)v_x+v_y(\boldsymbol{v}\cdot\nabla)v_y+v_z(\boldsymbol{v}\cdot\nabla)v_z\}$ であるが，同様に $\dfrac{1}{2}(\boldsymbol{v}\cdot\nabla)(\rho\boldsymbol{v}^2)-\dfrac{1}{2}\boldsymbol{v}^2(\boldsymbol{v}\cdot\nabla)\rho$ と書ける．したがって左辺は

$$\begin{aligned}&\frac{1}{2}\frac{\partial}{\partial t}(\rho\boldsymbol{v}^2)-\frac{1}{2}\boldsymbol{v}^2\frac{\partial\rho}{\partial t}+\frac{1}{2}(\boldsymbol{v}\cdot\nabla)(\rho\boldsymbol{v}^2)-\frac{1}{2}\boldsymbol{v}^2(\boldsymbol{v}\cdot\nabla)\rho\\&=\frac{\partial}{\partial t}\left(\frac{1}{2}\rho\boldsymbol{v}^2\right)+\frac{1}{2}\boldsymbol{v}^2\,\mathrm{div}\,(\rho\boldsymbol{v})+\frac{1}{2}(\rho\boldsymbol{v}\cdot\nabla)\boldsymbol{v}^2\\&=\frac{\partial}{\partial t}\left(\frac{1}{2}\rho\boldsymbol{v}^2\right)+\mathrm{div}\left\{\left(\frac{1}{2}\boldsymbol{v}^2\right)\rho\boldsymbol{v}\right\}\end{aligned}$$

となる．ただし連続の方程式(3.17)を使った．したがって(3.35)は

$$\frac{\partial}{\partial t}\left(\frac{1}{2}\rho\boldsymbol{v}^2\right)+\mathrm{div}\left\{\left(\frac{1}{2}\rho\boldsymbol{v}^2\right)\boldsymbol{v}\right\} = -(\boldsymbol{v}\cdot\nabla)P \tag{3.36}$$

となる．左辺は運動エネルギー密度 $\rho\boldsymbol{v}^2/2$ とその流れの密度 $(\rho\boldsymbol{v}^2/2)\boldsymbol{v}$ に対しちょうど連続の方程式の形をしている．しかしそれは0に等しくなく，圧力勾配があれば運動エネルギーだけでは保存されないことをこの式は意味している．

次に流体のもつ内部エネルギーの変化を考えよう．ε を単位質量あたりの内部エネルギーとすると，その変化 $d\varepsilon$ は単位質量あたりの体積 $1/\rho$ の変化で与えられる：

$$d\varepsilon = -Pd\left(\frac{1}{\rho}\right) = \frac{P}{\rho^2}d\rho \tag{3.37}$$

そこで内部エネルギーの密度(単位体積あたり) $\rho\varepsilon$ とその流れ $\rho\varepsilon\boldsymbol{v}$ に対し

$$\frac{\partial(\rho\varepsilon)}{\partial t}+\mathrm{div}\,(\rho\varepsilon\boldsymbol{v})$$

という量を計算してみよう．これは連続の方程式(3.17)を使うと

$$\varepsilon\left\{\frac{\partial\rho}{\partial t}+\mathrm{div}\,(\rho\boldsymbol{v})\right\}+\rho\frac{\partial\varepsilon}{\partial t}+(\rho\boldsymbol{v}\cdot\nabla)\varepsilon$$

$$= \rho\left\{\frac{\partial\varepsilon}{\partial t}+(\boldsymbol{v}\cdot\nabla)\varepsilon\right\}$$

となる．ε のどんな変化に対しても(3.37)が成り立つとしているから，これは

$$\rho\frac{P}{\rho^2}\left\{\frac{\partial\rho}{\partial t}+(\boldsymbol{v}\cdot\nabla)\rho\right\}$$

に等しい．ふたたび(3.26)の形に書いた連続の方程式を使うと，これは $-P\cdot\mathrm{div}\,\boldsymbol{v}$ になる．結局，

$$\frac{\partial(\rho\varepsilon)}{\partial t}+\mathrm{div}\,(\rho\varepsilon\boldsymbol{v}) = -P\,\mathrm{div}\,\boldsymbol{v} \tag{3.38}$$

が得られる．3-3節の例題1で示したように $\mathrm{div}\,\boldsymbol{v}$ は流体の体積の変化の割合である．(3.38)は体積変化による仕事の分だけ内部エネルギーが変化することを表わしている．その変化はもちろん運動エネルギーの方からくる．

運動エネルギーと内部エネルギーに対する式(3.36)と(3.38)との和は

$$\frac{\partial\mathcal{E}}{\partial t}+\mathrm{div}\,\boldsymbol{J}_{\mathcal{E}} = 0 \tag{3.39}$$

という保存則の形になる．ただし $\mathcal{E}$ は単位体積の流体のもつエネルギー，すなわちエネルギー密度，$\boldsymbol{J}_{\mathcal{E}}$ はその流れであり，

$$\boxed{\begin{aligned}\mathcal{E} &= \frac{1}{2}\rho\boldsymbol{v}^2+\rho\varepsilon \\ \boldsymbol{j}_{\mathcal{E}} &= \left(\frac{1}{2}\rho\boldsymbol{v}^2+\rho\varepsilon+P\right)\boldsymbol{v}\end{aligned}} \tag{3.40}$$

で与えられる．

3-7 循環のある流れ

流れは一般に2つの基本的な型にわけられる．直観的にも渦のように回転する流れと，一様な流れや湧き出し口から広がる流れのように循環しない流れとに区別される．この区別に正確な表現を与えよう．この節では流れのパターンを問題にするから，ある時刻での速度場すなわち流体の速度の空間変化だけを考察する．したがって変数 t を省略して速度場をたんに $\boldsymbol{v}(\boldsymbol{r})$ と書く．

点AとBとを結ぶ任意の曲線 C_{AB} にそっての速度の線積分を考えよう．なぜ速度の線積分を考えるかはあとでわかる．C_{AB} を長さ Δl の微小な N 個の線分にわけ，その i 番目の線分の方向の単位ベクトル，すなわちその線分の中点 $\boldsymbol{r}_i$ での接線ベクトルを $\boldsymbol{t}_i$ とする(図3-14)．和

$$\sum_{i=1}^{N} \boldsymbol{v}(\boldsymbol{r}_i)\cdot\boldsymbol{t}_i \Delta l$$

の $\Delta l \to 0\ (N\to\infty)$ の極限を C_{AB} にそう $\boldsymbol{v}$ の線積分とよび，

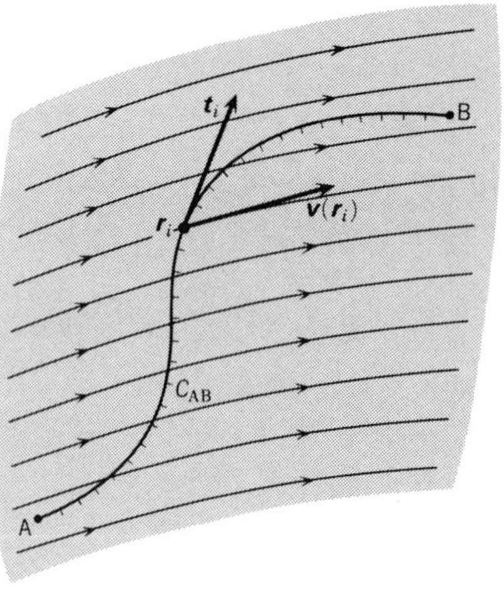

図3-14 曲線 C_{AB} にそう速度 $\boldsymbol{v}$ の線積分．

$$\int_{C_{\mathrm{AB}}} \boldsymbol{v}(\boldsymbol{r})\cdot d\boldsymbol{l}$$

と表わす．曲線の方向への $\boldsymbol{v}$ の成分を曲線にそって積分したものと思えばよい．C が閉曲線のときには，どの向きに1周するかも指定する．ある閉曲線 C にそう線積分

$$\boxed{\kappa_C \equiv \oint_C \boldsymbol{v}\cdot d\boldsymbol{l}} \tag{3.41}$$

を C にそう**循環**(circulation)とよぶ(閉曲線を1周する線積分はとくに記号 $\oint$ で表わす)．C にそって循環する流れがあれば，いつも曲線にそう速度成分が一定の符号をもつから κ_C は有限となる．

循環 κ_C は当然閉曲線 C の選び方に依存する．望ましいのは，空間の各点での流れについて循環のあるなしを速度場 $\boldsymbol{v}(\boldsymbol{r})$ だけで表現することである．そのために C を周囲とするなめらかな曲面 S を考え，それを図3-15のように網目に分割する．網目のそれぞれについて(3.41)のような線積分を考え，それらを加え合わせると，相隣る網目が共有する辺にそう線積分は，ちょうど網目電流と同じように方向が逆で打ち消しあい，いちばん外側の辺の寄与だけが残る．したがって

$$\kappa_C = \sum_i \oint_{C_i} \boldsymbol{v}\cdot d\boldsymbol{l} \tag{3.42}$$

である(C_i は i 番目の網目)．網目のつくり方は任意であるから，微小な大きさ

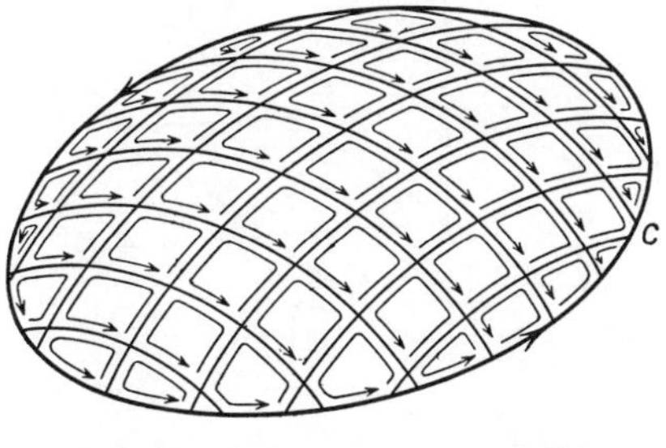

図3-15 C を周囲とする曲面 S を網目に分割する．

に選んでよい．とすると，微小な閉曲線のまわりの循環がわかれば，任意の閉曲線のまわりの循環が求められるわけである．それゆえ微小な閉曲線のまわりの循環を考えよう．

ある点 $\boldsymbol{r}$ を含む平面上の，$\boldsymbol{r}$ をかこむ微小な閉曲線を C とし，それがかこむ面積を $\varDelta S$，C をまわる向きにまわしたとき右ネジが進む方向にとったこの平面に垂直な単位ベクトルを $\boldsymbol{n}$ とする．このとき

$$\lim_{\varDelta S\to 0}\frac{1}{\varDelta S}\oint_C \boldsymbol{v}\cdot d\boldsymbol{l} = \boldsymbol{n}\cdot\mathrm{rot}\,\boldsymbol{v} \tag{3.43}$$

で定義される量 $\boldsymbol{n}\cdot\mathrm{rot}\,\boldsymbol{v}$ を $\boldsymbol{r}$ における $\boldsymbol{v}$ の**回転**(rotation)の $\boldsymbol{n}$ 方向の成分とよぶ．ベクトル $\boldsymbol{n}$ とスカラー積をとるとスカラー量になるから，$\mathrm{rot}\,\boldsymbol{v}$ はベクトルである．いま C として図 3-16 のような z 軸に垂直な 4 角形の辺をとり，左辺の積分のなかの速度を各辺の中央での値で近似すると，$\varDelta S=dxdy$ であるから

$$\frac{1}{dxdy}\left\{v_x\left(x,y-\frac{1}{2}dy,z\right)dx+v_y\left(x+\frac{1}{2}dx,y,z\right)dy\right.$$
$$\left.-v_x\left(x,y+\frac{1}{2}dy,z\right)dx-v_y\left(x-\frac{1}{2}dx,y,z\right)dy\right\}$$
$$=\frac{1}{dxdy}\left\{-\frac{\partial v_x}{\partial y}dxdy+\frac{\partial v_y}{\partial x}dxdy\right\}=\frac{\partial v_y}{\partial x}-\frac{\partial v_x}{\partial y}$$

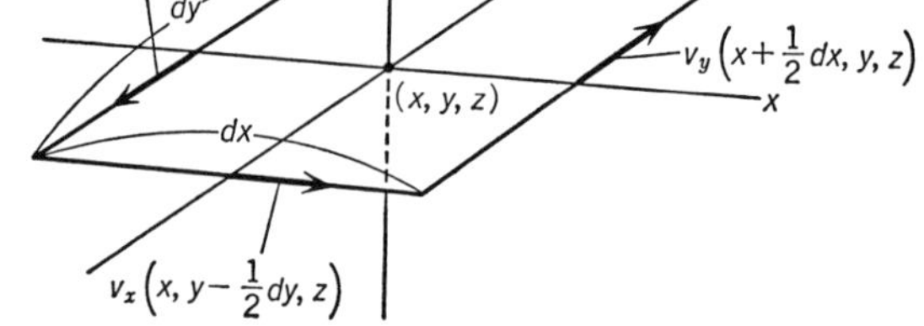

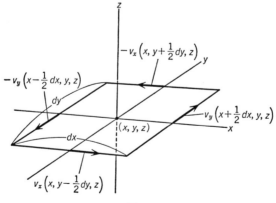

図 3-16

いまの場合 $\boldsymbol{n}=\boldsymbol{e}_z$ であるから，これが rot $\boldsymbol{v}$ の z 成分である．同様にして x, y 成分を求めると

$$\mathrm{rot}\,\boldsymbol{v} = \left\{\frac{\partial v_z}{\partial y}-\frac{\partial v_y}{\partial z}, \frac{\partial v_x}{\partial z}-\frac{\partial v_z}{\partial x}, \frac{\partial v_y}{\partial x}-\frac{\partial v_x}{\partial y}\right\} \tag{3.44}$$

となる．大事な点は(3.43)が閉曲線の形やそれがかこむ面積によらず，方向 $\boldsymbol{n}$ だけに依存することである．(3.44)はグラジエントという微分演算子(3.3)と $\boldsymbol{v}$ とのベクトル積の形であるから，回転を

$$\nabla\times\boldsymbol{v}$$

と書くこともある．(3.42)と(3.43)とから，任意の閉曲線 C にそう循環が

$$\boxed{\kappa_C = \int_C \boldsymbol{v}\cdot d\boldsymbol{l} = \int_S \mathrm{rot}\,\boldsymbol{v}\cdot d\boldsymbol{S}} \tag{3.45}$$

$$\left(= \lim_{\varDelta S_i\to 0}\sum_i \varDelta S_i \boldsymbol{n}_i\cdot \mathrm{rot}\,\boldsymbol{v}(\boldsymbol{r}_i)\right)$$

のように，$\boldsymbol{v}$ の回転の面積分の形に書けることがわかる．ただし S は C を周辺とする任意の閉曲面であり，添字 i は網目を指定し，$\boldsymbol{r}_i$ は i 番目の網目の中心の座標である．(3.45)は**ストークスの定理**(Stokes' theorem)とよばれ，一般に連続なベクトル場に対して成り立つ．

上に述べたことから，ある点 $\boldsymbol{r}$ で速度場の回転

$$\boxed{\boldsymbol{\omega} \equiv \mathrm{rot}\,\boldsymbol{v}(\boldsymbol{r})} \tag{3.46}$$

が 0 でなければ，そのまわりで循環があることを意味する．$\boldsymbol{\omega}$ は**渦度**(vorticity)とよばれる．ここで注意しておきたいのは，渦度がある(したがって循環のある)流れでもつねに流体がぐるぐる回る運動をしているとは限らないことである．その一例は図 3-17 のような流れで，速度場は

$$\boldsymbol{v} = (vz/h, 0, 0)$$

という形をしており，流体はどこでも x 方向にしか運動していない．しかし渦度は

$$\boldsymbol{\omega}_y = (\mathrm{rot}\,\boldsymbol{v})_y = v/h$$

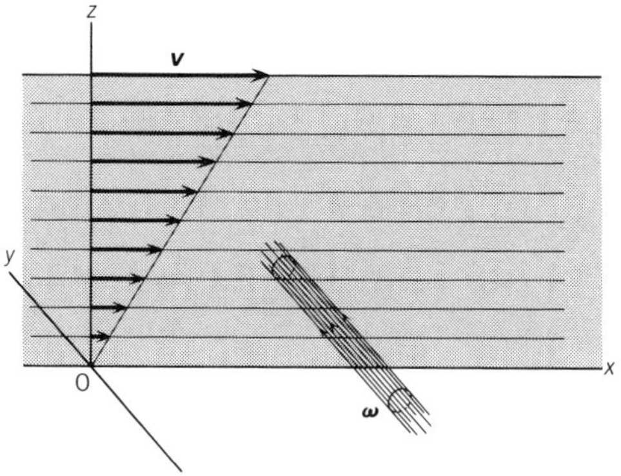

図 3-17 渦度 $\boldsymbol{\omega}$ がある流れの例.

となり，0 ではない．重要なことは，上下の流体はたがいにすべり運動をしていることで，すべりがあるときには必ず渦度が有限である．実際，2 枚の平行板の間に粘性流体があり，上の板を一定速度で動かすと上のような流れが生じる(6-3 節を見よ).

渦管とその連続性　図 3-18 に示されるような，その側面はどこでも渦度ベクトル $\boldsymbol{\omega}(\boldsymbol{r})$ と平行である管を考えよう．このような管のことを**渦管**(vortex tube)とよぶ．一例として図 3-17 に渦管も示してある．渦管は流体のなかで途切れることはありえないことを示そう．

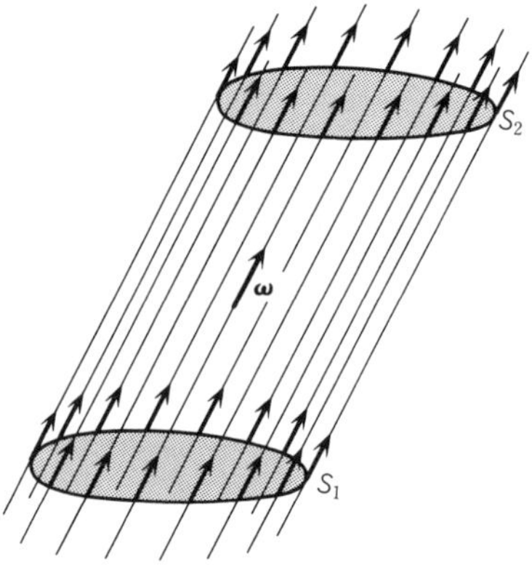

図 3-18 渦度ベクトル $\boldsymbol{\omega}$ と平行な管を渦管という.

一般にあるベクトル場 $\boldsymbol{A}(\boldsymbol{r})$ があったとき，その回転 $\mathrm{rot}\,\boldsymbol{A}$ の発散はつねに 0 である(問題 1).

$$\mathrm{div}\,\mathrm{rot}\,\boldsymbol{A} = 0 \tag{3.47}$$

したがって $\mathrm{div}\,\boldsymbol{\omega}=0$. 連続の方程式のところ(3-3 節)で見たとおり，発散がどこでも 0 であるということは，$\boldsymbol{\omega}$ を一種の流れと見なしたときある領域に流れこむ量と流れ出る量が等しいことを意味する．図 3-18 のように渦管の断面 S_1 と S_2 の間の部分をとってみると，$\boldsymbol{\omega}$ の流れは渦管の定義から側面を通して流れることはないから，S_1 から入る量と S_2 から出る量は等しいはずである．したがって渦管の任意の切口についての面積分 $\kappa_S=\int_S \boldsymbol{\omega}\cdot d\boldsymbol{S}$ は渦管にそって一定である．ストークスの定理(3.45)によれば κ_S は渦管の周囲(切口 S の周囲)にそう循環にほかならない．このことから渦管が流体の中で途切れることはなく，必ず容器あるいは流体の表面で終るか，さもなければリング状になることが結論される．ちょうど電流が導体の途中で途切れることはありえないのと同様である．

例題 1　流体が一定の角速度 Ω で回転しているときの渦度を求めよ．

［解］　この場合の流れはすでに 3-4 節の例題 1 で取り扱った．(3.24)を使うと渦度は z 成分だけが 0 でなく，

$$\omega_z = \frac{\partial v_y}{\partial x}-\frac{\partial v_x}{\partial y} = 2\Omega \tag{3.48}$$

となり，どこでも一定の値をもつ．剛体回転のとき渦度 $\boldsymbol{\omega}$ の大きさがちょうど角速度の 2 倍になり，方向は回転軸の方向であることは渦度の意味を理解する上で重要である．▎

問　題

1.　(3.47)式を示せ．

2.　図 3-18 に示した渦管の一部にあたる領域で渦度 $\boldsymbol{\omega}$ に対しガウスの定理を用いることにより，渦管にそって循環 κ_S が一定であることを示せ．

3-8 ケルヴィンの渦定理

完全流体の流れの基本的な特徴の1つは，循環が保存されることである．これは質点系の力学での角運動量保存に相当する．本節ではこれを示そう．

まず運動方程式であるオイラーの方程式(3.23)

$$\frac{\partial \boldsymbol{v}}{\partial t}+(\boldsymbol{v}\cdot\nabla)\boldsymbol{v} = -\frac{1}{\rho}\nabla P+\boldsymbol{f}$$

に現われる力，すなわち右辺に関して次のかなり一般的な条件を仮定する．

(1) 外力はポテンシャル力である．すなわちポテンシャル $U(\boldsymbol{r})$ のグラジエントで与えられる：$\boldsymbol{f}=-\nabla U$.

(2) 圧力は密度だけの関数である：$P=P(\rho)$.

圧力が密度だけの関数であれば

$$dw = \frac{1}{\rho}\frac{dP}{d\rho}d\rho \tag{3.49}$$

となる関数 $w(\rho)$ がある．たとえば理想気体で密度の変化が断熱的に生じるときには $P\propto\rho^{5/3}$ であるから $w\propto\rho^{2/3}$ となる．

3-6節で述べたように，ここでは流れにともなう内部エネルギーの変化は圧力のする仕事だけによって生じると仮定している．単位質量あたりの内部エネルギー ε の変化は(3.37)で与えられるが，(3.37)は $d(\varepsilon+P/\rho)\equiv dP/\rho$ と書きなおされる．これと(3.49)を比べてみると $w=\varepsilon+P/\rho$ であることがわかる．

(3.49)により $\nabla P/\rho=\nabla w$ であるから，上の2つの条件があるとオイラーの方程式の右辺をグラジエントの形にまとめることができる：

$$\frac{\partial \boldsymbol{v}}{\partial t}+(\boldsymbol{v}\cdot\nabla)\boldsymbol{v} = -\nabla(w+U) \tag{3.50}$$

単位質量の流体の運動方程式とみたとき，この式は圧力という流体要素間の相互作用の力も含めて流体にはたらく力がポテンシャル力，すなわち保存力であることを意味している．

そこで，速度場の時間変化が(3.50)に従う完全流体の運動では，流体ととも

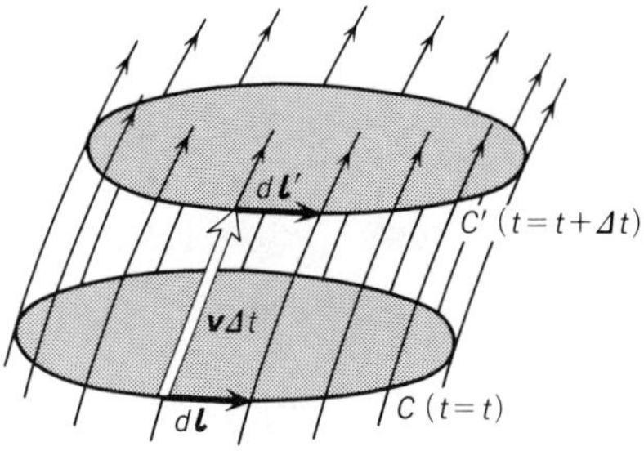

図 3–19

に運動する任意の閉曲線のまわりの循環が保存されるという定理を証明しよう．ここでいう閉曲線とは，いわば流体にインキで書いた閉曲線である．この定理は**ケルヴィンの渦定理** (Kelvin's circulation theorem) とよばれる．図 3–19 のように時刻 t での閉曲線 C のまわりの循環を

$$\kappa(t) = \oint_C \boldsymbol{v}(\boldsymbol{r}, t)\cdot d\boldsymbol{l}$$

とする．$t+\Delta t$ では C は流体とともに運動して C' になるとすると，

$$\kappa(t+\Delta t) = \oint_{C'} \boldsymbol{v}(\boldsymbol{r}', t+\Delta t)d\boldsymbol{l}'$$

である．C 上の点 $\boldsymbol{r}$ と $\boldsymbol{r}+d\boldsymbol{l}$ とはそれぞれ C' 上の点

$$\begin{aligned}\boldsymbol{r} &\rightarrow \boldsymbol{r}+\boldsymbol{v}(\boldsymbol{r}, t)\Delta t\\ \boldsymbol{r}+d\boldsymbol{l} &\rightarrow \boldsymbol{r}+d\boldsymbol{l}+\boldsymbol{v}(\boldsymbol{r}+d\boldsymbol{l}, t)\Delta t\\ &\cong \boldsymbol{r}+d\boldsymbol{l}+\boldsymbol{v}(\boldsymbol{r}, t)\Delta t+(d\boldsymbol{l}\cdot\nabla)\boldsymbol{v}(\boldsymbol{r}, t)\Delta t\end{aligned}$$

に移動する．したがって線分 $d\boldsymbol{l}$ は C' 上の線分

$$d\boldsymbol{l}+(d\boldsymbol{l}\cdot\nabla)\boldsymbol{v}(\boldsymbol{r}, t)\Delta t$$

に相当する．したがって C' 上の積分を C 上の積分に書き直すことができる：

$$\begin{aligned}\kappa(t+\Delta t) &= \oint_C \boldsymbol{v}(\boldsymbol{r}+\boldsymbol{v}(\boldsymbol{r}, t)\Delta t, t+\Delta t)\\ &\quad\cdot[d\boldsymbol{l}+(d\boldsymbol{l}\cdot\nabla)\boldsymbol{v}(\boldsymbol{r}, t)\Delta t]\\ &\cong \oint_C \left\{\boldsymbol{v}(\boldsymbol{r}, t)+[\boldsymbol{v}(\boldsymbol{r}, t)\Delta t\cdot\nabla]\boldsymbol{v}(\boldsymbol{r}, t)+\frac{\partial \boldsymbol{v}}{\partial t}\Delta t\right\}\end{aligned}$$

$$\cdot[d\boldsymbol{l}+(d\boldsymbol{l}\cdot\nabla)\boldsymbol{v}(\boldsymbol{r},t)\varDelta t]$$

$$\cong \kappa(t)+\varDelta t\oint_C\left\{\frac{\partial \boldsymbol{v}}{\partial t}+(\boldsymbol{v}\cdot\nabla)\boldsymbol{v}\right\}\cdot d\boldsymbol{l}+\varDelta t\oint_C \boldsymbol{v}(d\boldsymbol{l}\cdot\nabla)\boldsymbol{v}$$

ただし $\varDelta t$ を微小として1次までの項だけを残した．右辺第2項にオイラーの方程式を使い，第3項で $(1/2)\partial\boldsymbol{v}^2/\partial x_i=\boldsymbol{v}\cdot\partial\boldsymbol{v}/\partial x_i$ を使うと

$$\kappa(t+\varDelta t)-\kappa(t) = \varDelta t\oint_C \nabla\left\{\frac{1}{2}\boldsymbol{v}^2-w-U\right\}\cdot d\boldsymbol{l}$$

となる．閉曲線のまわりのグラジエントの積分は0であるから(問題1)，結局，流体とともに動く閉曲線 C のまわりの循環は時間とともに変化しない，すなわち

$$\frac{d\kappa(t)}{dt} = \frac{d}{dt}\oint_C \boldsymbol{v}(\boldsymbol{r},t)d\boldsymbol{l} = 0 \tag{3.51}$$

という結論に到達する．

したがって完全流体では前節で示したように渦管は流体のなかで途切れることがないだけでなく，時間的にも消滅したり生成したりすることはない(もちろん最初に述べた一般的な条件のもとで)．後に粘性流体では異なった事情になることがわかる(第6章)．また電離ガス(プラズマ)や電解液などの磁場中の流れでは，ローレンツ力がポテンシャル力でないため，この定理は成り立たない．

ケルヴィンの渦定理はもちろん微小な閉曲線にそう循環にもあてはまる．前節でストークスの定理に関して述べたように微小な閉曲線の場合には循環は渦度 $\boldsymbol{\omega}=\mathrm{rot}\,\boldsymbol{v}$ に比例する．したがって，もしある時刻に $\boldsymbol{\omega}=0$ の点にあった流体要素を追いかけると(過去にたどっても同様)，そこではいつも $\boldsymbol{\omega}=0$ である．とくに流体のなかでどこでも $\boldsymbol{\omega}=0$ であれば時間がたってもやはり $\boldsymbol{\omega}=0$ のままである．つまりポテンシャル力の作用では流体が回りだすことはない．また流体のなかに物体(固体の)がおかれていて，物体から離れたところでは渦のない流れ，たとえば一様な流れであれば，その近くでも渦なしの流れであることになる(しかしこれは実際には必ずしも正しくない．6-9節の議論を参照)．

例題 1　図 3-20 のように放射状に半径の広がるパイプがある．底面からパイプの軸まわりに回転している完全流体が流れこんで定常流になっているとする．渦度 $\boldsymbol{\omega}$ を求めよ．ただし R_0 のところの渦度の大きさを ω_0 とする．

［解］　パイプの軸を z 軸とし，パイプを仮想的に伸ばして半径が 0 になる点を原点とする極座標をとろう．パイプにそう流れの速度成分は $v_r = A/r^2$ である（点源からの流れの一部と考えればよい）．流体の回転の流れは z 軸まわりであるから，成分 v_φ で表わされる．z 軸を中心とする円 C 上にあった流体は流れとともに C' のように広がる．ケルヴィンの定理からそのまわりの循環は一定である．したがって渦度 $\boldsymbol{\omega}$ は半径方向の成分だけをもち，その大きさは

$$\omega_r(r) = \omega_0 R_0{}^2/r^2$$

である．ただし R_0 は底面の r 座標である．▍

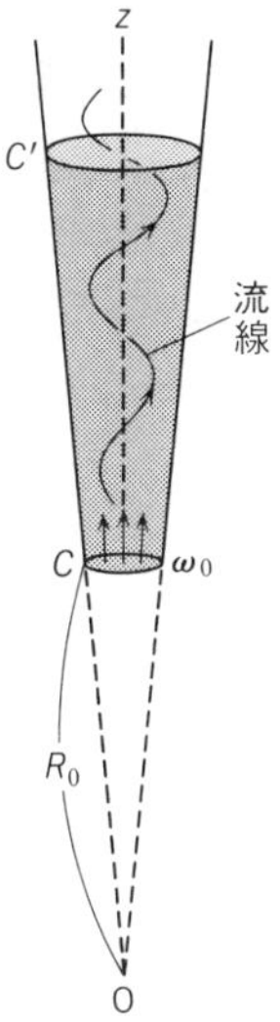

図 3-20　放射状に広がるパイプの中の流れの回転.

この例でわかるように，渦管が太くなるとそのなかの流体の回転は小さくなる．

問　　題

1. 関数 $A(\boldsymbol{r})$ のグラジエント $\nabla A(\boldsymbol{r})$ の閉曲線 C にそう線積分は 0 であることを示せ：

$$\oint_C \nabla A(\boldsymbol{r}) d\boldsymbol{l} = 0$$

3-9　渦のない流れ

流体のなかでどこでも $\boldsymbol{\omega} = \mathrm{rot}\, \boldsymbol{v} = 0$ である流れは比較的簡単に取り扱える．

この場合，速度場 $\boldsymbol{v}(\boldsymbol{r},t)$ はある関数 $\phi(\boldsymbol{r},t)$ のグラジエントの形

$$\boxed{\boldsymbol{v} = \nabla\phi = \left(\frac{\partial\phi}{\partial x}, \frac{\partial\phi}{\partial y}, \frac{\partial\phi}{\partial z}\right)} \tag{3.52}$$

に書ける．すなわち一般の流れは3つの関数 (v_x, v_y, v_z) の組で表わされるのに対し，1個の関数 ϕ（スカラー場）で記述されるわけである．このような流れを**渦のない流れ**（渦なし流）あるいは**ポテンシャル流**（potential flow），ϕ を**速度**

Coffee Break

ヘルムホルツと流体力学

3-8節でケルヴィン卿（本名 W. Thomson, 1824–1907）が証明した渦定理を説明したが，その内容はヘルムホルツ（H. von Helmholtz, 1821–1894）が1858年に別の形で提出したものである．それ以前に流体力学で論じられていた運動はすべて渦のない流れ（3-9節）であったが，ヘルムホルツは速度ポテンシャル（この名を導入したのも彼である）では表わせない渦運動の可能性を明らかにし，その理論の基礎を与えた．次章の4-5, 6, 7節で扱うのはその例である．彼はまた完全流体の流れに速度の不連続面があってもよいことを指摘し，物体にはたらく抵抗力などの理論の発展の口火を切った．このように流体力学で基本的な貢献をしたヘルムホルツの名前を読者は熱力学や電磁気学でも耳にするに違いない．しかし彼は物理学だけで活躍したのではない．外科医として出発し，1848年からケーニヒスベルク，ボン，ハイデルベルクの諸大学で解剖学，生理学の教授をつとめ，やっと1871年にベルリンで物理学の教授になった．蛙の神経の伝達速度の測定，検眼鏡の発明，生理的光学，聴覚の研究等々，医学における貢献も偉大であった．彼の『音の感覚』は古典的な大著であり，古今東西の音律の分析から，パイプオルガンの固有振動まで論じられている．

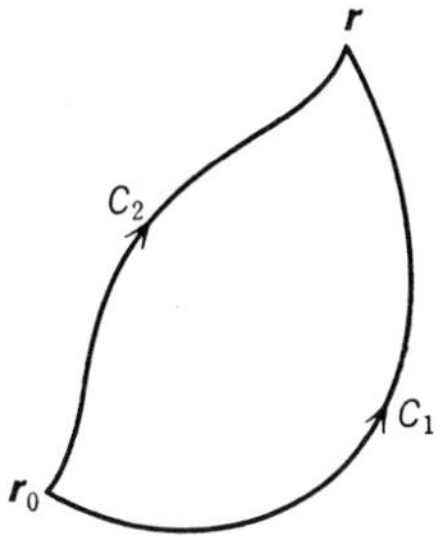

図 3-21

ポテンシャル(velocity potential)とよぶ．まず(3.52)のように表わされることを示そう．

図 3-21 のように任意の 2 つの点 $\boldsymbol{r}_0$ と $\boldsymbol{r}$ を結ぶ曲線 C_1, C_2 にそってとった $\boldsymbol{r}_0$ から $\boldsymbol{r}$ への線積分

$$I_1 = \int_{C_1} \boldsymbol{v}\cdot d\boldsymbol{l}, \qquad I_2 = \int_{C_2} \boldsymbol{v}\cdot d\boldsymbol{l}$$

を考える．$\boldsymbol{r}_0$ から C_1 を通って $\boldsymbol{r}$ へ行き，C_2 を逆にたどって $\boldsymbol{r}_0$ へもどる閉曲線にそう線積分はストークスの定理によって $\boldsymbol{\omega}=0$ という仮定から

$$I_1 - I_2 = \oint \boldsymbol{v}\cdot d\boldsymbol{l} = \int \mathrm{rot}\, \boldsymbol{v}\cdot d\boldsymbol{S} = 0$$

である(最後の面積分は C_1+C_2 を周辺とする曲面について行なう)．したがって $I_1=I_2$．C_1, C_2 は任意に選んだから，結局 $\boldsymbol{r}_0$ から $\boldsymbol{r}$ へ任意の経路にそって行なった $\boldsymbol{v}$ の線積分はすべて等しいということになる．ということは線積分がたんに両端の点 $\boldsymbol{r}_0, \boldsymbol{r}$ だけに依存する，つまり $\boldsymbol{r}_0$ と $\boldsymbol{r}$ の関数であることを意味する．それを $\phi(\boldsymbol{r}, \boldsymbol{r}_0)$ と書こう．同じ理由から(図 3-22)

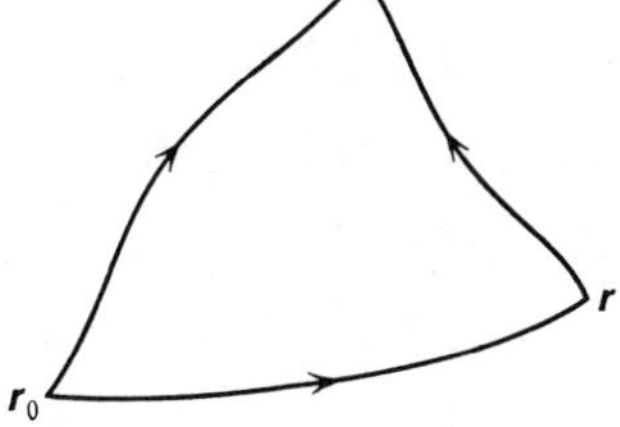

図 3-22

$$\phi(\boldsymbol{r}', \boldsymbol{r}_0) = \phi(\boldsymbol{r}, \boldsymbol{r}_0) + \phi(\boldsymbol{r}', \boldsymbol{r})$$

$$\therefore \quad \phi(\boldsymbol{r}', \boldsymbol{r}) = \phi(\boldsymbol{r}', \boldsymbol{r}_0) - \phi(\boldsymbol{r}, \boldsymbol{r}_0)$$

このことを利用すると，各点に関数 $\phi(\boldsymbol{r})$ を与えることができる(共通の基準点 $\boldsymbol{r}_0$ は省略する)．微小なベクトル $\Delta\boldsymbol{r}$ だけ離れた2点での ϕ の差は

$$\phi(\boldsymbol{r}+\Delta\boldsymbol{r}) - \phi(\boldsymbol{r}) = \int_{\boldsymbol{r}}^{\boldsymbol{r}+\Delta\boldsymbol{r}} \boldsymbol{v}\cdot d\boldsymbol{l} \cong \boldsymbol{v}\cdot\Delta\boldsymbol{r}$$

左辺は $\nabla\phi(\boldsymbol{r})\cdot\Delta\boldsymbol{r}$ であり，$\Delta\boldsymbol{r}$ は任意の微小ベクトルであるから，結局(3.52)が得られる．逆に速度場が(3.52)の形で与えられるとすると，公式

$$\mathrm{rot}\,\nabla\phi = 0$$

から渦度 $\boldsymbol{\omega}$ はどこでも0に等しい．

渦のない流れのときには，オイラーの方程式はもっと見やすい形に変形される．まずオイラーの方程式(3.50)の第2項を

$$(\boldsymbol{v}\cdot\nabla)\boldsymbol{v} = \frac{1}{2}\nabla\boldsymbol{v}^2 - \boldsymbol{v}\times\mathrm{rot}\,\boldsymbol{v} \tag{3.53}$$

と書き直し(問題1)，(3.50)を

$$\frac{\partial\boldsymbol{v}}{\partial t} - \boldsymbol{v}\times\boldsymbol{\omega} = -\nabla\left\{\frac{\boldsymbol{v}^2}{2} + w + U\right\} \tag{3.54}$$

と変形しよう．前の節と同様，外力がポテンシャル U によって $\boldsymbol{f} = -\nabla U$ で与えられ，また圧力が密度の関数 $P(\rho)$ であると仮定した((3.49))．

さて渦のない流れの場合には $\boldsymbol{\omega}=0$ であるから左辺の第2項は0であり，また第1項を速度ポテンシャルで表わして右辺とまとめると

$$\nabla\left(\frac{\partial\phi}{\partial t} + \frac{1}{2}\boldsymbol{v}^2 + w + U\right) = 0$$

となる．この方程式はカッコの中が x, y, z で偏微分するといずれも0になる，すなわち x, y, z によらない時間だけの任意の関数に等しいことを意味している．この任意関数を $g(t)$ とすると，$dG(t)/dt = g(t)$ であるような関数 $G(t)$ を速度ポテンシャルから引き，$\phi(\boldsymbol{r}, t) - G(t)$ をあらためて速度ポテンシャルとすることによって任意関数は ϕ に吸収できる．そうしても速度場は変わらないからである．したがって

$$\frac{\partial\phi}{\partial t}+\frac{1}{2}\boldsymbol{v}^2+w+U=\text{const.} \qquad (3.55)$$

すなわち左辺の量は流体のなかでどこでも，そしていつでも一定であるという結果が得られる(定数を残した理由はすぐ下でわかる)．すなわち渦のない流れという仮定の下でオイラーの方程式が空間座標に関して積分できたわけで，この式と連続の方程式(3.17)を連立させると，未知関数ϕとρとが定められることになる．

流れが時間的に変化しない定常流の場合には，$\partial\phi/\partial t=0$であるから

$$\boxed{\frac{1}{2}\boldsymbol{v}^2+w+U=\text{const.}} \qquad (3.56)$$

となる．これは**ベルヌーイの定理**(Bernoulli's theorem)とよばれ，単位質量あたりの流体についてのエネルギー保存則にほかならない(したがって定数は単位質量あたりのエネルギーの値と考えてよい)．

3-6節で一般の場合のエネルギー保存則を議論したが，そこで求めたエネルギーの流れの密度(3.40)を書き直すと

$$\boldsymbol{j}_{\mathcal{E}}=\left(\frac{1}{2}\boldsymbol{v}^2+w\right)\rho\boldsymbol{v}$$

となることに注意しよう．外力があるときにはそのポテンシャルがカッコの中に加わり，ちょうど(3.56)の形になる．定常流の場合(3.40)の時間微分は0であるから，$\mathrm{div}\,\boldsymbol{j}_{\mathcal{E}}=0$，すなわち

$$\mathrm{div}\left\{\rho\boldsymbol{v}\left(\frac{1}{2}\boldsymbol{v}^2+w+U\right)\right\}$$

$$=\rho(\boldsymbol{v}\cdot\nabla)\left(\frac{1}{2}\boldsymbol{v}^2+w+U\right)=0$$

となる．ただし定常流では$\mathrm{div}\,\rho\boldsymbol{v}=0$であることを使った．これをベルヌーイの定理ということもある．この導き方は速度ポテンシャルの存在を仮定しないでエネルギーの式だけを用いていることに注意．この式は$\boldsymbol{v}(\boldsymbol{r})$の方向にそって，すなわち各流線にそって(3.56)が一定ということを意味する．渦なしのポ

テンシャル流ではそれがどこでも一定となるのである．ベルヌーイの定理の応用は次の章で行なう．

問　題

1.　(3.53)の関係を証明せよ．

Coffee Break

流体中の物体が受ける抵抗

空気や水のなかの物体の運動，とくに物体の受ける抵抗ほど，昔から多くの人々が研究した問題は少ないであろう．アリストテレスもレオナルド・ダ・ヴィンチもその１人である．慣性の法則を見出したガリレイにとってそれは重大な問題であった．彼は振り子の減衰の測定を行なっている．そしてニュートンもこの問題に深い関心をもち，ガリレイと同様に振り子についての実験をみずから行ない，また理論的考察を展開した．その詳細は『プリンキピア』の第２篇に述べられている．そこで彼は，板の受ける抵抗が速度の２乗と仰角の sine の２乗に比例するという有名な法則を提唱した．これは事実に反したが，ニュートンの権威を着せられていたため，後の研究をさまたげたといわれる．もっともニュートンは，これをバラバラの粒子からなる媒質中で成り立つ法則と断っていた．次にあげなければならないのは「ダランベールの背理」(4-3節)であろう．この背理からの脱出は，ヘルムホルツの指摘に始まり，プラントル(L. Prandtl, 1875–1953)によって大成された境界層の理論へとつながる．この発展には飛行機の翼の研究がもっとも強力な動機であった．そういえばダランベールの研究も運河を航行する船の抵抗を定める目的でフランス政府のためになされたという．ニュートンの場合は，むろん実際的な目的もあったが，同時に空間には媒質が充満しているというデカルトの考えを否定するという意図があった．

4

縮まない完全流体の流れ

物理学ではできるだけ簡単な場合の考察から始め，その結果をもとにしてより複雑な問題に進むのを常套手段とする．コップの中の水をかきまわしたときの流れやボートのまわりの流れなどを見ると，流れにともなって水の密度がそれほど変化しているとは思えない．密度は変わらないと仮定しても，流体の運動の豊富さは少しも失われないようである．密度 ρ=一定 とすると，前の章で求めた基礎方程式に現われる未知関数が1つ減るから，取り扱いはかなり簡単になる．

4-1　縮まない流体の渦なし流

現実に問題になる流れでは多くの場合，流れにともなう密度の変化は無視できる．次章で扱う音波のように密度の変化があって初めて可能な運動を除けば，液体の流れでは圧縮率が小さいから密度一定としてよい．また気体のように圧縮率が比較的大きな流体でも，流速がそれほど大きくなければ，やはり密度の変化を無視してもさしつかえない．密度の変化を無視して取り扱ってよいような流体を**縮まない流体**あるいは**非圧縮性流体**(incompressible fluid)とよぶ．最初にどのような場合に縮まない流体として取り扱ってよいかという目安を求めておこう．

問題にしている流体の圧縮率を

$$K=-\frac{1}{V}\frac{dV}{dP}=\frac{1}{\rho}\frac{d\rho}{dP} \tag{4.1}$$

とする．静止しているときの密度を ρ_0 としよう．ベルヌーイの定理(3.56)から推察できるように，流速が v になると静止しているときの値からの圧力の変化 $\varDelta P$ は $\rho_0 v^2$ の程度である($w=P/\rho_0$ とおいてよい)．圧力の変化 $\varDelta P$ による密度の変化 $\varDelta\rho$ は圧縮率の定義(4.1)から $\varDelta\rho\sim\rho_0 K\varDelta P$ であるから，いまの場合

$$\varDelta\rho\sim\rho_0{}^2Kv^2$$

の程度である．第5章で見るように，$\rho_0 K$ は音速 c で $\rho_0 K=c^{-2}$ と表わされる．したがって密度の変化の割り合いは

$$\frac{\varDelta\rho}{\rho_0}\sim\left(\frac{v}{c}\right)^2 \tag{4.2}$$

と評価される．結局，流れの速さがその流体を伝わる音の速さに比べて充分小さければ，縮まない流体として取り扱ってよいのである．ちなみに空気中の音速は 331 m/s(0°C，1気圧)，水では 1500 m/s(23～27°C)である．

縮まない流体では密度 ρ は一定の値をもち，もはや未知関数ではない．さらに流れが渦なしのポテンシャル流であるとすると，3-9節で述べたように，速

度場は速度ポテンシャルϕで与えられるから，未知関数はϕだけになって，取り扱いははるかに簡単になる．まず連続の方程式は，$\partial\rho/\partial t$も$\nabla\rho$も0であるから，単に

$$\mathrm{div}\,\boldsymbol{v} = 0 \tag{4.3}$$

となる．(3.52)式$\boldsymbol{v}=\nabla\phi$を代入すると

$$\text{連続の方程式：}\quad \boxed{\nabla^2\phi(\boldsymbol{r},t) = 0} \tag{4.4}$$

が得られる．これは**ラプラス方程式**(Laplace equation)とよばれる方程式で，

$$\nabla^2 \equiv \mathrm{div}\,\nabla = \nabla\cdot\nabla = \frac{\partial^2}{\partial x^2}+\frac{\partial^2}{\partial y^2}+\frac{\partial^2}{\partial z^2} \tag{4.5}$$

はラプラス演算子あるいは**ラプラシアン**とよばれる．以下具体例で見るように，適当な境界条件が与えられれば，各時刻tでのポテンシャルϕは方程式(4.4)だけで定まってしまう．(4.4)にはtによる微分がなく，tは単にパラメタとして入っているに過ぎないから，この式ではϕのt依存性はきめられない．ϕしたがって速度場の時間変化は，境界条件の変化たとえば流体中の物体の運動によって生じる．そのさい境界条件の変化は瞬間的に流体全体に伝わると考えればよい．瞬間的に変化が伝わるのは，縮まない流体と見なしたから音速が無限大となっていることに関係している．そのため各瞬間で境界条件に応じた速度場が(4.4)で定まるのである．それではオイラーの方程式はどうなるのか？渦なし流に対するオイラーの方程式(3.55)は縮まない流体の場合でも同じ形(ただしρ一定であるから$w=P/\rho$としてよい)

$$\frac{\partial\phi}{\partial t}+\frac{1}{2}\boldsymbol{v}^2+\frac{P}{\rho}+U = \mathrm{const.} \tag{4.6}$$

をしているが，ϕしたがって$\boldsymbol{v}$が連続の方程式で定まっており密度は一定であるから，この式は速度場に応じて圧力$P(\boldsymbol{r},t)$を定める式になる．縮まない流体の渦なし流というのはきわめてきびしい条件で，流れは運動方程式によらず連続の方程式によりいわば運動学的にきまってしまい，その流れに見合う圧力場がオイラー方程式からわかるというわけである．密度の変化を無視しているのに圧力の変化を考えるのはおかしいという疑問があるかもしれないが，圧縮率

が小さければ，わずかな密度の変化で大きな圧力の変化が生じることに注意しよう．流体中の速度場の(空間的，時間的)変化をつくり出すのはいつも圧力の変化(と外力)である．また4-3節以下で見るように，流れのなかにある物体が受ける力を知るためには圧力を求める必要がある．

時間的に変化しない定常流では$\partial\phi/\partial t=0$であり，(4.6)は

$$\frac{1}{2}\boldsymbol{v}^2+\frac{P}{\rho}+U=\text{const.} \tag{4.7}$$

となり，空間の各点で流速と圧力との間の関係を与える式となる．これがベルヌーイが最初に与えた定理である．

問　題

1.　新幹線の最高速度は約200 km/hである．まわりの空気の流れの速度もだいたい同じくらいと考えてよい．圧力の変化と密度の変化の割り合いを評価せよ．

2.　右図のように容器のなかの流体が穴から流れだすときの流速は$v=\sqrt{2gh}$であることを示せ(トリチェリ Torricelli の定理)．$h=1$ mのときの速度を求めよ．

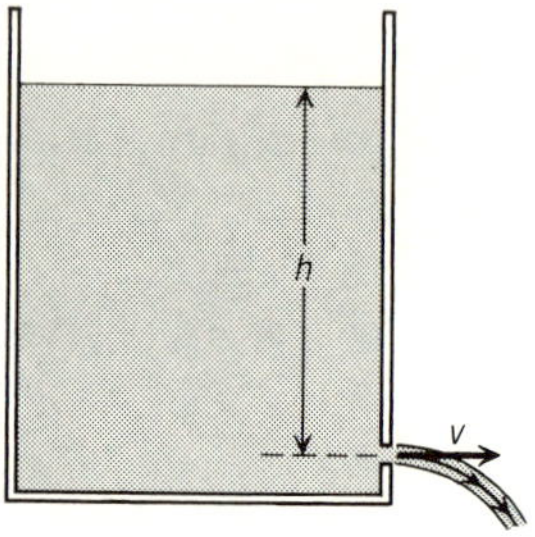

3.　下図のような円い管の中を毎秒0.1 lの水が流れている．A点とB点との圧力差を求めよ．ただし水を縮まない理想流体と考える．

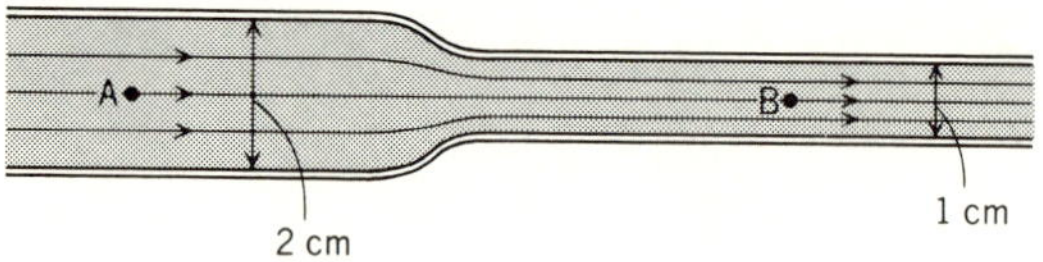

4-2　流れの例

縮まない流体の渦なし流の基本的な例をラプラス方程式(4.4)$\nabla^2\phi=0$の解として求めよう．速度場は(3.52)式$\boldsymbol{v}=\nabla\phi$で与えられる．ポテンシャル一定

$$\phi(\boldsymbol{r}) = \phi(x, y, z) = C \tag{4.8}$$

(C は定数)という式は1つの曲面を定める．この面を等ポテンシャル面という(図 4-1)．速度 $\boldsymbol{v}$ はどこでもこの面に垂直である(問題1)．したがって流線と等ポテンシャル面はいつも直交する．渦なし流を表わすには，C の値を変えてえられる等ポテンシャル面を描けばよい(ϕ が時間によるときには，各瞬間での等ポテンシャル面が(4.8)で定まる)．

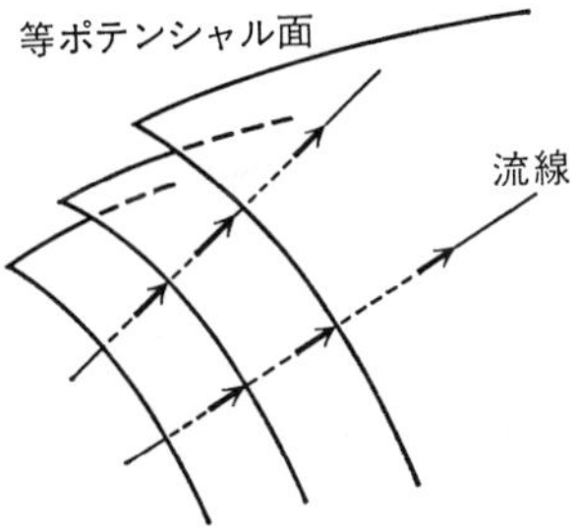

図 4-1 等ポテンシャル面と流線は直交する．

1) **一様流** ϕ が x, y, z の1次関数，すなわち

$$\phi = V_x x + V_y y + V_z z = \boldsymbol{V}\cdot\boldsymbol{r} \tag{4.9}$$

で $\boldsymbol{V}$ が一定のベクトルであれば，もちろん上の式を満足する．これは速度 $\boldsymbol{V}$ の一様な流れを表わす．

2) **よどみ点の近くの流れ** ϕ が $\boldsymbol{r}$ の2次関数であればどうか．a, b, c を定数として

$$\phi = \frac{1}{2}(ax^2 + by^2 + cz^2)$$

とおいて(4.4)式に代入すると

$$a + b + c = 0$$

であればよいことがわかる．たとえば $c = -(a+b)$ とおくと

$$\phi = \frac{1}{2}a(x^2 - z^2) + \frac{1}{2}b(y^2 - z^2) \tag{4.10}$$

速度場は

$$\boldsymbol{v} = (ax, by, -(a+b)z) \tag{4.11}$$

となる．これは図 4-2 のような流れである．$z=0$ の xy 面では流れも xy 面にそっているから，たとえば下半分が壁であってもよく，そのとき原点 O は速度が 0 になる点で，**よどみ点**(stagnation point)とよばれる．一般によどみ点の近くでの速度場は(4.11)のような形をしている．

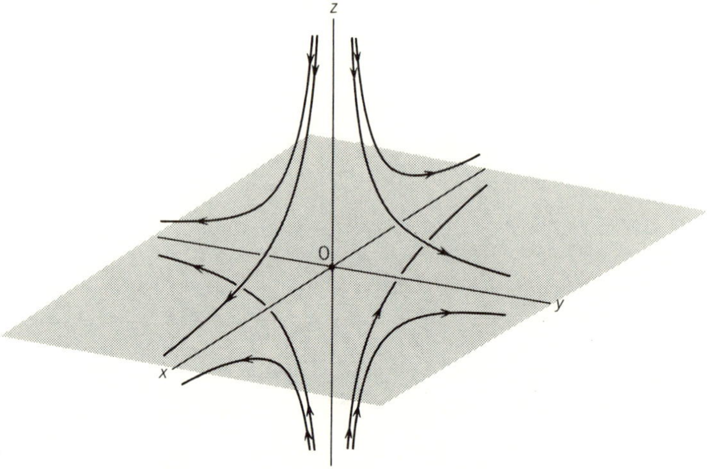

図 4-2　よどみ点のまわりの流れ．

3)　**湧き出し(吸い込み)口のまわりの流れ**　　これはすでに 3-3 節で扱った．湧き出し点を原点にとろう．流れは等方的，すなわちどの半径方向にも同じ流れがあるから，ポテンシャル ϕ は極座標の r だけの関数である．この場合ラプラス方程式は

$$\frac{d^2\phi(r)}{dr^2}+\frac{2}{r}\frac{d\phi(r)}{dr}=0 \tag{4.12}$$

となる．($\partial\phi(r)/\partial x=d\phi(r)/dr\cdot\partial r/\partial x=(x/r)d\phi(r)/dr$ 等々を使って導くことができる.) この式はまた

$$\frac{1}{r}\frac{d^2(r\phi)}{dr^2}=0 \tag{4.13}$$

とも書けるから，$1/r$ が無限大になる $r=0$ を除けば積分は

$$\frac{d(r\phi)}{dr} = A, \qquad r\phi = Ar+B$$

と行なわれる．A, B は積分定数．したがって

$$\phi = \frac{B}{r}+A$$

が求める解である．定数 A は速度場に関係しないから省略する．$\boldsymbol{v}=\nabla\phi$ は r 方向の成分 $v_r=-B/r^2$ しかもたない．単位時間に湧き出す流体の体積を Q とすると $B=-Q/4\pi$ ととればよいから(3-3 節を見よ)，

$$\phi = -Q/4\pi r \tag{4.14}$$

が点源からの流れを与える速度ポテンシャルである．任意の点 $\boldsymbol{r}_0$ に源があるときには

$$\phi(\boldsymbol{r}) = -\frac{Q}{4\pi|\boldsymbol{r}-\boldsymbol{r}_0|} \tag{4.15}$$

とすればよい．これは電荷 Q が $\boldsymbol{r}_0$ にあったときのスカラー・ポテンシャルと同じ形である．

4) **双極子流**　同じ強さの湧き出し口と吸い込み口とが $\boldsymbol{a}/2$ と $-\boldsymbol{a}/2$ とにあったとする．ラプラス方程式は ϕ について 1 次(線形)であるから，2 つの解の和もまた解である．したがって求める速度ポテンシャルは

$$\phi(\boldsymbol{r}) = -\frac{Q}{4\pi}\left\{\frac{1}{|\boldsymbol{r}-\boldsymbol{a}/2|}-\frac{1}{|\boldsymbol{r}+\boldsymbol{a}/2|}\right\} \tag{4.16}$$

である．$|\boldsymbol{a}|$ を小さくしていくと(カッコの中を $\boldsymbol{a}$ について展開し 1 次まで残す)，

$$\phi(\boldsymbol{r}) = -\frac{Q}{4\pi}\frac{\boldsymbol{r}\cdot\boldsymbol{a}}{r^3} \tag{4.17}$$

に近づく．これは原点におかれた双極子 $\boldsymbol{d}=Q\boldsymbol{a}$ による静電場のスカラー・ポテンシャルに対する式と同じである．またこの解は(4.14)に $-\boldsymbol{a}\cdot\nabla$ という演算子を作用させれば求められることを注意しておく．$(\boldsymbol{a}\cdot\nabla)\nabla^2\phi=\nabla^2(\boldsymbol{a}\cdot\nabla\phi)$ であるから，ϕ が $\nabla^2\phi=0$ をみたせば $\boldsymbol{a}\cdot\nabla\phi$ もやはり解である．双極子流の速度場は

$$\boldsymbol{v} = -\frac{Q}{4\pi}\left\{\frac{\boldsymbol{a}}{r^3}-\frac{3(\boldsymbol{r}\cdot\boldsymbol{a})\boldsymbol{r}}{r^5}\right\} \tag{4.18}$$

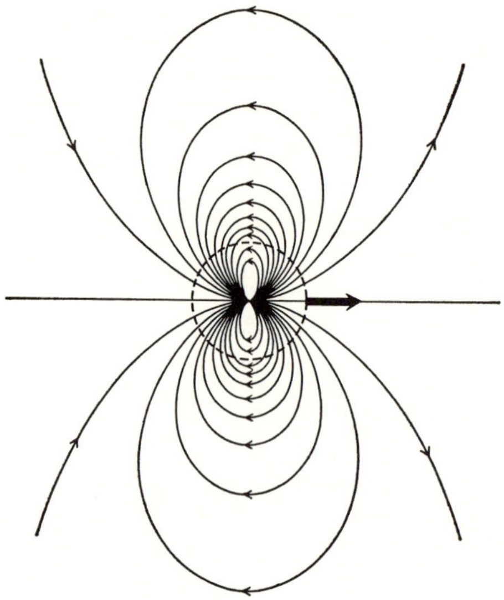

図 4-3 湧き出し口と吸い込み口が並んでいるときの流線.

となる(問題 2). このときの流線は図 4-3 のとおりである.

5) **連続に分布した湧き出しによる流れ** 上では点源の場合を扱ったが, 一般に湧き出し口がある分布をしているときの速度ポテンシャルを求めておこう. $\boldsymbol{r}'$ という点の微小体積 dV' のなかに強さ $q(\boldsymbol{r}')dV'$ の湧き出しがあると, それによる流れのポテンシャルは(4.14)から

$$-\frac{q(\boldsymbol{r}')dV'}{4\pi}\frac{1}{|\boldsymbol{r}-\boldsymbol{r}'|}$$

である. したがって, 求めるポテンシャルはすべての体積要素からの寄与の和, つまり積分

$$\phi(\boldsymbol{r}) = -\frac{1}{4\pi}\int dV'\frac{q(\boldsymbol{r}')}{|\boldsymbol{r}-\boldsymbol{r}'|} \tag{4.19}$$

である. この ϕ は

$$\nabla^2\phi(\boldsymbol{r}) = q(\boldsymbol{r}) \tag{4.20}$$

に従う. $\boldsymbol{r}_0$ に点源 Q があるときには $q(\boldsymbol{r})=Q\delta(\boldsymbol{r}-\boldsymbol{r}_0)$ とデルタ関数で表わされ

る((3.19)を見よ).

問　題

1.　$\boldsymbol{v}$ は等ポテンシャル面に垂直であることを示せ.

2.　(4.17)から(4.18)を求めよ.

3.　yz 面が壁であって流体は $x>0$ にあるとする. 点$(a,0,0)$に湧き出し口があるときの流れを求めよ.

4-3　球のまわりの流れ

柱のような固体の物体が流れのなかにあると当然流れは変化する. また静止した流体のなかで物体が運動すると, その周囲に流れが生じる. 物体のまわりの流れを求めるために, まずその表面で速度場 $\boldsymbol{v}$ がみたすべき境界条件を明らかにしておこう.

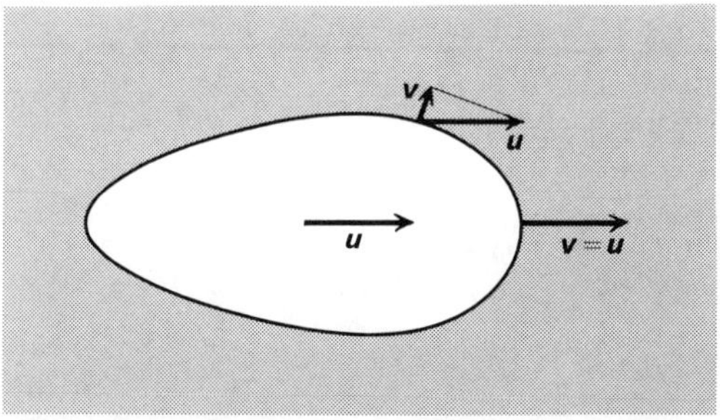

図 4-4　流体のなかを速度 $\boldsymbol{u}$ で運動している固体.

流体を通さない固体では, 表面での流体の速度と固体表面の速度の, 表面に垂直な成分は互いに等しくなければならない. すなわち表面上の任意の点で, その点での物体表面の速度を $\boldsymbol{u}$, 法線ベクトルを $\boldsymbol{n}$ としたとき

$$\boldsymbol{n}\cdot\boldsymbol{v} = \boldsymbol{n}\cdot\boldsymbol{u} \tag{4.21}$$

でなければならない. 粘性のない完全流体の場合には固体表面との摩擦もないと考えるのが妥当であるから, 表面に平行な $\boldsymbol{v}$ の成分は任意であってよい. す

なわち流体は固体表面をすべってもよい．したがって上の条件だけが満足されればよい．物体の速度が外力等によって時間的に変化するときには，各瞬間毎にそのときの $\boldsymbol{u}$ に対して(4.21)が満足されなければならない．

物体のまわりの流れの簡単な例として速度 $\boldsymbol{V}$ の一様流のなかに半径 R の球が静止している場合を考察しよう．球の中心を原点にとり，原点から表面上の点へのベクトルを $\boldsymbol{R}$ とすると，$\boldsymbol{n}=\boldsymbol{R}/R$ であるから，球の表面における一様流の法線成分は

$$\boldsymbol{V}\cdot\boldsymbol{R}/R \tag{4.22}$$

に等しい．したがって表面のどこでもこれを打ち消すような流れを付け加えればよい．前節で扱った双極子流の速度場(4.18)の動径方向の成分は $\boldsymbol{v}\cdot\boldsymbol{r}/r\propto(\boldsymbol{a}\cdot\boldsymbol{r})/r^4$ となり，$\boldsymbol{a}/\!/\boldsymbol{V}$ であれば(4.22)と同じ角度依存性をもつ．そこで(4.9)に(4.17)を加えたポテンシャル($-Q\boldsymbol{a}/4\pi=\boldsymbol{d}$ と書く)

$$\phi = \boldsymbol{V}\cdot\boldsymbol{r}+\frac{\boldsymbol{d}\cdot\boldsymbol{r}}{r^3}$$

で与えられる速度場を求めると

$$\boldsymbol{v} = \boldsymbol{V}+\frac{\boldsymbol{d}}{r^3}-\frac{3(\boldsymbol{d}\cdot\boldsymbol{r})\boldsymbol{r}}{r^5} \qquad (r=|\boldsymbol{r}|)$$

したがって球の表面での条件は

$$\boldsymbol{v}\cdot\boldsymbol{n} = \frac{\boldsymbol{v}\cdot\boldsymbol{R}}{R} = \frac{\boldsymbol{V}\cdot\boldsymbol{R}}{R}-\frac{2\boldsymbol{d}\cdot\boldsymbol{R}}{R^4} = 0$$

となる．これから $\boldsymbol{d}=R^3\boldsymbol{V}/2$ ととればよいことがわかる．したがって求める流れは

$$\phi = \boldsymbol{V}\cdot\boldsymbol{r}+\frac{R^3}{2}\frac{\boldsymbol{V}\cdot\boldsymbol{r}}{r^3} \tag{4.23}$$

$$\boldsymbol{v} = \boldsymbol{V}+\frac{R^3}{2}\left[\frac{\boldsymbol{V}}{r^3}-\frac{3(\boldsymbol{V}\cdot\boldsymbol{r})\boldsymbol{r}}{r^5}\right] \tag{4.24}$$

で与えられる．球があることによる速度場への影響が r^3 に逆比例していることに注意しよう．流線は図4-5のようになり，P, P′ が $\boldsymbol{v}=0$ のよどみ点になっている．

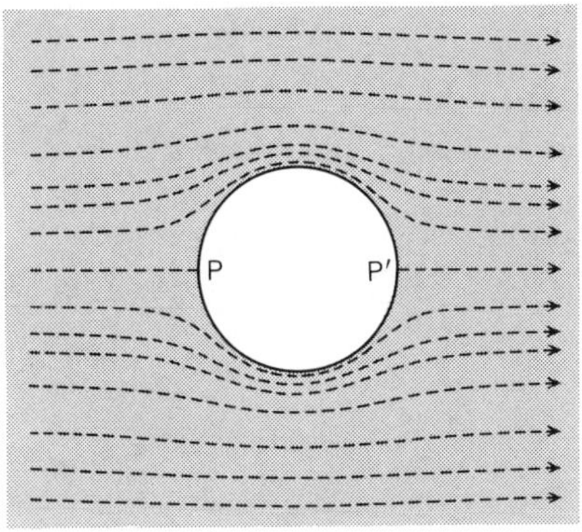

図 4-5　流れのなかにある球のまわりの流線.

逆に静止している流体のなかを球が運動する場合の流れは上の結果からガリレイ変換によってただちに求められる．時刻 t での速度を $\boldsymbol{u}(t)$ とすると，その瞬間に球が止まって見える座標系に移ると $\boldsymbol{V}=-\boldsymbol{u}$ の一様流の場合になるから，(4.24)で $\boldsymbol{V}=-\boldsymbol{u}$ とおけばよい．もとの座標系にもどるには，速度 $\boldsymbol{v}$ にただ $\boldsymbol{u}$ を加えればよいが，そうして得られるのは球の中心が原点にきた瞬間の速度であり，任意の時刻では球が位置 $\boldsymbol{X}(t)$ にあるとすると $\boldsymbol{r}$ として $\boldsymbol{r}-\boldsymbol{X}(t)$ を代入しなければならない $(d\boldsymbol{X}(t)/dt=\boldsymbol{u})$．したがって相当する速度ポテンシャルは

$$\phi(\boldsymbol{r},t) = -\frac{R^3}{2}\frac{\boldsymbol{u}\cdot(\boldsymbol{r}-\boldsymbol{X}(t))}{|\boldsymbol{r}-\boldsymbol{X}(t)|^3} \tag{4.25}$$

となる．球のまわりの流線は図 4-3 に示したようになる．球が動くためには流体が押しのけられて後にまわる流れをともなう．この流れはバックフロー(backflow)とよばれる．

縮まない流体の渦なし流に対するオイラーの方程式(4.6)の応用として，この場合，球の表面のうける圧力を求めてみよう．(4.6)式から($U=0$ とする)流れのないときの圧力を P_0 とすると

$$P = -\rho\left\{\frac{\partial\phi}{\partial t}+\frac{1}{2}\boldsymbol{v}^2\right\}+P_0$$

座標原点のとり方は任意であり，時間の原点も任意にずらせるから，$t=0$ のと

き球は原点にあるとし，$X=0$ とおいてよい．$\boldsymbol{r}=\boldsymbol{R}$ ($|\boldsymbol{R}|=R$ は球の半径) とすると

$$\frac{1}{2}\boldsymbol{v}^2=\frac{1}{8}\left[\boldsymbol{u}^2+\frac{3(\boldsymbol{u}\cdot\boldsymbol{R})^2}{R^2}\right]$$

$$\left.\frac{\partial\phi}{\partial t}\right|_{t=0}=\frac{1}{2}\left[\boldsymbol{u}^2-\frac{3(\boldsymbol{u}\cdot\boldsymbol{R})^2}{R^2}\right]-\frac{1}{2}\frac{d\boldsymbol{u}}{dt}\cdot\boldsymbol{R}$$

これから

$$P=P_0-\frac{\rho}{8}[5\boldsymbol{u}^2-9(\boldsymbol{u}\cdot\boldsymbol{R})^2/R^2]+\frac{\rho}{2}\frac{d\boldsymbol{u}}{dt}\cdot\boldsymbol{R} \tag{4.26}$$

が得られる．球に流体が及ぼす力は球の表面にわたって $-P\boldsymbol{R}/R$ (圧力は球の内部へ向かう力である) を $\boldsymbol{R}$ の方向について積分すればよい．

$$\boldsymbol{F}=-\int\frac{P\boldsymbol{R}}{R}\cdot R^2d\Omega=-R\int P\boldsymbol{R}d\Omega$$

ここで $d\Omega$ は立体角についての積分である．(4.26) を代入して角度積分を行なうと，第1項と第2項の寄与は $\boldsymbol{R}$ と $-\boldsymbol{R}$ で打ち消しあって0になる．第3項は，$d\boldsymbol{u}/dt$ の方向を z 軸にとると，$\boldsymbol{F}$ の z 成分だけを与える．その大きさは，$\boldsymbol{R}$ の z 成分が $R\cos\theta$ であるから，

$$\frac{\rho}{2}\left|\frac{d\boldsymbol{u}}{dt}\right|R^3\int_0^{2\pi}\int_0^{\pi}\cos^2\theta\sin\theta\,d\varphi d\theta=\rho\left|\frac{d\boldsymbol{u}}{dt}\right|\frac{2\pi}{3}R^3$$

となる．球の体積を V とすると，結局，次式に示す力 F が得られる．

$$\boldsymbol{F}=-\frac{1}{2}\rho V\frac{d\boldsymbol{u}}{dt} \tag{4.27}$$

これは興味深い結果である．第1に球が一定速度で運動するときには流体は球に力を及ぼさないのである．当然，一様流のなかに球が静止している場合もそうである．もっと一般に，完全流体のなかを一定速度で任意の形の物体が運動するとき，運動方向に平行な力 (抗力とよばれる) ははたらかないことが示される．これは**ダランベールの背理** (d'Alembert's paradox) として知られている．たとえば平たい板が一様流のなかに置かれると，流れは図 4-6 のようになり，板の前面のよどみ点 P のあたりは圧力が大きくなるが，同様に板の後面にもよどみ点があり，図のように板の両面の圧力差が生じて，板に偶力がはたらく．

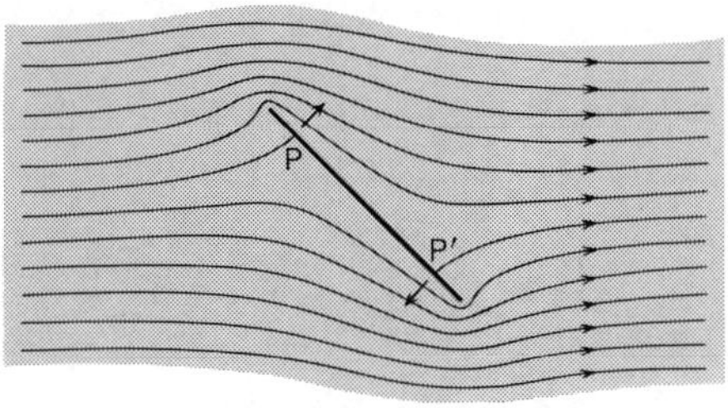

図 4-6　一様流のなかに置かれている板には抗力ははたらかない.

しかし抗力ははたらかないのである．ただしこれはあくまで完全流体の場合であることを忘れてはならない.

第2に球が外からの力 $\boldsymbol{F}_{\mathrm{e}}$ をうけて運動するときの運動方程式は，M を球の質量とすると

$$M\frac{d\boldsymbol{u}}{dt} = \boldsymbol{F}_{\mathrm{e}}+\boldsymbol{F}$$

$\boldsymbol{F}$ に(4. 27)を代入し左辺に移項すると

$$\left(M+\frac{1}{2}\rho V\right)\frac{d\boldsymbol{u}}{dt} = \boldsymbol{F}_{\mathrm{e}} \tag{4. 28}$$

となる．これから密度一定の完全流体中で球はあたかも質量が

$$M^* = M+\frac{1}{2}\rho V \tag{4. 29}$$

であるかのように運動することがわかる．M^* を**有効質量**(effective mass)とよぶ．この効果は一般に媒質中を粒子が運動するときに見られるもので，動くためにはバックフローをともなわなければならないことに起因する.

次に流れの運動エネルギー E_{f} を求めよう.

$$E_{\mathrm{f}} = \frac{1}{2}\rho\int \boldsymbol{v}^2 dV$$

を直接計算してもよいが，$\boldsymbol{v}=\nabla\phi$ を利用して次のように変形した方が容易に求められる：

$$E_{\mathrm{f}} = \frac{\rho}{2}\int \nabla\phi\cdot\nabla\phi dV$$

$$= \frac{\rho}{2}\int \mathrm{div}\,(\phi\nabla\phi)dV - \frac{\rho}{2}\int \phi\nabla^2\phi dV \tag{4.30}$$

第2項はϕがラプラス方程式(4.4)をみたすから0であり，第1項はガウスの定理(3.15)によって流体の境界面での面積分になる．いまの場合，球から充分離れたところでϕは$1/r^2$のように小さくなるから，球から遠方にある境界は考えなくてもよい(いままでの話は無限にひろがった流体を考えているが，Rに比べてはるかに大きな距離のところに境界があってもよい)．したがって(4.30)は球の表面上の積分

$$E_{\mathrm{f}} = \frac{\rho}{2}\int \phi\nabla\phi\cdot d\boldsymbol{S} \tag{4.31}$$

だけになる．(4.25)を代入して計算すると(問題2)，

$$E_{\mathrm{f}} = +\frac{1}{2}\left(\frac{\rho V}{2}\right)\boldsymbol{u}^2$$

が得られる．球自身の運動エネルギーを加えると，全運動エネルギーは

$$E = \frac{1}{2}\left(M + \frac{1}{2}\rho V\right)\boldsymbol{u}^2 \tag{4.32}$$

となり，やはり有効質量M^*で与えられることがわかる．

同様に球が速度$\boldsymbol{u}$で運動しているときの全運動量，すなわち球の運動量$M\boldsymbol{u}$と，流体の流れの運動量

$$\int \rho\boldsymbol{v}dV$$

との和は

$$\boldsymbol{P} = M^*\boldsymbol{u} \tag{4.33}$$

と考えられる．しかしエネルギーの場合とちがって$\rho\boldsymbol{v}$の積分は球から遠く離れたところでの境界に依存するから(4.33)を単純に全運動量と考えることはできない．しかし$dE/d\boldsymbol{P}=\boldsymbol{u}$という関係は成り立つ．

問　　題

1.　球が水のなかを一定速度10 cm/sで直線運動しているとき，球の表面での圧力分布を求めよ．ただし水は縮まない完全流体とみなす．

2.　(4.31)に(4.25)を代入して流体の運動エネルギーを求めよ．

3.　水のなかに半径 r の重さが無視できる中空の球が浮き上がらないように糸で固定点につながれている．球の中心から固定点までの距離を l としたとき，この球の微小振動の周期を求めよ．

4-4　円柱のまわりの流れ――揚力

円柱のまわりの2次元的な流れを考察しよう．すなわち軸方向を z 軸とすると，速度場は x, y だけの関数である場合で，これは前節の球の場合より簡単であるが，問題に1つ新しい要素をつけ加えよう．流体のなかではどこでも $\boldsymbol{\omega}=\mathrm{rot}\,\boldsymbol{v}=0$ の渦なしのポテンシャル流であっても，流体のなかに円柱があって流体が単連結でない(すなわち流体のなかにとった任意の閉曲線が1点に収縮できない)場合には，そのまわりの循環は必ずしも0である必要はない．半径 R の円柱の周囲 C_R にそう循環を

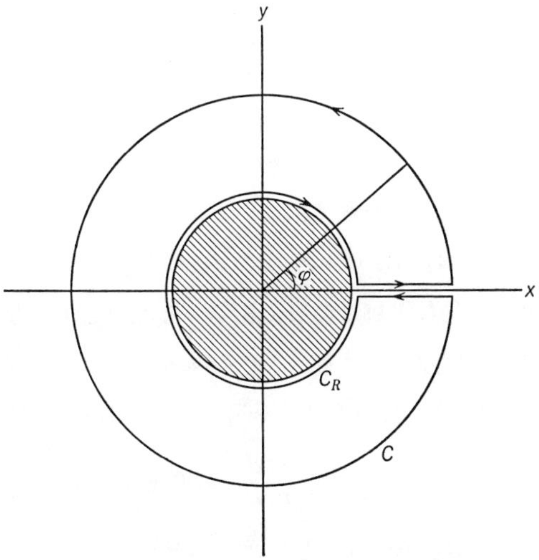

図 4-7　円柱の周囲 C_R と円柱をめぐる任意の閉曲線 C.

$$\kappa = \oint_{C_R} \boldsymbol{v}\cdot d\boldsymbol{l} = \oint v_\varphi(R,\varphi)Rd\varphi \tag{4.34}$$

とする．v_φ は円柱座標の角度 φ の変化する方向，すなわち円周方向の速度成分である．このとき円柱をめぐる任意の閉曲線 C にそう循環も κ に等しくなければならない．もしそうでなければ図 4-7 のようにとった C_R と C でつくった閉曲線にそう循環が 0 でなくなり，流体の中に渦があることになる．

いま静止した円柱のまわりを回る渦流だけしかないとしよう．このときには半径方向の成分はどこでも $v_r=0$ で，また円周方向の成分 v_φ は r だけの関数である．半径 $r>R$ の円周にそう循環が κ に等しいことから

$$\kappa = 2\pi r v_\varphi(r), \qquad \therefore \quad v_\varphi(r) = \kappa/2\pi r \tag{4.35}$$

である．これは連続の方程式 $\mathrm{div}\,\boldsymbol{v}=0$ を満足し，しかも円柱の表面での条件も満たしている．またこの速度場を与える速度ポテンシャルは，$(\nabla\phi)_\varphi=\dfrac{1}{r}\dfrac{\partial\phi}{\partial\varphi}$ から

$$\phi = \frac{\kappa}{2\pi}\varphi \tag{4.36}$$

であり，あきらかにラプラス方程式に従う．速度の大きさが r に反比例して小さくなることに注意しよう．円柱でなく任意の形をした物体のまわりの渦流でも，物体から充分離れたところでの速度場はやはり (4.35) の形をしている．このことは物体をまわる任意の閉曲線にそう循環が等しいことから推論される．

次に円柱のまわりの循環 κ の渦流に加えて，軸と垂直方向の速度 $\boldsymbol{u}$ の一様流があるとする．4-3 節の球の場合，表面での条件を満足するために双極子流を加えた．今度は 2 次元的な流れでこれに相当する流れを求めなければならない．そのためまず速度が円柱座標の r だけに依存するラプラス方程式の解を求めよう．$\phi(r)$ に対する式は (2 次元のラプラシアンを含む式 (2.71) を見よ)

$$\frac{d^2\phi}{dr^2}+\frac{1}{r}\frac{d\phi}{dr} = 0 \tag{4.37}$$

であるから，3 次元の場合と同様にして求めると

$$\phi(r) = \frac{Q}{2\pi}\log r, \qquad v_r = \frac{Q}{2\pi}\frac{1}{r} \tag{4.38}$$

が得られる．これは湧き出し口から2次元的に広がる流れを表わし，Q は z 軸方向の単位長さあたりの湧き出す流量である．(4.35)の v_φ と同じ形をしていることに注意しよう．4-2節の終りで述べたとおり，この ϕ に $\boldsymbol{a}\cdot\nabla$($\nabla$ は2次元のグラジエント)をかけて2次元の双極子流のポテンシャルを求めることができる：

$$\phi(r) = \frac{\boldsymbol{d}\cdot\boldsymbol{r}}{r^2} \tag{4.39}$$

ここで $\boldsymbol{r}$ は xy 面での動径ベクトルである．

さて中心が原点にある静止円柱の表面での条件 $\boldsymbol{v}\cdot\boldsymbol{R}/R=0$ をみたすには $\boldsymbol{d}=R^2\boldsymbol{u}$ ととればよい．一様流とこの双極子流および(4.36)の渦流のポテンシャルを加え合わせると，速度ポテンシャル

$$\phi = \boldsymbol{u}\cdot\boldsymbol{r}+\frac{R^2(\boldsymbol{u}\cdot\boldsymbol{r})}{r^2}+\frac{\kappa}{2\pi}\varphi \tag{4.40}$$

が得られる．速度場は

$$\boldsymbol{v} = \boldsymbol{u}+\frac{R^2}{r^2}\left\{\boldsymbol{u}-2\frac{(\boldsymbol{u}\cdot\boldsymbol{r})}{r^2}\boldsymbol{r}\right\}+\frac{\kappa}{2\pi}\frac{\boldsymbol{e}_z\times\boldsymbol{r}}{r^2} \tag{4.41}$$

となる．ここで φ 方向の単位ベクトル $\boldsymbol{e}_\varphi$ が z 方向の単位ベクトル $\boldsymbol{e}_z$ と半径方向の単位ベクトル $\boldsymbol{e}_r=\boldsymbol{r}/r$ とのベクトル積であることを使った(図4-8)．3-2節の図3-6は(4.41)で最後の項のない速度場の流線であった．

この結果から円柱表面における圧力をベルヌーイの定理から求めると

$$P = P_0-\frac{\rho}{2}\left\{2\boldsymbol{u}-2\frac{(\boldsymbol{u}\cdot\boldsymbol{R})\boldsymbol{R}}{R^2}+\frac{\kappa}{2\pi}\frac{\boldsymbol{e}_z\times\boldsymbol{R}}{R^2}\right\}^2$$

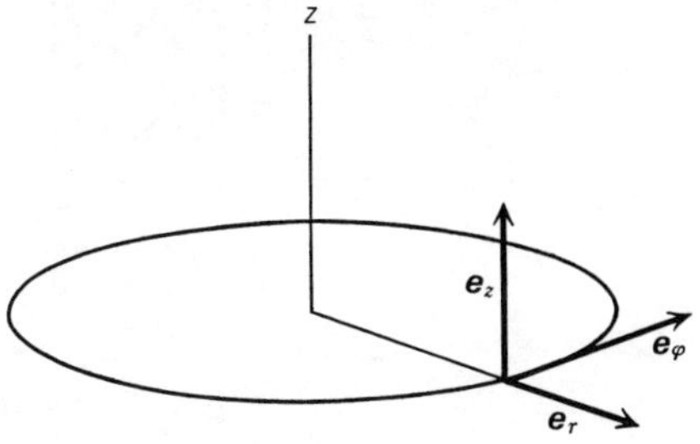

図4-8　$\boldsymbol{e}_\varphi=\boldsymbol{e}_z\times\boldsymbol{e}_r$.

$$= P_0 - 2\rho\left\{\boldsymbol{u}^2 - \frac{(\boldsymbol{u}\cdot\boldsymbol{R})^2}{R^2} + \left(\frac{\kappa}{4\pi}\right)^2\frac{1}{R^2} + \frac{\kappa}{2\pi}\frac{\boldsymbol{u}\cdot(\boldsymbol{e}_z\times\boldsymbol{R})}{R^2}\right\} \quad (4.42)$$

となる．ただし $\boldsymbol{R}$ は大きさ R の xy 面の動径ベクトルである．第1，第2項は球の場合と同じ結果であり，第3項は渦流による．ここで興味があるのは最後の項で，

$$-\frac{\rho\kappa}{\pi}\frac{\boldsymbol{R}\cdot(\boldsymbol{u}\times\boldsymbol{e}_z)}{R^2}$$

と書き直すと見やすい．図4-9は $\kappa<0$ の速度場(4.41)の流線を描いたものであるが，上の点Aでのこの項の寄与は負，下の点Bでは正となることに注意しよう．それゆえ P を表面にわたって積分して得られる円柱の受ける力は0でなく，$\boldsymbol{u}$ と直角の方向に向いている．円柱の単位長さあたりの力 $\boldsymbol{F}$ は

$$\boldsymbol{F} = \frac{\rho\kappa}{\pi}\int_0^{2\pi}\frac{\boldsymbol{R}}{R}\cdot\frac{\boldsymbol{R}\cdot(\boldsymbol{u}\times\boldsymbol{e}_z)}{R^2}Rd\varphi$$

であり($\boldsymbol{R}$ は x 軸との角度が φ で大きさ R の動径ベクトル)，積分を行なうと(問題2)，

$$\boldsymbol{F} = \rho\kappa(\boldsymbol{u}\times\boldsymbol{e}_z) \quad (4.43)$$

という簡単な表式が得られる．無限遠で静止している流体中を循環をもった円柱が速度 $\boldsymbol{u}$ で動くときには，上の式で $\boldsymbol{u}$ の符号を変えればよい．この力は**マグナス力**(Magnus force)とよばれることもある．

一般に物体の受ける力の，速度 $\boldsymbol{u}$ に垂直な成分を**揚力**(lift)とよぶ．完全流

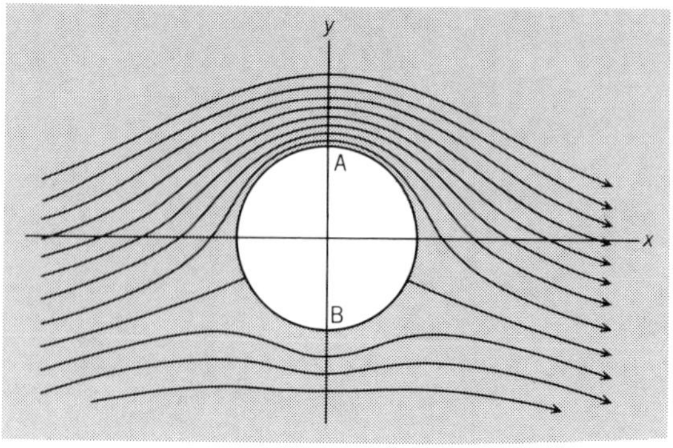

図4-9　円柱のまわりの流れ．循環のある場合．

体の2次元的な流れでは揚力は物体の形によらずそのまわりの循環κで(4.43)式のように表わされる．このことを示すには，物体の大きさに比べて充分大きな円(2次元的な流れであるから円)を通して流入する運動量を求めればよい．円周は半径に比例するから，速度場$\boldsymbol{v}$としては$1/r$で小さくなる項まで考えれば充分である．いまの場合，物体のまわり，したがって円のまわりの循環がκであることから，充分大きなrのところでは$\boldsymbol{v}\cong\boldsymbol{u}+(\kappa/2\pi)\boldsymbol{e}_z\times\boldsymbol{r}/r^2$としてよい．したがって遠くでは速度場は円柱の場合と同じであり，揚力も(4.43)式で与えられる．これは**クッタ-ジューコフスキーの定理**(Kutta-Joukowskii's theorem)として知られている．

飛行機の翼は円柱ではないが，基本的には上に述べた揚力の理論があてはまる．翼のように平たくて後縁がとがっているものを流れのなかに置くと，後縁で流れが急に回りこまなければならず，速度が無限大になってしまう．実際にはそのようなことは起こらず，渦が発生し循環が翼のまわりにできて，ちょうどよどみ点が後縁のところにくると考えられている．翼を幅Lの平板とし，迎角αで速度uの流れのなかに置いたとき，翼のまわりにできる循環の大きさは$\kappa=4\pi Lu\sin\alpha$であることが知られている．$L=3$ m，$u=300$ km/h，$\alpha=\pi/20$の場合に，翼の単位長さ(1 m)当りの揚力の大きさ$\rho\kappa u$((4.43)式)を求めると，およそ5400 kgw/mになる(問題3)．ただし空気の密度$\rho=1.3\times10^{-3}$ g/cm^{3}を使った．

翼にはたらく揚力はもちろん空気が翼に及ぼす力であるから，もし揚力と飛行機の重力とが釣り合っているとすると，空気はその重力を受けているはずである．空気にはたらく力の釣り合いはどうなっているのだろうか．

問　　題

1. 切り口が半径5 mの半円であるカマボコ型の長い建物がある．風速30 m/sの風が横から吹いているときこの建物の屋根の長さ1 mあたりにはたらく上向きの力を求めよ．ただし空気は縮まない完全流体とし，密度は$\rho=1.3\times10^{-3}$ g/cm^{3}とする．

2. 積分をおこなって(4.43)を求めよ．

3. この節の最後で与えた翼の例について，揚力の答えを確かめよ．

カーブ

Coffee Break

野球，テニス，ゴルフなどなんでも球技をやった人なら，カーブあるいはスライスのことを知っているだろう．ボールを回転させると粘性によってまわりの空気も引きずられて回転し循環ができる．そのため円柱のマグナス効果と同様にベルヌーイの定理から期待される力がはたらく．

面白いことに，ニュートンが1672年の『光と色に関する新理論』のなかでこの現象にふれている．「それから私は，プリズムを通過したあと光線が曲線状に進むのではないか，そして曲り方の大小によって光線が壁の異なった個所に到達するのではないか，と考え始めた．斜めにラケットで打たれたテニスボールが同じように曲線を描くのをしばしば目撃したことを思い出したとき，この疑いはいっそう大きくなった．」ボールを光の粒子に，空気をエーテルに置き換えて考えるわけである．

スピンを与えたボールがカーブする現象を始めて研究したのはマグナスより1世紀も前のロビンス(B. Robins)であった．ロビンスは1742年に出版された砲術の本のなかで巧妙な実験を報告している．旋条のないマスケット銃の銃身をすこし曲げて，丸い弾丸にスピンがかかるようにして発射し，壁までの間に張った紙にあいた穴により弾道を調べた．彼はさらにこの効果を研究するため，よりをかけた糸に球を吊してスピンを与え，それを振り子として使い，振動面の回転を観察したのである．

‘カーブ’の物理は実際には簡単ではなく，第6章の終りでふれる粘性流体特有の現象がかかわってくる．たとえば速度が充分大きくないと普通とは逆に曲がることも知られている．

4-5 渦のある流れ

いままで渦なしの流れを考察してきたが，この節では縮まない流体での渦を取り上げる．流体は無限に大きな空間にひろがっているとし，そのなかに湧き出し口や固体はないとする．最初にある瞬間での速度場を問題にし，その時間変化はあとで議論しよう．縮まない流体であるから

$$\mathrm{div}\,\boldsymbol{v} = 0 \tag{4.44}$$

は要求されるが，今度は渦度

$$\mathrm{rot}\,\boldsymbol{v} = \boldsymbol{\omega} \tag{4.45}$$

は必ずしも 0 ではない場合の流体の運動を調べる．いままで渦度は速度場からそれの rot として定まる量と見てきた．ここで見方を逆にして，渦度 $\boldsymbol{\omega}(\boldsymbol{r})$ が与えられたとき，すなわち渦管の分布がわかったとき，それに相当する速度場 $\boldsymbol{v}(\boldsymbol{r})$ を求めるという問題を考えよう．これは，湧き出しの分布 $q(\boldsymbol{r})$ があるときの渦なしの流れに対して $\boldsymbol{v}$，あるいはポテンシャル ϕ を求めるという 4-2 節で扱った問題に対応する．そこでは

$$\mathrm{div}\,\boldsymbol{v} = q, \qquad \mathrm{rot}\,\boldsymbol{v} = 0$$

であった．q にあたる量がこんどはベクトル $\boldsymbol{\omega}$ であるから，ϕ に相当するポテンシャルもベクトルになると考えられる．それを $\boldsymbol{A}(\boldsymbol{r})$ としよう．$\boldsymbol{v}=\nabla\phi$ とおくと $\mathrm{rot}\,\boldsymbol{v}=0$ が自動的にみたされたように，こんどは

$$\boldsymbol{v} = \mathrm{rot}\,\boldsymbol{A} \tag{4.46}$$

とすると $\mathrm{div}\,\boldsymbol{v}=0$ は恒等的に成り立つ．

次に(4.45)であるが，上の形を代入し，ベクトル解析の公式を使うと

$$\mathrm{rot}\,\mathrm{rot}\,\boldsymbol{A} = -\nabla^2\boldsymbol{A}+\nabla\,\mathrm{div}\,\boldsymbol{A} = \boldsymbol{\omega}$$

となる．ここで(4.46)で定まる $\boldsymbol{v}$ は，$\Lambda(\boldsymbol{r})$ をスカラー場として

$$\boldsymbol{A} \to \boldsymbol{A}+\nabla\Lambda \tag{4.47}$$

という置き換えをしても変わらないことに注意しよう(これは電磁気学でゲージ変換とよばれている)．この任意性を利用するといつも

$$\mathrm{div}\,\boldsymbol{A} = 0 \tag{4.48}$$

であるように $\boldsymbol{A}$ をえらぶことができる(問題1). したがって $\boldsymbol{A}$ は(4.48)と

$$\nabla^2 \boldsymbol{A} = -\boldsymbol{\omega} \tag{4.49}$$

に従う. (4.49)式はベクトルの式であるが, おのおのの成分に対する式は4-2節のポテンシャル ϕ に対する式とまったく同じ形をしている. したがって $\boldsymbol{\omega}$ が与えられたとき, ベクトル・ポテンシャル $\boldsymbol{A}$ は

$$\boldsymbol{A}(\boldsymbol{r}) = \frac{1}{4\pi}\int dV' \frac{\boldsymbol{\omega}(\boldsymbol{r}')}{|\boldsymbol{r}-\boldsymbol{r}'|} \tag{4.50}$$

で求められる. 速度場はこれを(4.46)に代入して

$$\boldsymbol{v}(\boldsymbol{r}) = \frac{1}{4\pi}\int dV' \frac{\boldsymbol{\omega}(\boldsymbol{r}')\times(\boldsymbol{r}-\boldsymbol{r}')}{|\boldsymbol{r}-\boldsymbol{r}'|^3} \tag{4.51}$$

と定められる. これで始めに述べた目的は達せられた.

例題に移る前に2つ一般的な注意をつけ加えておく. (a)湧き出しの分布 q と渦度 $\boldsymbol{\omega}$ が両方ともある場合には, 速度場は $\mathrm{rot}\,\boldsymbol{v}_1=0$ である $\boldsymbol{v}_1$ と $\mathrm{div}\,\boldsymbol{v}_2=0$ である $\boldsymbol{v}_2$ との和 $\boldsymbol{v}=\boldsymbol{v}_1+\boldsymbol{v}_2$ になり, $\boldsymbol{v}_1, \boldsymbol{v}_2$ はそれぞれスカラー・ポテンシャル ϕ とベクトル・ポテンシャル $\boldsymbol{A}$ で与えられる. (b)上に述べてきたことはすべて静磁場の理論と共通している. $\boldsymbol{v}$ を磁場 $\boldsymbol{B}$, $\boldsymbol{\omega}$ を電流密度 $\boldsymbol{j}$ に読みかえればよい.

例題1 z 軸を中心軸とする半径 a の渦管がある. すなわち $r>a$ では $\boldsymbol{\omega}=0$, $r\leqq a$ では $\boldsymbol{\omega}=(0,0,\omega)$ であるときの速度場を求めよ.

［解］ この問題はすべての量が z によらないから, 始めから2次元の問題として扱い, ストークスの定理を用いるのがもっとも簡単である. (4.51)の積分をおこなうこともできる. 結果は

$$\boldsymbol{v}(\boldsymbol{r}) = \begin{cases} \dfrac{1}{2}\omega a^2 \dfrac{\boldsymbol{e}_z\times\boldsymbol{r}}{r^2} & (r\geqq a) \\[2ex] \dfrac{1}{2}\omega r^2 \dfrac{\boldsymbol{e}_z\times\boldsymbol{r}}{r^2} & (r<a) \end{cases} \tag{4.52}$$

となる. 半径が a より大きいところでは前節で議論した円柱のまわりを回る流

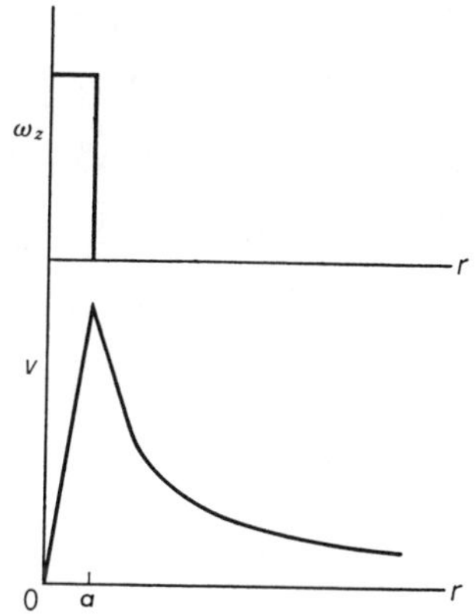

図 4-10　中心に集中した渦度による流れ.

れと同じであり，循環の大きさ κ は $\kappa=\omega\pi a^2$ である．また $r<a$ では剛体回転のように半径に比例した速度で流体は回っている．速度の大きさと ω_z は図 4-10 のようになる(図 6-17 と比べてみよ).

問　　題

1.　(4.46)の $\boldsymbol{A}$ はいつも $\mathrm{div}\,\boldsymbol{A}=0$ のようにできることを示せ.

4-6　渦糸モデル

渦のあるときの流体の運動は一般には困難な問題であるから，ここでは渦糸モデルを考察する．前節の例題で渦管の半径 a が非常に小さい極限をとろう．ただしその際 $\omega\pi a^2$ はある与えられた値 κ になるように ω は大きくする．こうしてえられる流れは強さ κ の直線の**渦糸**(vortex line あるいは filament)とよばれる．渦糸はもちろん直線である必要はない．ただ流体の中で途切れることは許されないし，その強さは渦糸にそってどこでも一定でなければならない(3-7 節)．渦糸の中心にある半径 a の細い渦管を渦糸の芯とよぼう．(上では ω が芯のなかで一定であるとしたが，その必要はなく，たんにそのまわりの循環の強さがきまっていればよい.)

一般に曲線の渦糸があると，それによる速度場はどうなるか．公式(4.51)にもどろう．$\boldsymbol{\omega}(\boldsymbol{r}')$はきわめて細い芯のところでだけ値をもち，その方向は渦糸の定義からいつも糸の接線方向である．そこで積分要素dV'を芯の断面積πa^2と線要素dlの積とし，$\boldsymbol{\omega}\pi a^2 dl=\kappa d\boldsymbol{l}$とすると(図4-11)，(4.51)は

$$\boldsymbol{v}(\boldsymbol{r}) = \frac{1}{4\pi}\int \frac{\kappa d\boldsymbol{l}\times(\boldsymbol{r}-\boldsymbol{r}'(l))}{|\boldsymbol{r}-\boldsymbol{r}'(l)|^3} \qquad (4.53)$$

と渦糸にそう積分に書きかえられる．lは糸の上の定まった点から糸にそって測った距離であり，$\boldsymbol{r}=\boldsymbol{r}'(l)$が渦糸の曲線の方程式である．(4.53)は，電磁気学で電流のつくる磁界を与えるビオ-サバールの公式に対応する(本コース第3巻『電磁気学 I』157ページ)．

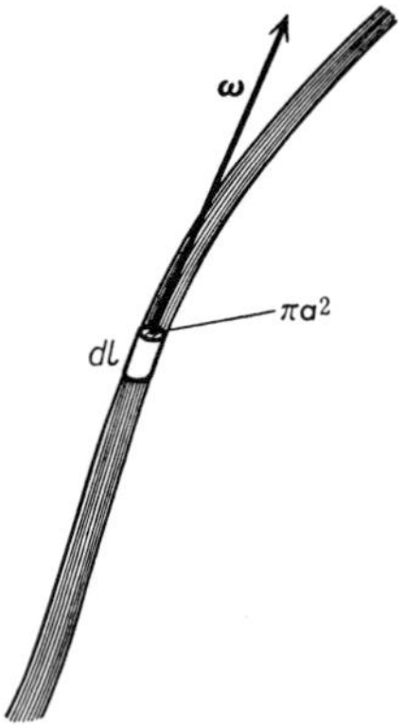

図4-11 渦糸の芯．

渦糸があってもその線上を除けば渦度$\boldsymbol{\omega}=0$でポテンシャル流である．渦糸モデルでは渦はすべて渦糸という形でだけ許されるとする．湧き出しの場合でいえば点源だけを許すのにあたり，磁場とのアナロジーでは，電流はすべて線電流の形であるとするわけである．しかしながら，点源の場合と渦糸では本質的な違いがある．というのは点源では実際に流体の湧き出し口や吸い込み口がなければならないが，渦糸ではそのようなものを持ちこむわけではなく，ただ流れの様子を表わしているのにすぎない．すなわち渦糸の線上で速度場が特異的になっている(理想化した渦糸では線上で速度は無限大になり，その微分も定義できない)のであって，渦糸を許すのは渦なしのポテンシャル流のなかにこのような特異線があることを許すことに等しい．渦糸モデルの利点は，渦運動を渦糸の形で表現すると流れの変化の仕方が渦糸の運動によって表わされるから，はっきりしたイメージが与えられることと，あるていど取り扱いが簡単になるところにある．

渦糸の運動　流れのなかに渦糸があると，ケルヴィンの渦定理(3-8節)によって渦糸は流れに乗って動く．(もし渦糸が流れと異なる速度で動くと4-4

節で示したように渦糸に揚力がはたらき，力の釣り合いが成り立たない.）一般には渦糸の各部分で流れの速度は異なるから，渦糸は形を変え複雑な運動をする．曲線の渦糸では，(4.53)からわかるように，渦糸のどの部分も他の部分のところに流れをつくる．したがって流体のなかに1本しか渦糸がないときでも，それが直線でなければ静止せずゆらゆらと運動する．簡単な具体例は次の節で調べよう．

この節を終える前に，直線の渦糸についてなお2,3の注意をつけくわえておこう．渦糸をz軸にとると，円柱座標で速度場は$v_\varphi=\kappa/2\pi r$であった((4.35)式)．

1) xy面上で流れを見ていて，ある瞬間に正のx軸上にある流体にインキで印をつけたとすると，時間がたつとそれは図4-12のように渦巻型になる．剛体回転ではいうまでもなく直線のままである．図4-12の破線にそって印をつけたとき，どんな形の曲線になるかも考えておくと，流れの図を理解するのに役立つ(たとえば図4-18(b))．

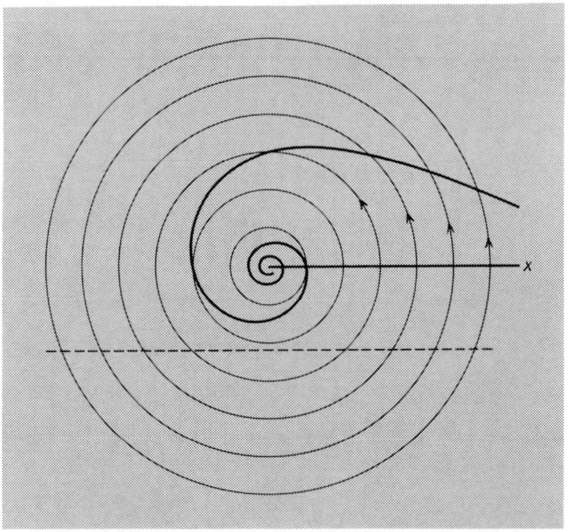

図4-12　直線の渦糸を横に切って，ある瞬間に正のx軸にインキで印をつける．時間がたつとそれが渦巻型になる．

2)　半径 r のところにある単位質量の流体要素のもつ z 軸まわりの角運動量は

$$r v_\varphi = \kappa/2\pi \tag{4.54}$$

に等しい．すなわちどこにある流体要素も等しい角運動量をもって回っている．また仮想的にある瞬間，図 4-13 のように円形の部分が固体になり‘自由に’運動し始めたとする．円板はもちろん矢印の方向に直線運動するが，そのとき円板は自転しない．(剛体回転ならばどうなるか？) 一般にポテンシャル流では流体の球形の部分が突然固体になって自由に運動するとき，その球は並進運動だけを行ない，自転しないのである．

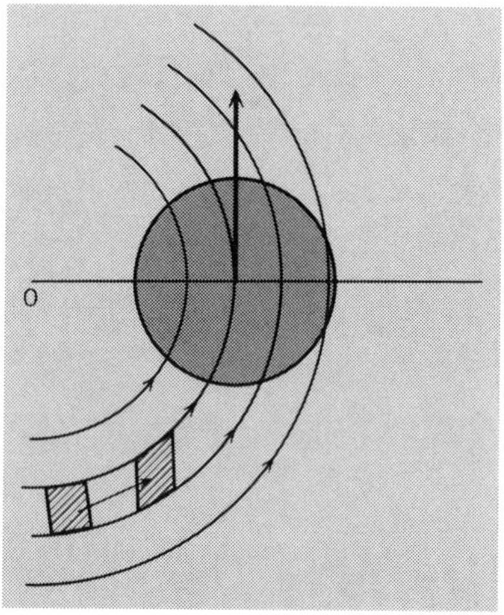

図 4-13　渦糸の一部分の円形が突然固体円板になったとする．

3)　ある瞬間に流体に描いた微小な矩形は，時間とともにひしゃげて菱形になる(図 4-13)．すなわち自転せずに，ずれの変形をしていく(ずれの変形については 7-1, 2 節を参照)．剛体回転ではもちろんもとの形がたもたれる．

4)　渦糸のエネルギー．渦糸の運動エネルギーは単位長さあたり

$$E = \frac{1}{2}\rho\int_a^R\int_0^{2\pi} r dr d\varphi v_\varphi{}^2 = \frac{\rho\kappa^2}{4\pi}\log\frac{R}{a} \tag{4.55}$$

となって半径 r の大きなところからの寄与も小さなところからの寄与も対数的に発散する．したがって上の式では半径 R の円柱形の容器内に流体があり，そ

の中心に半径 a の芯をもつ渦糸があるとしてエネルギーを求めた．

問　題

1. 水面に垂直な渦糸がある．水面の形を求めよ．ただし水は縮まない完全流体とする．

2. z 軸上に単位長さあたり Q の吸い込み口と強さ κ の渦糸がある（2 次元的な流れ）．流体要素はどんな運動をするか．

ケルヴィンの渦糸原子

ヘルムホルツと親交のあったケルヴィン卿は，古典物理学の最後の偉大な巨匠のひとりであった．ヘルムホルツの渦運動に関する論文に深い興味をもったケルヴィンは，3-8 節で述べた定理の証明のほかにも，渦糸の振動などいくつかの論文を書いている．彼が渦に興味をもった理由は，渦とくに渦糸リングが原子のモデルとして使えるのではないかというアイデアにある．すなわち一種の完全流体であるエーテルが空間に充満しているとすると，そのなかの渦は生成消滅しないから原子としての資格がある．しかも渦糸の結び方によっていろいろな種類の原子ができる．さらにそれは振動もするし，たがいに衝突する．ケルヴィンは，硬い粒のような原子を仮定するより，エーテルという普遍的な媒質ですべてをつくろうとしたわけである．

もちろん 19 世紀終りから 20 世紀にかけての物理学の歴史のなかでケルヴィンの「渦原子」はエーテルとともに忘れさられた．ただ，現在の素粒子論のなかには，ケルヴィンの考えと相通ずるものが顔を出していることをつけ加えておこう．

4-7　渦糸運動の例

渦糸の運動の簡単な例をいくつかあげよう．

1)　**渦対**　　距離 $2R$ はなれて強さ κ と $-\kappa\,(\kappa>0)$ の平行な 2 つの直線の渦糸があるとする．流れは 2 次元的だから xy 平面での流れを考える．渦対が図 4-14 のように $y=\pm R$ にあるときの速度場は (4.52) から

$$v_x = -\frac{\kappa}{2\pi}\left(\frac{y-R}{{r_+}^2}-\frac{y+R}{{r_-}^2}\right), \qquad v_y = \frac{\kappa}{2\pi}\left(\frac{x}{{r_+}^2}-\frac{x}{{r_-}^2}\right)$$
$$r_\pm = \sqrt{x^2+(y\mp R)^2} \tag{4.56}$$

である．渦糸の中心 $(0, \pm R)$ での速度はいずれも $v_x=\kappa/4\pi R$ であるから，渦対はこの速度で平行移動する．もし同じ符号であれば渦は互いのまわりを回転する (問題 1)．$\pm$ の渦糸対の単位長さあたりのエネルギーを計算すると

$$E = \frac{\rho\kappa^2}{2\pi}\log\frac{2R}{\varepsilon} \tag{4.57}$$

が得られる．次に単位長さあたりの流れの運動量は

$$\boldsymbol{P} = \rho\iint \boldsymbol{v}dxdy = 2\rho\kappa R\boldsymbol{e}_x \tag{4.58}$$

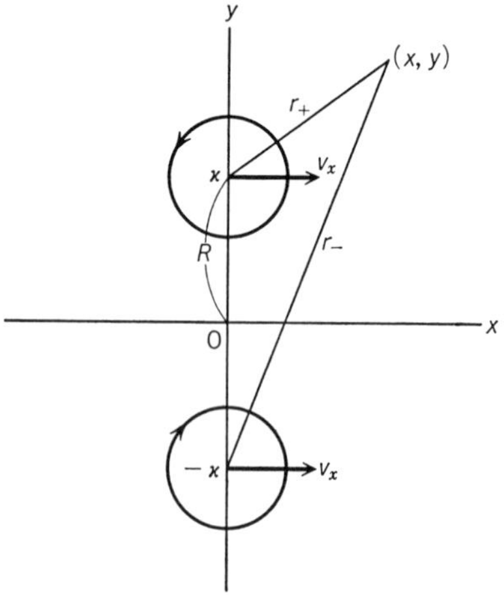

図 4-14　渦対．

と計算される．渦対の速度が $\kappa/4\pi R$ であるから，それにともなって半径 R くらいの流体が動くとすると上式のていどの運動量になる．

2) **渦糸リング** 渦糸を流体のなかで閉じさせると渦糸リングになる(図4-15)．とくにその形が円である円形渦糸リング(以下たんにリングとよぶ)は上の渦対とよく似ており，ここでは立ち入らないが，計算が実行できる．半径 R のリングの動く速さ，そのエネルギーおよび運動量に対して求められた結果を引用しておく．$a(\ll R)$ を渦糸の芯の半径，ρ を流体の密度，κ を循環とする．

$$|\boldsymbol{u}| = \frac{\kappa}{4\pi R}\left(\log\frac{8R}{a}-\frac{1}{4}\right)$$

$$E = \frac{R\rho\kappa^2}{2}\left(\log\frac{8R}{a}-\frac{7}{4}\right) \qquad (4.59)$$

$$|\boldsymbol{P}| = \pi\rho\kappa R^2$$

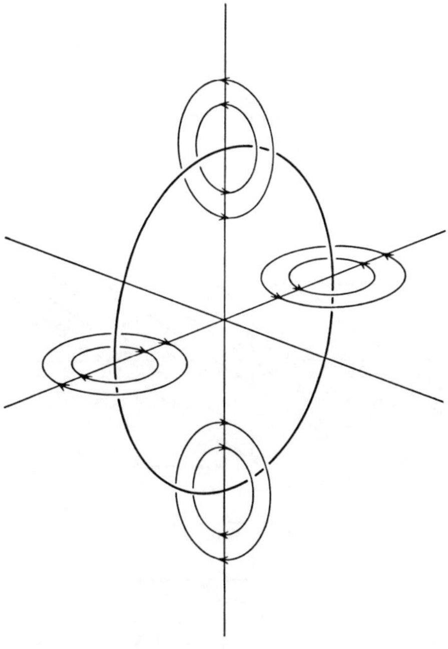

図4-15 渦糸リング．

このように渦糸リングは流体のなかの局所的な流れであって，一定の有限なエネルギーと運動量をもつ一種の粒子のように振舞う．ただエネルギーが大きいほど半径が大きく，したがって速度が小さくなる．渦糸モデルが有効なのは芯の半径がリングの半径に比べて充分小さいとき($R\gg a$)であり，そのときには$E\propto|\boldsymbol{u}|^{-1}$となる．これは普通の粒子に対する関係$E\propto m|\boldsymbol{u}|^2/2$とはまったく異なった関係であることに注意しよう(コーヒー・ブレイク「超流体のなかの渦糸」)．

渦糸リングはタバコの煙で目にみえるようにできる．口から吹き出された空気のかたまりは，静止した空気のなかで渦のリングとなって進むときもっとも安定している．タバコの煙のリングは，渦が流体とともに運動すること(ケルヴィンの定理)を実証している．また，小さいリングが大きいリングより早く進むことも簡単にみることができる．

3) **渦の列**　xy面上にy軸に平行な強さκの渦糸が間隔aで並んでいるとする(図4-16)．このときにはxy面から充分はなれたところ，$|z|\gg a$での流

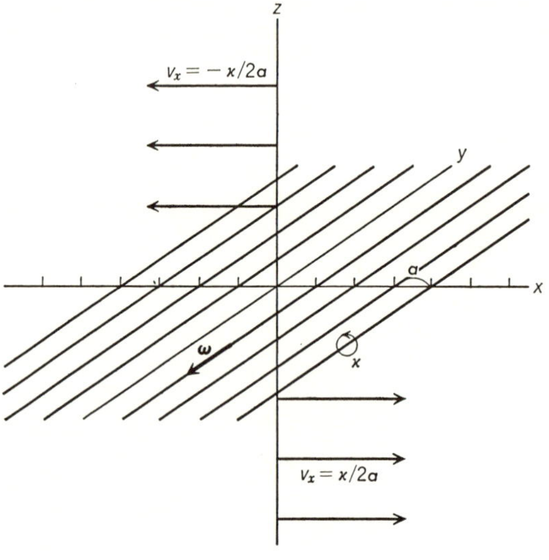

図4-16　平面上に平行に並んだ渦糸の列は，その上下の流体にすべりをおこさせる．

れの速度は x 方向で，z の正負に応じて

$$v_x = \mp\kappa/2a \tag{4.60}$$

である．すなわち渦糸の列は速度のとび，すなわち**すべり**をつくりだす．この意味で渦糸は流体の運動で車輪あるいはベアリングの役目をするといえる．$\kappa/a=u$ を一定にして間隔 a を小さくしていくと，渦のシートができる．そこで速度は u だけとぶことになる．

4) **カルマン渦列** 等しい強さ κ の正負の無限に長い渦列が x 軸に平行に図 4-17(a)あるいは(b)のように並んでいる場合を考えよう．おのおのの渦糸は他の渦糸のつくる流れにのって運動する．この渦列が形を変えないで x 軸にそって進むためにはどんな並び方をすればよいか．答えは図のように正負の渦が向き合って並ぶか，$a/2$ だけずれて交互に並んでいるときにだけ渦の中心での流れは x 方向になる(問題 2)．無限の列であるからどの渦のところの速度も等しく，渦列はそのまま x 方向に進む．渦の位置をこの 2 つの並び方からすこし乱したときには，渦は y 方向にも運動する．その運動によってどんどん渦列の乱れが大きくなるかどうかを調べることができる．乱れが大きくならない，

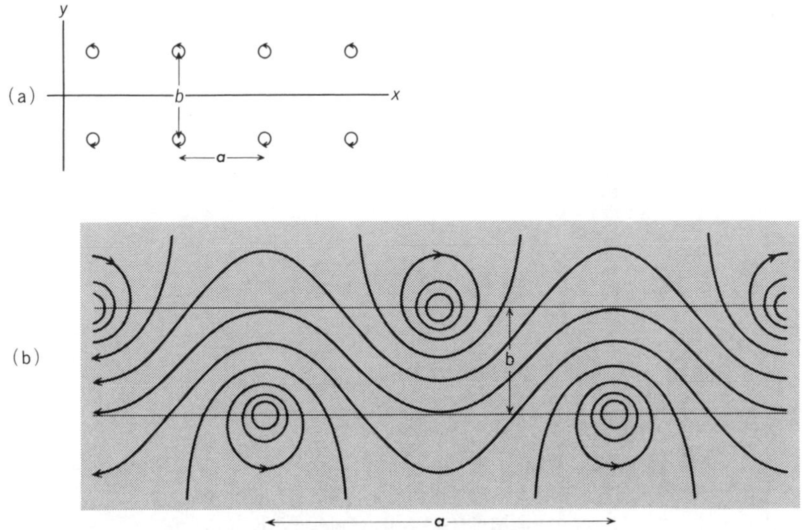

図 4-17 カルマン渦列.

超流体のなかの渦糸

Coffee Break

現実に存在する流体で，粘性をもたず完全流体とみなせるのは，超流動ヘリウムである．ヘリウム ^{4}He は4.2 K で液化するが，他の物質と異なり25気圧以下の圧力では絶対零度まで固体にならない．しかも2.17 K で相転移を起こし，毛細管のなかを抵抗なしに流れたり，壁面上を薄膜になって伝わり，容器から流れ出たりする超流動性を示す．この超流体の流れは基本的に $\boldsymbol{\omega}=\mathrm{rot}\,\boldsymbol{v}=0$ の渦なしの流れであって，渦度は芯の半径が数オングストロームの渦糸としてだけ現われる．しかも渦糸の循環 κ の大きさは h/m(h はプランク定数，m はヘリウム原子の質量)の単位で量子化されており，普通はエネルギーのもっとも低い $\kappa=h/m$ の渦糸だけが生じる(循環の量子化にプランク定数が顔を出すことは超流動現象の背後に量子効果があることを意味

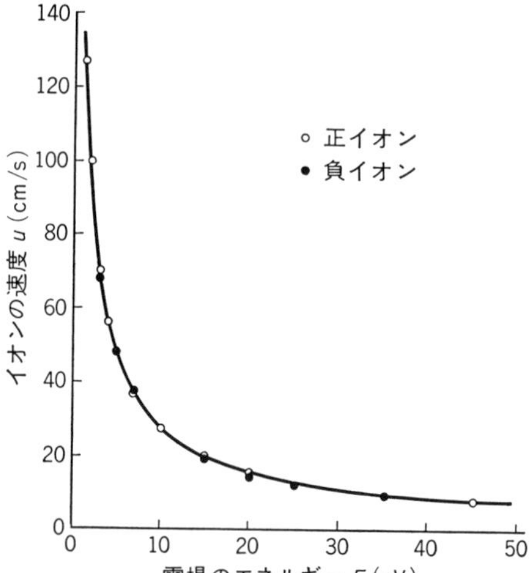

超流体に加えた電場のエネルギー E と渦糸の速度 u との関係(G. W. Rayfield and F. Reif: *Phys. Rev.*, **136**(1964), A1194 による).

している)．超流体を回転させると，回転軸に平行な渦糸が格子状に並び，それによって平均として剛体回転をする．また電子あるいはα粒子を液体ヘリウムのなかに放射すると，正または負のイオンができる．それを電場で引っ張って運動させると渦糸リングがつくられ，イオンはリングとともに運動する(なぜそうなるかはよくわかっていない)．加えた電場からイオンと渦糸リングに与えたエネルギーがわかり，またそれがある距離を動くのに要する時間の測定から速度uがわかる．実験の結果は図のとおりで，見事に$E \propto 1/u$の関係が得られている．なお(4.59)を使って測定結果から定めた渦糸の循環の値は

$$\kappa = (1.00 \pm 0.03) \times 10^{-3}\ \mathrm{cm^2\ s^{-1}}$$

であり，$h/m = 0.997 \times 10^{-3}\ \mathrm{cm^2\ s^{-1}}$と大変よく一致している．また渦糸の芯は半径1.3 Åという，きわめて細いものである．まさに理想的な渦糸といえる．

なお，パルサーとよばれる中性子星はきわめて規則正しい周期で電磁波のパルスを放出するが，それは中性子星の回転による．その回転が時としてわずかではあるがガタッと変化することがある．中性子星の内部の核物質が超流動状態にあり，そのなかの渦糸格子のずれがこの現象を起こすという説もある．

すなわち渦列が安定であるのは交互に並んでいるとき(図4-17(b))，しかもaとbの比が

$$b/a = 0.281$$

のときだけであることがカルマン(T. von Kármán)によって示された．このような渦列は**カルマン渦列**とよばれている．

流れの中に柱があると，その下流にしばしば渦列がみられる(図4-18)．大きなスケールでは済州島や千島列島の風下に間隔100 km程度のカルマン渦列が気象衛星によって観測されている．このような実際に観測されるカルマン渦列

でも，b/a の比は上の値に近い．なぜ渦列が生じるのかについてはあとでふれよう(6-9 節)．

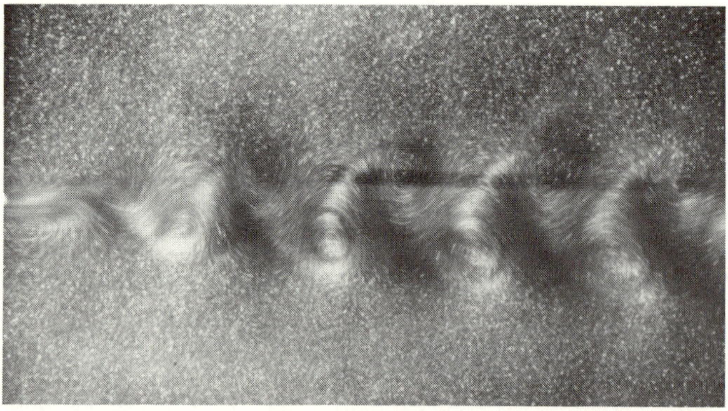

(a) $R=87$.

(b) $R=140$.

図 4-18 カルマン渦列．(a)は流れと共に動くアルミニウムの粉の像によって流線を表わしたもの．(b)は円柱の表面から流した染料の筋(写真：種子田定俊)．

問　題

1. 循環が同じ符号の渦対の運動を考察せよ．

2. 図 4-17 のように並んでいるときにだけ渦列が形を変えないことを示せ．

5

流体の波動

空気中を伝わる音波は，われわれにとってもっとも身近な流体の運動といえるだろう．また水面の波は見ていて飽きないし，その物理の面白さもつきることがない．この章では流体における波動を取り上げる．音波の伝搬の仕方や放出の機構など，ここでおこなう議論は，電磁波を含めた波動一般に共通することが多い．

5-1 音波

空気中の音波のように，流体のなかを伝わる波は一般に**音波**(sound wave)とよばれる．弦や膜の振動では，張力が復原力つまりバネの役割をしていたが，流体では圧力がバネの力になる．非常に大きな空間を占めている一様な流体のなかをx方向に伝わる音波を考えよう．音波がないとき流体は静止しているとする．音波にともなって流体の各要素はx方向に周期的な運動をする(図5-1)．その振幅は充分小さいと仮定しよう．

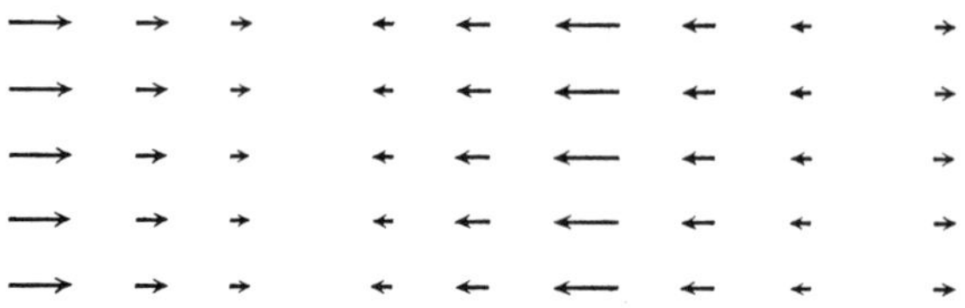

図5-1 音波にともなって流体の各要素は振動する．

音波にともなう速度場はいまの場合x成分v_xだけで，x座標とtだけの関数である．それを$v(x,t)$と書く．また密度を，流体が静止しているときの値ρ_0からのずれ$\rho'(x,t)$で表わそう．

$$\rho(x,t) = \rho_0 + \rho'(x,t) \tag{5.1}$$

音波の振幅が小さければvの大きさもρ'も小さい．したがって連続の方程式とオイラーの方程式において変化する量についてはすべて1次の項だけを残す近似，いわゆる線形近似をおこなうことが許される．連続の方程式では

$$\begin{aligned}\frac{\partial \rho'}{\partial t} + \frac{\partial}{\partial x}(\rho_0+\rho')v &\cong \frac{\partial \rho'}{\partial t} + \rho_0\frac{\partial v}{\partial x} \\ &= 0\end{aligned} \tag{5.2}$$

と近似する(すなわち$\rho' v$は2次の量であるから無視する)．同様にオイラーの方程式で$(\boldsymbol{v}\cdot\nabla)\boldsymbol{v}$の項を省略すると

$$\rho_0\frac{\partial v}{\partial t} = -\frac{\partial P}{\partial x} \tag{5.3}$$

と簡単になる．ここで圧力 P が密度の変化にともなってどのように変化するかを知らなければならないが，いまの場合，密度の変化は小さい ($\rho' \ll \rho_0$) から，それにともなう圧力の変化 P' は ρ' に比例するとしてよい．すなわち

$$\begin{aligned} P' &\equiv P - P_0 \\ &= K^{-1}\rho'/\rho_0 \end{aligned} \tag{5.4}$$

とおく．P_0 は密度が ρ_0 のときの圧力で，係数 K は圧縮率であり，これについてはあとで議論しよう((5.12)式)．(5.4)を(5.3)に代入すると，(5.2)とあわせて ρ' と v に対する連立方程式

$$\begin{cases} \dfrac{\partial \rho'}{\partial t} + \rho_0 \dfrac{\partial v}{\partial x} = 0 & \text{(5.5 a)} \\ \rho_0 \dfrac{\partial v}{\partial t} + \dfrac{1}{\rho_0 K}\dfrac{\partial \rho'}{\partial x} = 0 & \text{(5.5 b)} \end{cases}$$

が得られる．上の式を t で，下の式を x で偏微分し，差をとると

$$\frac{\partial^2 \rho'}{\partial t^2} - \frac{1}{\rho_0 K}\frac{\partial^2 \rho'}{\partial x^2} = 0 \tag{5.6}$$

となる．これは第2章で扱った波動方程式(2.14)の形である．第2章で議論したとおり，この方程式は平面波の解をもつ．たとえば x 方向に進行する波ならば

$$\rho' = \rho_0 A \cos(kx - \omega t) \tag{5.7}$$

という解で，振動数 ω と波数 k との間の関係は

$$\omega = kc$$

である．ここで音速 c は

$$\boxed{c = 1/\sqrt{\rho_0 K}} \tag{5.8}$$

で与えられる．速度場は(5.5)から

$$v = \frac{\omega}{\rho_0 k}\rho' = c\frac{\rho'}{\rho_0} \tag{5.9}$$

となり，ある時刻での密度と速度は図5-2のように同じ位相の正弦波となる

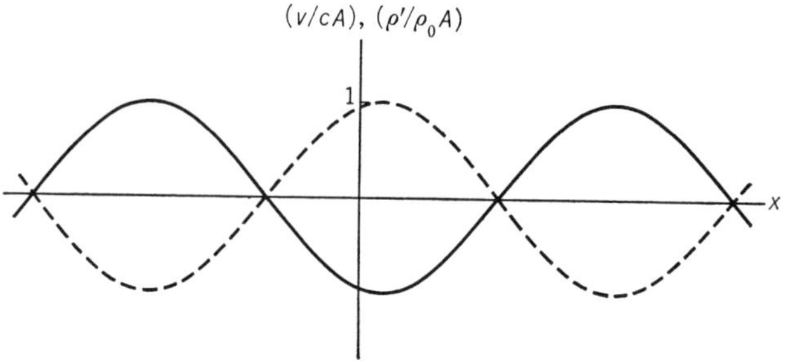

図 5-2　音波にともなう密度と速度.

(実線). 破線は左へ進む波の場合の速度である.

上で線形近似をおこなったが, この近似が許される範囲を吟味しておこう. まず密度については

$$\rho' \ll \rho_0 \tag{5.10}$$

であればよい. 速度場についてはオイラーの方程式で $(\boldsymbol{v}\cdot\nabla)\boldsymbol{v}$ を $\partial\boldsymbol{v}/\partial t$ に比べて小さいとして無視した. 平面波の解で両者の大きさを比較してみると

$$ck\rho'/\rho_0 \ll \omega$$

となり, やはり上の条件でよいことがわかる.

音速　音速は(5.8)のように密度と係数 K

$$K^{-1} \equiv \rho \left.\frac{dP}{d\rho}\right|_{\rho=\rho_0} \tag{5.11}$$

で定まる. 質量 M の流体の体積を V とすると $\rho=M/V$ であるから K は圧縮率に等しい.

$$K = -\frac{1}{V}\left.\frac{dV}{dP}\right|_{\rho=\rho_0} \tag{5.12}$$

しかし圧縮率といっても, 音波にともなって流体が圧縮あるいは膨張するとき, 流体の温度がどのように変化するかによってその値は異なる. 第3章でことわっておいたように, ここでは変化はすべて断熱的に生じると仮定しているから, 断熱圧縮率を用いる. 実際これはたいていの場合によい近似である. 表 5-1 にいくつかの流体の音速と関連する量が示してある. 気体の断熱圧縮率に関しては次の例題1で求める結果が使える.

表 5-1　1 気圧における音速

	$\rho(\mathrm{g/cm^3})$	C_p/C_v	$K(\mathrm{dyn^{-1}\cdot cm^2})$	$c(\mathrm{m/s})$
空気 (0°C)	1.293×10^{-3}	1.403		331.45
水素 (0°C)	0.0899×10^{-3}	1.41		1269
ヘリウム (0°C)	0.178×10^{-3}	1.66		970
水 (20°C)	1.00		41.7×10^{-12}	1500
海水				1513
水銀	13.6		3.9×10^{-12}	1373

例題 1　理想気体の場合に断熱圧縮率を求め，音速の温度変化を求めよ．

［解］ 理想気体の状態方程式は，μ を気体 1 モルの質量，R を気体定数 ($R=8.314\times10^7\ \mathrm{erg\cdot mol^{-1}\cdot K^{-1}}$) として，

$$\frac{P}{\rho}=\frac{RT}{\mu} \tag{5.13}$$

と表わされる (気体 1 モルの体積を $V_\mathrm{m}=22.4\times10^3\ \mathrm{cm^3}$ とすると，$V_\mathrm{m}=\mu/\rho$ であるから)．したがって変化 $d\rho, dP$ があると温度の変化 dT は

$$\frac{dP}{\rho}-\frac{P}{\rho^2}d\rho=\frac{R}{\mu}dT$$

あるいは (5.13) を用いると

$$\frac{dT}{T}=\frac{1}{P}dP-\frac{1}{\rho}d\rho \tag{5.14}$$

で与えられる．また理想気体の内部エネルギーは温度だけに依存し，単原子気体の場合には

$$\varepsilon=\frac{3}{2}\frac{R}{\mu}T$$

である．断熱的な変化では $d\varepsilon=-Pd(1/\rho)$ ((3.37) 式) であるから，

$$d\varepsilon=\frac{3}{2}\frac{R}{\mu}dT=\frac{3}{2}\frac{P}{\rho T}dT=\frac{P}{\rho^2}d\rho$$

したがって $dT/T=(2/3)(d\rho/\rho)$．これを (5.14) に代入すると $dP/P=(5/3)(d\rho/\rho)$ が得られる．したがって断熱圧縮率は

$$K^{-1}=\rho\frac{dP}{d\rho}=\frac{5}{3}P \tag{5.15}$$

である．これから理想気体の音速は(5.8,13)から

$$c=\frac{1}{\sqrt{K\rho}}=\sqrt{\frac{5}{3}\frac{P}{\rho}}=\sqrt{\frac{5}{3}\frac{R}{\mu}T} \tag{5.16}$$

となることがわかる．

気体分子の質量を m とすると根号のなかは $k_{\mathrm{B}}T/m$ の程度である．ただし k_{B} はボルツマン定数．気体運動論によると気体分子の熱運動の平均エネルギーは $k_{\mathrm{B}}T$ の程度であるから，音速(5.16)は分子の熱運動の速度の大きさ程度なのである．理想気体の音速が温度だけの関数で，圧力あるいは密度によらないことに注意しよう．もう少し一般的な扱いをすると，(5.16)の根号の中の分数 5/3 の代りに定圧比熱と定積比熱との比 $\gamma=C_p/C_v$ が現われる．▎

問　題

1. 定在波の場合に図 5-2 に対応する密度 ρ' と速度 v の図を描け．

5-2 音波のエネルギー

音波はエネルギーを伝達する．この節では，音波にともなうエネルギーと，その流れに対する表式を求めておこう．一般に，運動している流体のもつエネルギーは，内部エネルギーと運動エネルギーとの和になる．単位質量あたりの内部エネルギーを ε とすると，エネルギー密度は

$$\frac{1}{2}\rho\boldsymbol{v}^2+\rho\varepsilon$$

である((3.40)式)．このエネルギー密度の，流体が静止しているときの値からのずれを，音波にともなう変化 ρ' および $\boldsymbol{v}$ の2次までの精度で求めよう．第1項はすでに $\boldsymbol{v}$ の2次に比例しているから $\rho=\rho_0$ とおき，$(1/2)\rho_0\boldsymbol{v}^2$ としてよい．問題は第2項で，密度が ρ_0 から $\rho_0+\rho'$ になったときの変化を ρ' の2次まで求めなければならない．$\rho\varepsilon$ を $\rho=\rho_0$ のまわりでテイラー展開しよう．

$$\rho\varepsilon\cong\rho_0\varepsilon_0+\left.\frac{\partial\rho\varepsilon}{\partial\rho}\right|_{\rho=\rho_0}\rho'+\frac{1}{2}\left.\frac{\partial^2\rho\varepsilon}{\partial\rho^2}\right|_{\rho=\rho_0}\rho'^2 \tag{5.17}$$

音波にともなう変化は断熱可逆的に生じると考えているから，内部エネルギーの変化は圧力のする仕事による．したがって，

$$\frac{\partial\rho\varepsilon}{\partial\rho}=\varepsilon+\rho\frac{\partial\varepsilon}{\partial\rho}=\varepsilon+\frac{1}{\rho}P$$

$$\frac{\partial^2\rho\varepsilon}{\partial\rho^2}=\frac{1}{\rho^2}P-\frac{1}{\rho^2}P+\frac{1}{\rho}\frac{\partial P}{\partial\rho}=\frac{1}{\rho^2\kappa}$$

これらを(5.17)に代入すると

$$\rho\varepsilon=\rho_0\varepsilon_0+\left(\varepsilon_0+\frac{1}{\rho_0}P_0\right)\rho'+\frac{1}{2}\frac{c^2}{\rho_0}\rho'^2 \tag{5.18}$$

ただし音速の表式(5.8)を使った．運動エネルギー密度とあわせてエネルギー密度

$$\rho_0\varepsilon_0+\left(\varepsilon_0+\frac{P_0}{\rho_0}\right)\rho'+\frac{1}{2}\rho_0\boldsymbol{v}^2+\frac{1}{2}\frac{c^2}{\rho_0}\rho'^2 \tag{5.19}$$

が得られる．第1項は静止している流体の内部エネルギーであるが，弦や膜の振動のときとちがって2次の項以外にρ'に比例する項がある．この項は，ある点で流体のエネルギーが密度のゆらぎρ'とともに増えたり減ったりすることを表わしている．しかしρ'は正になったり負になったりするからこの項は音波の周期より長い時間にわたって時間平均すると0になる．あるいは波長に比べて大きな領域のなかのエネルギーを計算するときにはやはり平均されて0になる．したがって音波にともなうエネルギー密度としては

$$\mathscr{E}=\frac{1}{2}\rho_0\boldsymbol{v}^2+\frac{1}{2}\frac{c^2}{\rho_0}\rho'^2 \tag{5.20}$$

をとればよい．

エネルギーの流れの密度(3.40)を同様にして2次の近似で求めると

$$\left(\varepsilon_0+\frac{P_0}{\rho_0}\right)\rho\boldsymbol{v}+c^2\rho'\boldsymbol{v}$$

となる．第1項はちょうど(5.19)の第2項に相当するもので，それらの間だけで保存則が成り立つことが連続の方程式からただちに示される(ただし変化する量の2次の項まで正しい近似を用いなければならない)．したがって音波にともなうエネルギーの流れの密度は

$$\boldsymbol{j}_{\mathcal{E}} = c^2\rho'\boldsymbol{v} \tag{5.21}$$

である．(5.20)と(5.21)は保存則 $\partial\mathcal{E}/\partial t+\mathrm{div}\,\boldsymbol{j}_{\mathcal{E}}=0$ をみたす．

進行波の解(5.7)の場合に計算すると

$$\begin{aligned} \mathcal{E} &= \rho_0 c^2(\rho'/\rho_0)^2 \\ j_{\mathcal{E}x} &= \rho_0 c^3(\rho'/\rho_0)^2 = c\mathcal{E} \end{aligned} \tag{5.22}$$

となり，進行波の場合，音速 c でエネルギーが流れることがわかる．

音波にともなうエネルギーがどのくらいの大きさかを調べておこう．(5.22)の時間平均をとると三角関数の2乗の平均は1/2に等しいから，(5.7)のように ρ' の振幅を $\rho_0 A$ とすると

$$\overline{\mathcal{E}} = \frac{1}{2}\rho_0 c^2 A^2$$

になる．空気中の音波の場合だと

$$\begin{aligned} \overline{\mathcal{E}} &= \frac{1}{2}(1.29\,\mathrm{kg/m^3})(331\,\mathrm{m/s})^2 A^2 \\ &= 7.07\times 10^4 A^2 \quad (\mathrm{J/m^3}) \end{aligned} \tag{5.23}$$

で与えられる．ふつう，音の強さ I は単位時間に単位面積($\mathrm{m^2}$)を通るエネルギーの流れで表わされる．(5.22)から，それは上の式に音速をかければよい：

$$I = 2.34\times 10^7 A^2 \quad (\mathrm{W/m^2}) \tag{5.24}$$

人間の聴覚には同じ振動数の音であれば強さ I と $10I$ の音の大きさの差は，$10I$ と $100I$ の差と同じにきこえる．したがって標準の音の強度 $I_0=10^{-12}\,\mathrm{W/m^2}$ との比の常用対数をとったデシベル(decibel)dBという単位が用いられることが多い：

$$1\,\mathrm{dB} = 120+10\log_{10}(I/[\mathrm{W\cdot m^{-2}}]) \tag{5.25}$$

1000 Hz くらいの音で0デシベルすなわち標準の強度 I_0 とはやっときこえるくらいの音の強さであり，100デシベル以上は強い騒音になる．

この節を終える前に，音波にともなう流体の運動についてふれておこう．質量の流れは $\boldsymbol{j}=\rho\boldsymbol{v}$ (3.11)によって与えられる．いまの場合，上と同じ近似では

$$\boldsymbol{j} = (\rho_0+\rho')\boldsymbol{v} = \rho_0\boldsymbol{v}+\rho'\boldsymbol{v}$$

となる．第1項はたしかに往復する流れを表わすが，エネルギーの流れ(5.21)に対応する第2項は時間平均をとっても消えない．実際，(5.7,9)を代入すると第2項は，$\rho_0 c A^2 \cos^2(kx-\omega t)=\rho_0 c A^2[\cos 2(kx-\omega t)+1]/2$ となり，2ω で振動する項の他に，音波の進行方向に $\rho_0 c A^2/2$ の流れがあることになる．この流れは2次流とよばれるが，現実に音波が伝わるときこのような流体自身の移動をともなうかどうかは個々の場合によって異なる(例題1参照)．移動が許されないときには速度場にこれを打ち消す項を付け加えておけばよい．前節の例では(5.9)の代りに $v=c\rho'/\rho_0-cA^2/2$ とする．いずれにせよこの項は振幅の2乗に比例し，普通の音波の問題ではきわめて小さく，以下の議論では無視して差し支えない．

例題1　平板の振動による音波．流体のなかで無限に大きな平板(yz 面にとる)が x 方向に $X=a\sin\omega t$ の微小振動をする．ただし X は平板の x 座標．このとき x の正方向に伝わる平面波の音波を求めよ．

［解］　平板の速度は

$$\frac{dX}{dt} = a\omega\cos\omega t$$

であり，板に接する流体の速度はこれに等しくなければならない(以下 v_x を v と書く)．板の位置は X であるから，

$$v(X(t),t) = v(a\sin\omega t, t) = a\omega\cos\omega t$$

a は小さいから，左辺を展開すると

$$v(0,t)+\left.\frac{\partial v}{\partial x}\right|_{x=0} a\sin\omega t+\cdots = a\omega\cos\omega t$$

となる．したがって最低次では $v(0,t)=a\omega\cos\omega t$ が境界条件である．前節の(5.7,9)を使うと

$$v(x,t) = a\omega\cos(kx-\omega t)$$

が求める解となる．この場合音の強さは(5.24)に $A=a\omega/c$ を代入すればよい．

なお，a の2次までの精度で上の条件をみたすには，左辺第2項に $\partial v/\partial x=-a\omega k\sin(kx-\omega t)$ を使えばよい．そうすると

$$v(0,t)+a^2\omega k\sin^2\omega t = a\omega\cos\omega t$$

すなわち

$$v(0,t) = a\omega\cos\omega t-\frac{1}{2}a^2\omega k+\frac{1}{2}a^2\omega k\cos 2\omega t$$

時間によらない第2項は，流体の移動を打ち消す項が速度場に付け加えられなければならないことを意味する．なお円柱や球が振動するときには2次流が生じる．▎

問　題

1. 音圧，すなわち音波にともなう圧力変化 P' の振幅が $1\times10^{-3}\,\mu\mathrm{bar}=1\times10^{-9}\,\mathrm{bar}$ のときの空気中の音の強さを求めよ．

2. 空気中の 100 Hz の音で，変位の振幅(平板が振動して発生する音波では，平板の振幅と考えてよい)が 0.01 mm のときの音の強さを求めよ．

5-3　音波の一般的な取り扱い，固有振動

5-1節では無限に広がった流体中の平面波だけを考察したが，ここでは速度ポテンシャルを使って，もっと一般的な場合が取り扱えるようにしよう．まずオイラーの方程式(3.22)で $(\boldsymbol{v}\cdot\nabla)\boldsymbol{v}$ という非線形項を無視すると(外力はないとする)，

$$\partial\boldsymbol{v}/\partial t = -\nabla P/\rho_0$$

となるから，両辺の回転をとると

$$\partial\boldsymbol{\omega}/\partial t = 0$$

($\boldsymbol{\omega}=\mathrm{rot}\,\boldsymbol{v}$)である．3-8節で示したとおり始めにどこでも $\boldsymbol{\omega}=0$ であれば流れはいつも渦なしのポテンシャル流である．したがって音波にともなう流れはいつもポテンシャル流であると考えてよい．それゆえ速度ポテンシャル ϕ による記述ができる．3-9節でポテンシャル流のときにはオイラー方程式が一度積分できて

$$\frac{\partial \phi}{\partial t}+\frac{1}{2}\boldsymbol{v}^2+w = \text{const.} \tag{5.26}$$

となることを示した(3.55)．線形近似では第2項は省略でき，また(3.49)で定義された w はいまの場合

$$w = w_0+\frac{1}{\rho_0}\frac{dP}{d\rho}\rho' = w_0+\frac{c^2}{\rho_0}\rho'$$

である．(5.26)式の右辺の定数は，音波がないときの w_0 に等しいから，結局

$$\frac{\partial \phi}{\partial t}+\frac{c^2}{\rho_0}\rho' = 0 \tag{5.27}$$

が得られる．この式のグラジエントをとったものが前に使った(5.5 b)である．連続の方程式は $\boldsymbol{v}=\nabla\phi$ であるから

$$\frac{\partial \rho'}{\partial t}+\rho_0\nabla^2\phi = 0 \tag{5.28}$$

上の2つの式から ρ' を消去して

$$\boxed{\nabla^2\phi-\frac{1}{c^2}\frac{\partial^2\phi}{\partial t^2} = 0} \tag{5.29}$$

という波動方程式が導かれる．これを与えられた境界条件の下で解いて ϕ が求まると，速度場は $\nabla\phi$ で，密度の変化は(5.27)により $-\dfrac{\rho_0}{c^2}\dfrac{\partial \phi}{\partial t}$ で，そして圧力の変化は

$$P-P_0 = -\rho_0\frac{\partial \phi}{\partial t} \tag{5.30}$$

で与えられる．エネルギー密度は前節(5.20)から

$$\mathcal{E} = \frac{1}{2}\rho_0\left[(\nabla\phi)^2+\frac{1}{c^2}\left(\frac{\partial \phi}{\partial t}\right)^2\right] \tag{5.31}$$

そしてエネルギーの流れの密度(5.21)は

$$\boldsymbol{j}_{\mathcal{E}} = -\rho_0\frac{\partial \phi}{\partial t}\nabla\phi \tag{5.32}$$

というきれいな形になる．

第2章で1次元および2次元の波動方程式の解を考察したが，そこで述べた

ことは基本的にはすべて3次元の波動方程式(5.29)にもあてはまる．たとえば平面波の解は3次元でも同じ形(2-8節を参照)

$$\phi(x, y, z, t) = Ae^{i(\boldsymbol{k}\cdot\boldsymbol{r}-\omega t)} \tag{5.33}$$

である．ただ波数ベクトルはもちろん3次元ベクトル $\boldsymbol{k}=(k_x, k_y, k_z)$ であり，大きさは

$$|\boldsymbol{k}| = \omega/c$$

に等しい．

音波の場合にも与えられた境界条件のもとで波動方程式を解くという問題が多い．弦の場合に両端を固定すると，特定の振動数の固有振動だけが生じる．同様に壁にかこまれた流体中の音波は固有振動モードをもつ．一例として円筒のなかの固有振動を取り上げよう．笛とかパイプオルガンがそのよい例である．円筒自体は振動したりせずいつも静止しているとすると，なかの流体の速度の壁に垂直な成分は0でなければならない．また円筒の端が開いていて外の流体(空気)につながっている場合には，そこでの圧力はいつも一定(外気圧)とみなしてよい(これは近似的にしか成り立たなく，実際には補正が必要である)．い

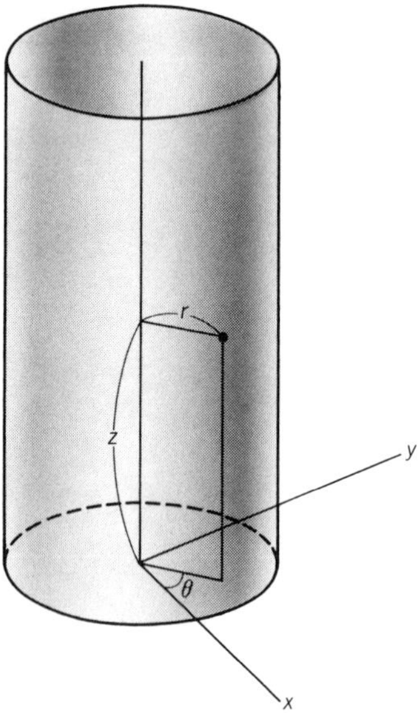

図5-3 円筒のなかに円柱座標をとる．

ずれにせよ境界条件は円筒の表面(内側)で与えられるから，座標として円柱座標をとるのがもっとも便利である(図5-3)．2次元の波動方程式を2次元の極座標で表わした結果(2.71)を使えば，$\phi(r,\theta,z,t)$ に対する波動方程式は

$$\frac{1}{r}\frac{\partial}{\partial r}\left(r\frac{\partial\phi}{\partial r}\right)+\frac{1}{r^2}\frac{\partial^2\phi}{\partial\theta^2}+\frac{\partial^2\phi}{\partial z^2}-\frac{1}{c^2}\frac{\partial^2\phi}{\partial t^2}=0 \tag{5.34}$$

となることがわかる．ある振動数 $\omega=kc$ の解を求めよう．ϕ が

$$\phi = F(r,\theta)Z(z)e^{-i\omega t} \tag{5.35}$$

という積の形であるとして(5.34)に代入し，結果を ϕ でわると

$$\frac{1}{F}\left\{\frac{\partial^2}{\partial r^2}+\frac{1}{r}\frac{\partial}{\partial r}+\frac{1}{r^2}\frac{\partial^2}{\partial\theta^2}\right\}F+\frac{1}{Z}\frac{d^2Z}{dz^2}+k^2=0 \tag{5.36}$$

となる．第2項は z だけの関数であり，r,θ と z は独立に変えられるから，この式が成り立つためにはそれが定数でなければならない．その値を $-k_z{}^2$ としよう：

$$\frac{1}{Z}\frac{d^2Z}{dz^2}=-k_z{}^2 \tag{5.37}$$

これを(5.36)に代入すると

$$\left\{\frac{\partial^2}{\partial r^2}+\frac{1}{r}\frac{\partial}{\partial r}+\frac{1}{r^2}\frac{\partial^2}{\partial\theta^2}\right\}F+(k^2-k_z{}^2)F=0 \tag{5.38}$$

という式が得られる．これは2-8節で円形の膜を扱ったときに出てきた方程式(2.73)と同じ形をしている．

このようにして z 方向の変化が分離されたから，まず $Z(z)$ を定めよう．両端が閉じている円筒の中の固有振動を求める．境界条件は $v_z(r,\theta,0)=v_z(r,\theta,L)=0$ であるから，

$$\frac{dZ}{dz}=0 \qquad (z=0,L) \tag{5.39}$$

である．(5.37)の解でこれをみたすのは

$$Z=A\cos k_z z,\qquad k_z=\pi n/L \qquad (n=1,2,\cdots) \tag{5.40}$$

すなわち波長が $2L, L, 2L/3, \cdots$ に等しい定在波である(図5-4)．円筒の一端が開いているときにはそこで圧力の変化がないという境界条件であり，許される

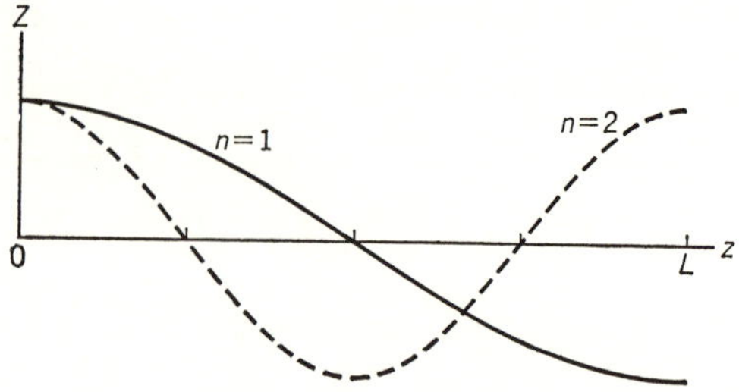

図 5-4 両端が閉じている円筒の固有振動.

波長は $4L, 4L/3, \cdots$ となる(問題 1).

こうして定まった k_z の値を(5.38)に代入し，F を求めるのが次の問題となる．これは 2-8 節で扱った太鼓の膜の振動と似た問題であるが，太鼓の場合周辺で $F=0$ であったが，今度は $v_r(a,\theta,z)=0$，すなわち

$$\left.\frac{\partial F}{\partial r}\right|_{r=a} = 0$$

である．たとえば角度 θ によらない解は 2-8 節で述べたように 0 次のベッセル関数に比例する：$F=A'J_0(\sqrt{k^2-{k_z}^2}r)$．したがって

$$(dJ_0(\sqrt{k^2-{k_z}^2}r)/dr)_{r=a} = 0$$

となるような $\sqrt{k^2-{k_z}^2}$ の値が許される．すなわち図 2-25 で J_0 が極大極小になる値 $0, 3.8, \cdots$ に $\sqrt{k^2-{k_z}^2}a$ が等しければよい．

笛のように細いパイプの場合 $(L\gg a)$，低い振動数の固有振動は $k=k_z$，すなわち z 方向にのみ変化する $F=$一定 の解である．このとき速度ポテンシャルは(5.35)から

$$\phi(z) = A\cos kze^{-i\omega t}$$

となり，音波にともなう流れは z 方向だけでしかも円筒の断面で一様である．v_z と密度の変化 ρ' とは

$$v_z = -kA\sin kz\cos\omega t$$

$$\rho' = \frac{\rho_0}{c}kA\cos kz\sin\omega t$$

で与えられ，図 5-5 のようになる．速度がどこでも 0 になったとき密度したが

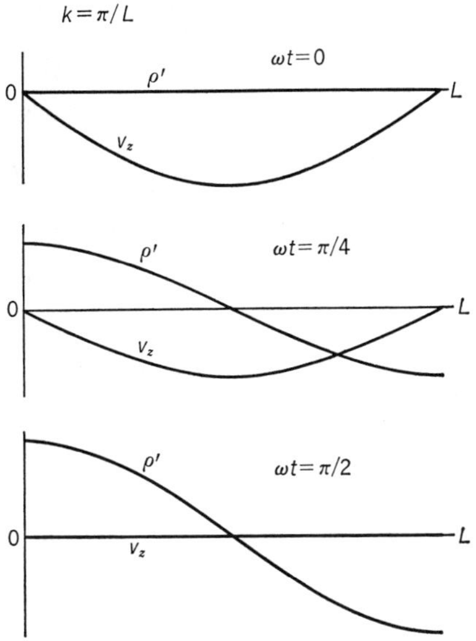

図 5-5　笛のように細いパイプの固有振動.

って圧力はどの場所でももっとも大きな変化を示す.

問　　題

1.　細いパイプで一端が開いているときの固有振動の波長は，$4L/n$ であることを示せ．ただし n は奇数.

2.　両端が閉じている細いパイプのなかの音波の基本振動数を 440 Hz にするには長さをいくらにすればよいか．また 0°C と 20°C とでどれだけ違うか.

5-4　音波の放出

われわれの世界はさまざまな音に満ちており，その発生源もまた多種多様である．スピーカーのコーンやピアノの響板のような物体が振動したり，また爆発のように急に体積の変化があると音波が放出される．小さな穴から空気が流れ出すときのように固体の振動がなくても流れ自身が振動を始め音源になる場合もある．ここでは音源のうちもっとも簡単な形，いわゆる**単極放出**(monopole emission)を考察する．湧き出し口から等方的に流れ出る流量 Q が時間的に変化する場合であって，球形の物体(泡であってもよい)が流体のなかにあり，その半径が周期的に変化するとか，爆発などがその例である．また後で見るように点源からの放出を適当に重ね合わせることによってもっと複雑な放出の機構が議論できる．

球面波　原点に音源があってそこからどの方向にも等しく広がる等方的な波を求めよう．このとき ϕ は原点からの距離 r と時間 t だけの関数であるから，(5.29)は

$$\frac{\partial^2\phi}{\partial r^2}+\frac{2}{r}\frac{\partial\phi}{\partial r}-\frac{1}{c^2}\frac{\partial^2\phi}{\partial t^2}=0 \tag{5.41}$$

となる．4-2節で述べたように，最初の2項は $(1/r)\partial^2(r\phi)/\partial r^2$ とまとめられるから，上式は

$$\frac{\partial^2(r\phi)}{\partial r^2}-\frac{1}{c^2}\frac{\partial^2(r\phi)}{\partial t^2}=0 \tag{5.42}$$

と書き直される．$f\equiv r\phi$ とおくとこれは第2章で扱った1次元の波動方程式と同じ形である．したがって2-3節で述べたように，f を任意の関数として

$$f(t-r/c) \quad \text{あるいは} \quad f(t+r/c)$$

が解である．$f(t-r/c)$ は時間とともに広がる波，$f(t+r/c)$ は収縮する波を表わしている．ここでは音源から広がる波に興味があるから，$f(t-r/c)$ の形の解を選ぶことにしよう．そうすると

$$\phi(r,t)=\frac{f(t-r/c)}{r} \tag{5.43}$$

が求める解である．これは($f(t+r/c)$ も含めて) ϕ の大きさ，すなわち波の振幅が等しい面が球面になっているから**球面波**(spherical wave)とよばれる(図5-6)．1次元のダランベールの解では同じ波形が進行するが，球面波では広がるにつれて $1/r$ で大きさが減少する．(5.43)のような簡単な形の解があるのは1次元と3次元であって2次元ではもっと複雑(ベッセル関数)になることを注意

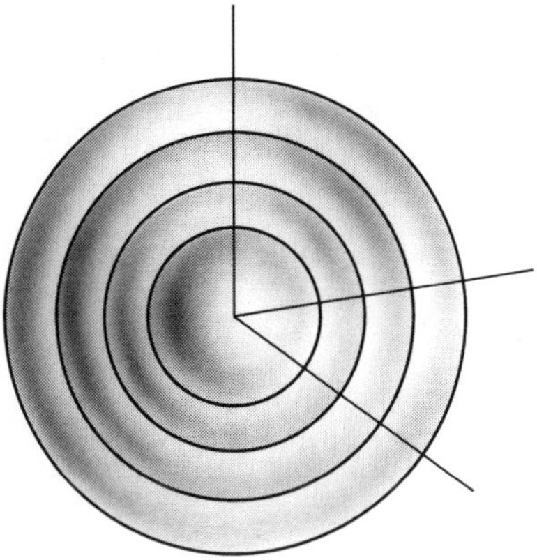

図 5-6　振幅の等しい面が球面になっている波を球面波という.

しておく.

上の解(5.43)で f が定数であれば 4-2 節で考察した湧き出しからの定常流の解に一致し，$-4\pi f$ は単位時間あたりの流量に等しい．定数でないときにも f が流量に関係していることを示そう．半径方向の速度は

$$v_r(r,t) = \frac{d\phi}{dr} = -\frac{f}{r^2} - \frac{1}{c}\frac{f'}{r}$$

である $(f'=df(x)/dx)$ から，半径 r の球面を単位時間に横切る流体の体積は

$$4\pi r^2 v_r = -4\pi f - 4\pi r f'/c \tag{5.44}$$

に等しい．f' の大きさがいつも有限であるような関数であれば，半径 r を小さくしていったとき第 2 項は無視できる．したがって $-4\pi f(t)$ がやはり原点から時刻 t に湧き出る流量(単位時間に流れだす流体の体積．質量は ρ_0 をかければよい)なのである．それをあらためて $Q(t)$ として(5.43)を書きなおすと

$$\phi(r,t) = -\frac{Q(t-r/c)}{4\pi r} \tag{5.45}$$

が，原点に時間的に変化する湧き出しのあったときの(線形近似での)速度ポテンシャルとなる．r/c は距離 r を音波が進む時間であることに注意しよう．ある時刻に r のところで観測する流れは <u>r/c 時間前の</u>湧き出しの強さによってきまっていることを上の式は表わしている．このことを**遅延効果**(retardation effect)とよぶ.

ある振動数 ω で Q が時間変化している場合を考えよう．第2章で述べた通り，重ね合わせが許されるとき，すなわち(5.29)のような線形の波動方程式に従う量を扱うときには複素表示を使うのが便利である．それで $Q(t)=Q_0e^{-i\omega t}$ とおくと，(5.45)の ϕ は

$$\phi(r,t)=\phi_\omega(r)e^{-i\omega t}, \qquad \phi_\omega(r)=-\frac{Q_0}{4\pi r}e^{ikr} \tag{5.46}$$

となる($k=\omega/c$)．これが単色の球面波を表わす速度ポテンシャルである．半径 r のところでの速度 $v_r(r)$ はこれを r で微分して

$$v_r(r)=\mathrm{Re}\frac{Q_0}{4\pi}\left(\frac{1}{r^2}-\frac{ik}{r}\right)e^{i(kr-\omega t)} \tag{5.47}$$

となる．記号 Re は実部をとることを意味する．$1/r^2$ に比例する第1項は

$$\frac{Q_0\cos(kr-\omega t)}{4\pi r^2}$$

と，定常的に湧き出すときとまったく同じ形をしているが，Q の微分から

$$\frac{kQ_0\sin(kr-\omega t)}{4\pi r}$$

という，$1/r$ に比例する項が現われることに注意しなければならない．もし流体自身が湧き出しから広がっていくのであれば，連続の方程式(質量保存)から $v_r\propto 1/r^2$ になってしまう(4-2節)．したがってこの項は圧力という流体要素間の力(相互作用)によって伝えられる変化，すなわち音波にともなう流れを表わしている．圧力の変化は(5.30)から

$$P-P_0=-\mathrm{Re}\,\rho_0\frac{iQ_0\omega}{4\pi r}e^{i(kr-\omega t)} \tag{5.48}$$

となり，やはり $1/r$ に比例する(ベルヌーイの定理による項 $v^2/2$ はいま無視している)．最後にエネルギー密度の時間平均，すなわち(5.31)の平均を求めると

$$\overline{\mathcal{E}}=E(r)=\frac{\rho_0}{4}\left(\frac{Q_0}{4\pi}\right)^2\frac{1}{r^4}+\frac{\rho_0}{2}\left(\frac{Q_0}{4\pi}\right)^2\frac{\omega^2}{c^2r^2} \tag{5.49}$$

となる．音波にともなうエネルギー密度は第2項であり，たしかに球面状に波

が広がるときに期待される球面の面積に逆比例する形をしている．それに対し，たんに点源からの流れのエネルギー密度である第1項は $1/r^4$ に比例することに注意しよう．(5.47)および(5.49)から r が波長に比べて大きいところ，すなわち

$$r \gg 1/k = c/\omega$$

では音波にともなう第2項だけが残る．このような領域のことを**波動帯**(wave zone)という．波動帯での音波の強度は(5.49)の第2項に c をかけて

$$I_\omega(r) = \frac{\rho_0}{2}\left(\frac{Q_0}{4\pi}\right)^2 \frac{\omega^2}{cr^2} \qquad (5.50)$$

となる．

次にもうすこし複雑な音波の放出機構を考察しよう．4-2節で同じ強さの湧き出し口と吸い込み口が近接してあるときの流れを求めたが，それに相当することを音源について行なってみる．$Q(t)$ と $-Q(t)$ の点源が $\boldsymbol{a}/2$ と $-\boldsymbol{a}/2$ にあるとしよう(図5-7)．(5.45)式の r は点源から観測している点までの距離であるから，いまの場合は $|\boldsymbol{r}\mp\boldsymbol{a}/2|$ となる．2つの点源による速度ポテンシャルは和

$$\phi(\boldsymbol{r},t) = -\frac{Q(t-|\boldsymbol{r}-\boldsymbol{a}/2|/c)}{4\pi|\boldsymbol{r}-\boldsymbol{a}/2|} + \frac{Q(t-|\boldsymbol{r}+\boldsymbol{a}/2|/c)}{4\pi|\boldsymbol{r}+\boldsymbol{a}/2|} \qquad (5.51)$$

で与えられる．特に振動数 ω の単色波の場合を考えよう：$Q(t)=Q_0e^{-i\omega t}$．一般の場合は複雑になるから，間隔 a に比べてはるかに大きな距離のところでの音

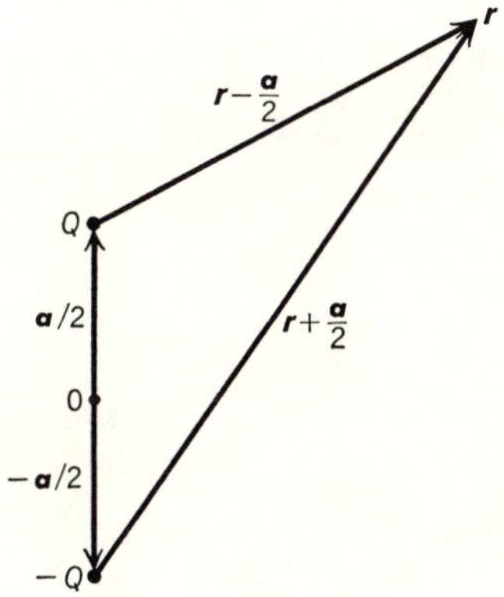

図5-7 点源 $Q(t)$ と $-Q(t)$ が $|\boldsymbol{a}|$ だけ離れたところにある．

波を調べる．すなわち a のベキについて展開し，1次の項だけ残すことにする．第1項は

$$\frac{e^{ik|\boldsymbol{r}-\boldsymbol{a}/2|}}{|\boldsymbol{r}-\boldsymbol{a}/2|} \cong \left(\frac{1}{r}+\frac{(\boldsymbol{r}\cdot\boldsymbol{a})}{2r^3}\right)e^{ikr}\left(1-\frac{ik}{2r}(\boldsymbol{r}\cdot\boldsymbol{a})\right)$$

$$\cong \frac{1}{r}e^{ikr}+\frac{(\boldsymbol{r}\cdot\boldsymbol{a})}{2r^3}e^{ikr}-\frac{ik(\boldsymbol{r}\cdot\boldsymbol{a})}{2r^2}e^{ikr} \tag{5.52}$$

結果を整理すると

$$\phi(r,t) = -\frac{Q_0}{4\pi}\frac{(\boldsymbol{r}\cdot\boldsymbol{a})}{r^3}[1-ikr]e^{i(kr-\omega t)} \tag{5.53}$$

が得られる．前述の単極放出と同様に，速度場に $1/r^2$ に比例する項と $1/r$ に比例する項がある．波動帯では後者だけを問題にすればよい．前と異なるのは $(\boldsymbol{r}\cdot\boldsymbol{a})/r$ という角度の因子があることである 波動帯での音波の強度を求めると((5.32)の大きさの時間平均)，$1/r^2$ に比例する項は

$$I_\omega(r) = \frac{\rho_0}{2}\left(\frac{Q_0}{4\pi}\right)^2\frac{\omega^2k^2a^2}{cr^2}\cos^2\theta \tag{5.54}$$

となる．ただし θ は $\boldsymbol{r}$ と $\boldsymbol{a}$ との間の角である．単極放出の式(5.50)と比べると，$\cos^2\theta$ という角度因子があり，$(ka)^2$ だけ大きさが小さくなっている．これによると双極子の方向にもっとも音波の強度が大きい．なお ω で振動する双極子による電磁波の強度は，$I_\omega(r)=d^2\omega^4\sin^2\theta/8\pi c^3r^2$ であり，角度分布だけが音波の場合と異なっている(d は双極子能率の大きさ)．

流体のなかで固体の球が振動するときの音波の放出は，双極放出となる．

例題1 図5-8のように点源からパルス的に流体が流れ出したとする．点源から距離 R はなれたところで観測する流れは，どのような時間変化をするか．1次元の場合と比較せよ．

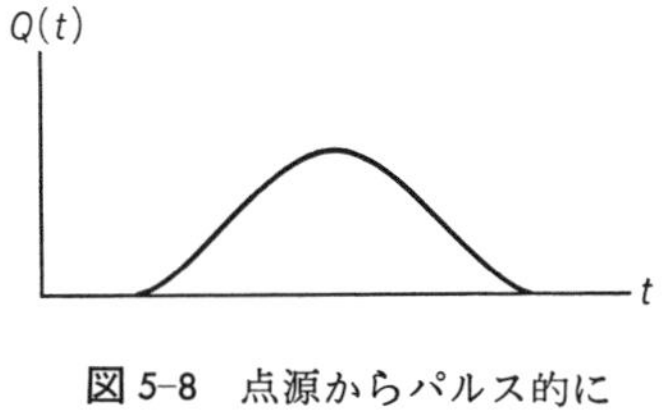

図5-8 点源からパルス的に流れ出した流体．

［解］ (5.45)から，$r=R$ の点で球面の単位面積を通る流体の質量は，単位時間あたり

$$J = \frac{\rho_0}{4\pi}\left[\frac{Q(t-R/c)}{R^2}+\frac{1}{cR}\frac{dQ(t-R/c)}{dt}\right] \tag{5.55}$$

である．第1項は点源からの流れと同じ形であるが，第2項は図5-9のように初め正であるが後に負になり，積分すると0になる．すなわち初め流れ出し，後で出た分だけもとにもどる．第2項は点源からパルス的に流れ出したために励起された音波にともなう流れであって，R が充分大きいところ，つまり波動帯では第1項よりも大きくなる．

1次元ではダランベールの解になるから，パルスはそのまま進む．したがって流れは

$$Q(t-R/c)$$

で与えられ，湧き出しでの形と同じである．▌

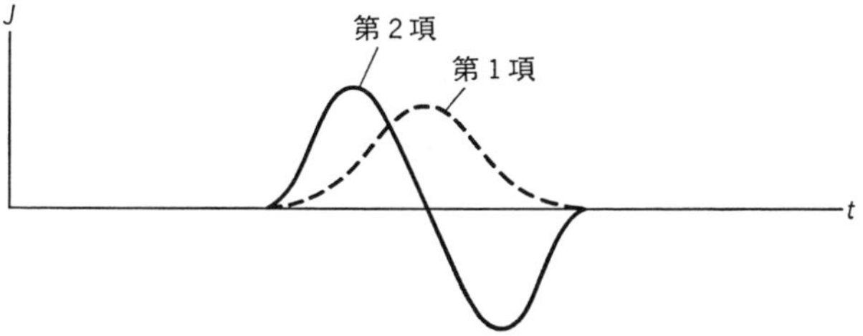

図5-9 (5.55)式に示される流量のグラフ．

問　題

1. たくさん穴をあけた球から空気を $(1+\cos\omega t)/2$ に比例する流量で吹き出すサイレンがある．$\omega=1000$ rad/s で毎秒の流量が $10\,l$ のとき毎秒音波として放出されるエネルギーを求めよ．

5-5 円板による放出

スピーカーを単純化したモデルとして図5-10のように壁(xy 平面)に取りつけられた半径 R の円板が振動するときの音波の放出を考えよう．円板は z 方向に振動数 ω の微小な調和振動をするとする．その速度を $u_z(t)=u_0e^{-i\omega t}$ としよう．$z>0$ に流体があるとし，そこでの音波を問題にする．境界条件は

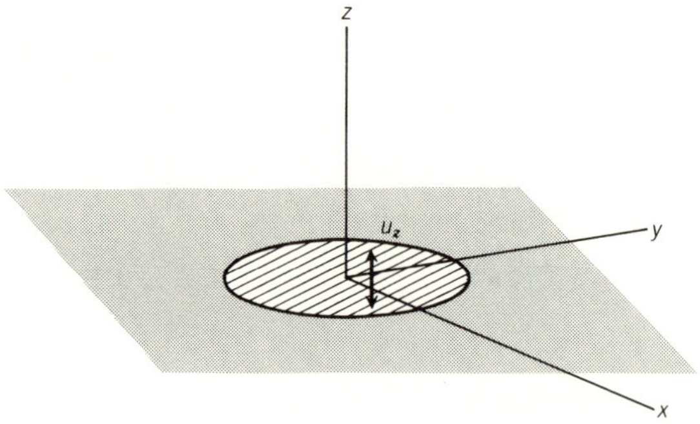

図 5-10 壁に取りつけられた円板の振動.

$$v_z = 0 \qquad (\sqrt{x^2+y^2}>R,\ z=0)$$
$$v_z = u_z \qquad (\sqrt{x^2+y^2}\leqq R,\ z=0) \tag{5.56}$$

である．この境界条件をみたす流れを前節の結果を利用してつくることができるかどうかを考えてみよう．原点に点源をおいたとき xy 面上では原点を除いて $v_z=0$ であった．xy 面上にあればどこに置いても同じことがいえる．したがって円板上に点源を一様に置けばよさそうである．この考えを検討してみよう．円板上に単位面積あたり $q(t)$ の湧き出しが一様に分布しているとする．速度ポテンシャルは(5.45)で $Q(t)$ を $qdx'dy'$ でおきかえ，円板の面積にわたって積分すればよい．ただし r は $(x', y', 0)$ から観測点 (x, y, z) までの距離としなければならない．したがって

$$\phi(\boldsymbol{r}, t) = -\frac{q_0}{4\pi}\int_S \frac{1}{|\boldsymbol{r}-\boldsymbol{r}'|}e^{i(k|\boldsymbol{r}-\boldsymbol{r}'|-\omega t)}dx'dy' \tag{5.57}$$

ここで $q(t)=q_0e^{-i\omega t}$ とおいた．

最初に境界条件をこれでみたすことができるかどうかを調べよう．速度の z 成分は，$z'=0$ であるから

$$v_z(\boldsymbol{r}, t) = \frac{q_0}{4\pi}\int_S\left[\frac{z}{|\boldsymbol{r}-\boldsymbol{r}'|^3}-ik\frac{z}{|\boldsymbol{r}-\boldsymbol{r}'|^2}\right]e^{i(k|\boldsymbol{r}-\boldsymbol{r}'|-\omega t)}dx'dy' \tag{5.58}$$

である．円板上での値が必要なのであるから $z\to0$ とすればよい．そうすると(5.58)の［　］の中の分子 z のために v_z は0になりそうである．しかしここで

$$|\boldsymbol{r}-\boldsymbol{r}'| = \{(x-x')^2+(y-y')^2+z^2\}^{1/2} \tag{5.59}$$

であるから，$z=0$ とすると $x'=x$, $y'=y$ のところで分母が 0 になることに注意しなければならない．$x'=x$, $y'=y$ を含まない領域からの積分への寄与は 0 であるから，その近くでの積分を評価してみよう．xy 面上で点 (x, y) を原点にとって $r'=\sqrt{x'^2+y'^2}$ とすると，この点の近くで積分は

$$2\pi\int_0^{\bar{r}}\left[\frac{z}{(r'^2+z^2)^{3/2}}-ik\frac{z}{r'^2+z^2}\right]r'dr'$$

となる．ただし指数関数は $|\boldsymbol{r}-\boldsymbol{r}'|$ が 0 の近くを考えているから 1 で近似した．また積分の上限 $\bar{r}$ は適当にえらんだ．積分を行なうと

$$2\pi\left[-\frac{z}{(r'^2+z^2)^{1/2}}-\frac{ikz}{2}\log(r'^2+z^2)\right]_0^{\bar{r}}$$

となる．$z\to 0$ にすると第 2 項は 0 になり第 1 項から 2π が残る．とくに上限 $\bar{r}$ からの寄与は 0 になるから $\bar{r}$ の値によらないことに注意しよう．したがって (x, y) が円板上にあれば，$z\to 0$ のときの v_z の値はつねに $v_z=q_0/2$ になる．したがって境界条件は

$$q_0 = 2u_0 \tag{5.60}$$

ととればみたされることがわかった．

q_0 が定まったから (5.57) からいろいろな量が求められる．前の例と同じく円板の半径に比べて大きな距離のところでの音波に話を限ると $(r\gg R)$,

$$|\boldsymbol{r}-\boldsymbol{r}'| \cong r-\boldsymbol{r}\cdot\boldsymbol{r}'/r \tag{5.61}$$

と近似できるから，(5.57) は

$$\phi(\boldsymbol{r}, t) = -\frac{u_0}{2\pi}\frac{e^{i(kr-\omega t)}}{r}\int_S e^{-ik\boldsymbol{r}\cdot\boldsymbol{r}'/r}dx'dy' \tag{5.62}$$

となる (R/r のていどの項は無視した．$|\boldsymbol{r}'|\leqq R$ であることを使う)．積分は極座標で表わすと

$$\int_0^R\int_0^{2\pi} e^{-ik\sin\theta\cdot r'\cos(\varphi'-\varphi)}r'dr'd\varphi'$$

となる．$\varphi'-\varphi$ を積分変数にとってもよいから，この積分は φ によらない．$r'/R=\rho$ を変数にとると

$$\phi(\boldsymbol{r},t) = -\frac{u_0R^2}{2}\frac{e^{i(kr-\omega t)}}{r}f(kR\sin\theta)$$
$$f(\alpha) \equiv \frac{1}{\pi}\int_0^1\int_0^{2\pi} e^{-i\alpha\rho\cos\varphi}\rho d\rho d\varphi \tag{5.63}$$

が得られる．もし f が定数ならこれは 5-4 節で扱った単極放出と同じになることに注意しよう．($kR=0$ とする，つまり円板に分布していた湧き出しを全部原点に集めると $f=1$ となり，$2u\cdot 2\pi R^2=Q$ の点源となる.) f という因子は円板の各点から $\boldsymbol{r}$ への距離が異なるために各点からの音波が異なった位相でもって重ね合わされる効果を表わしている．$f(\alpha)$ はベッセル関数で表わされるが ($f=2J_1(\alpha)/\alpha$)，ここではその図だけを示しておこう (図 5-11)．音波の強度は f^2 に比例する．上に述べたように波長に比べて円板の半径が小さいと ($kR\ll 1$)，音波はほとんど等方的に放出される．逆に $kR\gg 1$ であれば $\sin\theta$ が $1/kR$ ていどに小さいところ以外では (5.63) の指数関数 (実部の cos 関数) がはげしく正負に振動して積分は 0 になる．すなわち円板に垂直な方向に音波が集中する．空気中の音波の場合，半径 10 cm の円板なら $kR\sim 1$ となるのは 550 Hz くらいである．

上の問題と関係しているのは，図 5-12 のように平面波が円形の穴をもつ壁に入射したときに生じる**回折** (diffraction) の問題である．一般に光や音波など

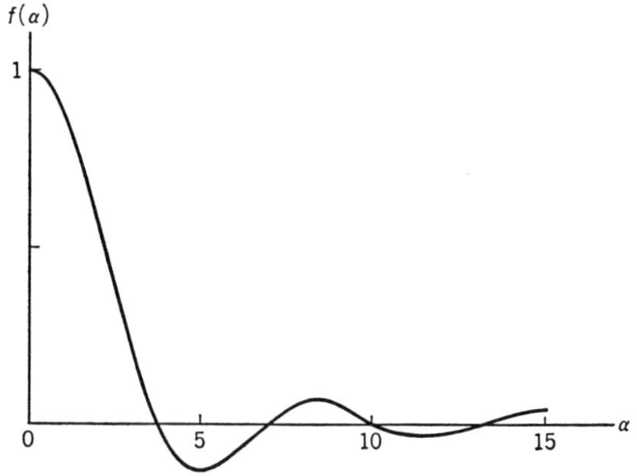

図 5-11　円板からの放出に現われる因子.

すべての波動において進行波が障害物にあたるとき直進せず，影の部分に回りこみ，また強度に大小ができる現象を回折とよぶ．図 5-12 の場合，任意の波長に対して有効な理論はかなりむずかしいが，波長が穴の半径に比べて小さいとき ($kR \gg 1$) には上で得た結果がそのまま使える．波長が短いと，平面進行波が左から進んできたとき穴のところで波面(位相が一定の面)がやはり平面であると考えてよい．すなわち穴に相当する円板上でいつも流体の速度は垂直方向で円板上の位置によらない．したがって境界条件は(5.56)と同じになる．ただし $u_z(t)$ は左からきた平面波による $z=0$ での流速である．穴から遠いところで観測する音波の強度はやはり図 5-11 から求められる．この場合の回折は光学でフラウンホーファー回折とよばれている現象であり，壁の影の部分にリング状に明暗のしまが見られる．

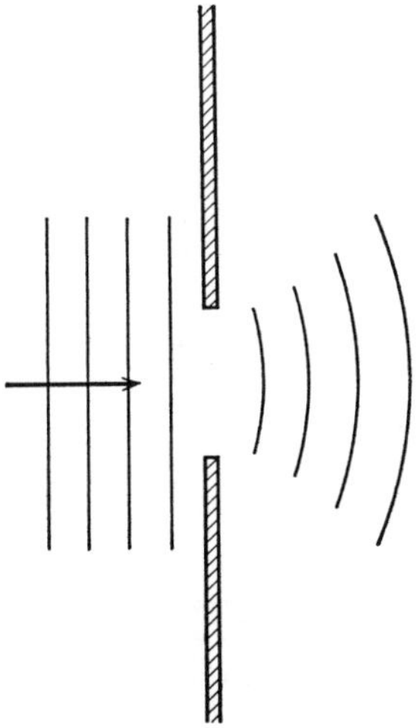

図 5-12 壁の穴に入射した平面波の回折．

問 題

1. 半径 10 cm の円板が振幅 0.1 cm で 100 Hz の振動をしている．円板の中心から垂直線上 4 m の位置での音の強さを求めよ．

5-6 反射と屈折

空気と水のように音速や密度の異なる2つの流体が接しているとき，音波がその境界面に入射すると**反射**(reflection)と**屈折**(refraction)が生じる．音波がないときの境界面は平面であるとし，それを xy 面にとろう．下(上)の流体に関する量を添字1(2)をつけて表わすことにする．流体は両方とも完全流体であると仮定しているから，境界面に平行な速度成分は上下で異なってもよい．流体1が2になったりする(たとえば水蒸気が凝結する)ことがないとすると，境界面の上下する速度がそこでの流体1,2の速度の z 成分に等しいはずである(図5-13)．また境界面で圧力も等しくなければならない．すなわち境界条件は

$$v_{1z}(x,y,0) = v_{2z}(x,y,0), \qquad P_1(x,y,0)-P_0 = P_2(x,y,0)-P_0 \tag{5.64}$$

である．厳密には音波があると境界面は $z=0$ という平面ではなくやはり波うつはずであるが，そのずれは音波の振幅のていどである．振幅を A とすると，たとえば $v_{1z}(x,y,A) \cong v_{1z}(x,y,0)+(\partial v_{1z}(x,y,z)/\partial z)_{z=0}\cdot A$ であり，v_{1z} 自身が微小な振幅 A のていどであるから，第2項は無視してよい．(この補正を考えると音波と境界面の波との結合が生じる.)

それぞれの流体のなかでの振動数 ω の音波を表わす速度ポテンシャルは，c_1, c_2 を音速とすると，波動方程式

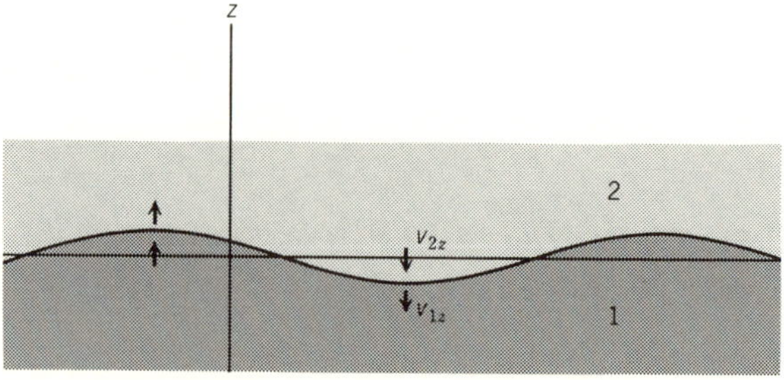

図5-13 密度の異なる2つの流体が接している．

$$\nabla^2\phi_\alpha+\frac{\omega^2}{c_\alpha{}^2}\phi_\alpha=0 \qquad (\alpha=1,2) \tag{5.65}$$

に従う．平面進行波の解は

$$\phi_\alpha=A_\alpha e^{i(\boldsymbol{k}_\alpha\cdot\boldsymbol{r}-\omega t)} \qquad (|\boldsymbol{k}_\alpha|=\omega/c_\alpha,\ \alpha=1,2) \tag{5.66}$$

である．ここで $\boldsymbol{k}_\alpha$ は波数ベクトルで，平面進行波の波面はそれに垂直で，その方向に進行する．いま流体1の方から波数ベクトル $\boldsymbol{k}_1$ の波が入射するとしよう．したがって $k_{1z}>0$ とする．一般には流体2の方へ透過する波と境界面で反射される波とがあるから，速度ポテンシャルを

$$\begin{aligned}\phi_1&=A_1e^{i(\boldsymbol{k}_1\cdot\boldsymbol{r}-\omega t)}+A_1'e^{i(\boldsymbol{k}_1'\cdot\boldsymbol{r}-\omega t)} \qquad (z<0)\\ \phi_2&=A_2e^{i(\boldsymbol{l}_2\cdot\boldsymbol{r}-\omega t)} \qquad (z>0)\end{aligned} \tag{5.67}$$

とする．A_1 の項は入射波，A_1' は反射波に対応する．境界条件(5.64)は，$z=0$ で

$$\frac{\partial\phi_1}{\partial z}=\frac{\partial\phi_2}{\partial z}, \qquad \rho_{10}\frac{\partial\phi_1}{\partial t}=\rho_{20}\frac{\partial\phi_2}{\partial t} \tag{5.68}$$

であるが，これらが xy 面上のどこでも満足されるためには $z=0$ で ϕ_1 と ϕ_2 とは x,y に関して同じ関数でなければならない．(z と t によらない関数だけ異なっていてもよいが，音波がないとき2つの流体が静止しているとすると，それは考えなくてもよい.) したがって

$$k_{1x}=k_{1x}'=k_{2x}, \qquad k_{1y}=k_{1y}'=k_{2y}$$

つまり波数の x,y 成分はすべて同じでなければならない．x,y 成分がみな同じであるから $\boldsymbol{k}_1,\boldsymbol{k}_1',\boldsymbol{k}_2$ は xy 面に垂直な1つの平面内にある．この平面内で図5-14のように波の進行方向と z 軸のなす角を定義しよう．(5.66)から $|\boldsymbol{k}_1|c_1=|\boldsymbol{k}_1'|c_1=|\boldsymbol{k}_2|c_2=\omega$ であるから，$k_{1z}=-k_{1z}'$，すなわち $\theta_1=\theta_1'$，また xy 成分が等しいから

$$|\boldsymbol{k}_2|\sin\theta_2=|\boldsymbol{k}_1|(c_1/c_2)\sin\theta_2=|\boldsymbol{k}_1|\sin\theta_1$$

したがって入射角と反射角は等しく，屈折角は

$$\frac{\sin\theta_2}{\sin\theta_1}=\frac{c_2}{c_1} \tag{5.69}$$

で定まる．これは光の屈折の法則(スネルの法則)とまったく同じである．この結果は1つの波面上の各点が中心となって球面波を放出し，Δt時間後の波面はそれらの球面波の包絡面として求められるという**ホイヘンスの原理**(Huygens' principle)から求められる(図5-15)．すなわち境界面に流体1の波が到達し2の波を励起するとき，波の山は山，谷は谷になることを使えばよい．

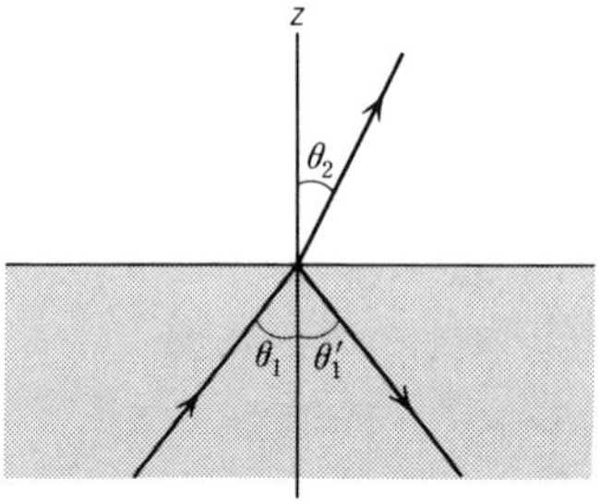

図5-14 反射角θ_1'と屈折角θ_2.

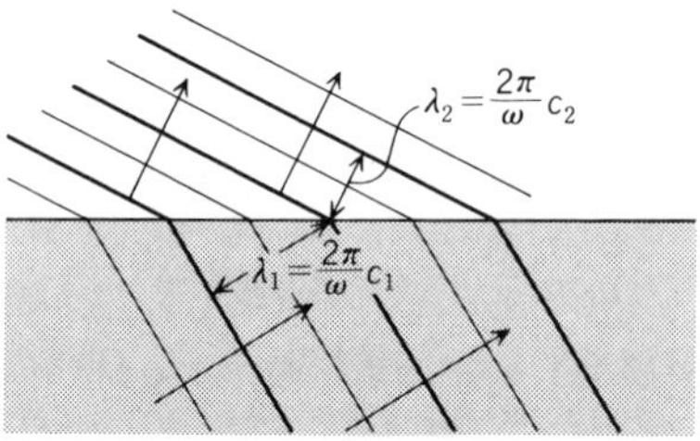

図5-15 音波の屈折と波面の進行方向.

次に反射係数Rと透過係数Tを求めよう．反射(透過)係数とは入射波と反射波(透過波)のエネルギーの流れの時間平均の比である．(5.67)から

$$R=(A_1'/A_1)^2,\qquad T=(c_1/c_2)(\rho_2/\rho_1)(A_2/A_1)^2 \tag{5.70}$$

で与えられる．いまは境界面でのエネルギーの損失はないから，$R=1-T$でなければならない．A_1'とA_2を入射波の振幅A_1で表わそう．(5.67)を(5.68)に代入し，波数の間の関係を使うと

$$A_1'=\frac{\rho_{20}k_{1z}-\rho_{10}k_{2z}}{\rho_{20}k_{1z}+\rho_{10}k_{2z}}A_1,\qquad A_2=\frac{2\rho_{10}k_{1z}}{\rho_{20}k_{1z}+\rho_{10}k_{2z}}A_1 \tag{5.71}$$

これから入射角θ_1のときの反射係数は

$$R=\left[\frac{\rho_{20}c_2\cos\theta_1-\rho_{10}c_1\cos\theta_2}{\rho_{20}c_2\cos\theta_1+\rho_{10}c_1\cos\theta_2}\right]^2 \tag{5.72}$$

で与えられる．θ_2は(5.69)で定められる．

流体1が空気で2が水のような場合，$\rho_{20}c_2\gg\rho_{10}c_1$であるから，ほとんど$R$は1に等しい．水に潜ると外気中の音がきこえなくなり，同様に水中の音波は空気中にほとんど伝わってこないわけである．

問　題

1. $c_2>c_1$ のとき，流体1から2へ入射する音波は，入射角がある値より大きいと全部反射される(全反射)．全反射の起こる角度を求めよ．

2. 空気中から水中へ音波が垂直に入射する．このときの透過係数を求めよ．

5-7　流れの効果，ドップラー効果

風が吹いているとき音波の伝わり方は変化をうける．また音源が動いていると，音の高さは異なってきこえる．このような問題を考察しよう．

最初に，一定の速度 $\boldsymbol{u}$ で運動している流体のなかの音波を考える．音波にともなう流れの速度を $\boldsymbol{v}'$ とすると

$$\boldsymbol{v}(\boldsymbol{r},t) = \boldsymbol{u}+\boldsymbol{v}'(\boldsymbol{r},t)$$

$\boldsymbol{v}'$ は仮定によって小さいが，$\boldsymbol{u}$ は必ずしも小さくない．5-3節では $\boldsymbol{v}^2/2$ を無視したが，今度は

$$\frac{1}{2}\boldsymbol{v}^2 \cong \frac{1}{2}\boldsymbol{u}^2+\boldsymbol{u}\cdot\boldsymbol{v}'$$

としなければならない．また連続の方程式では

$$\mathrm{div}\,\rho\boldsymbol{v} \cong \mathrm{div}\,(\rho'\boldsymbol{u}+\rho_0\boldsymbol{v}') = (\boldsymbol{u}\cdot\nabla)\rho'+\rho_0\,\mathrm{div}\,\boldsymbol{v}'$$

となる．したがって(5.27)と(5.28)は

$$\left(\frac{\partial}{\partial t}+(\boldsymbol{u}\cdot\nabla)\right)\phi+\frac{c^2}{\rho_0}\rho' = 0 \tag{5.73}$$

$$\left(\frac{\partial}{\partial t}+(\boldsymbol{u}\cdot\nabla)\right)\rho'+\rho_0\nabla^2\phi = 0 \tag{5.74}$$

となる．

実はこの結果は(5.27,28)からガリレイ変換によってただちに求められる．すなわち流体とともに動く観測者からみると流体は(音波のないとき)静止しているから，5-3節の結果が正しい．すなわち $\boldsymbol{u}$ で動いている座標系では(5.27,28)が音波を記述する方程式である．この座標系 $\bar{K}$ での位置ベクトル $\bar{\boldsymbol{r}}$ で静止

系 K での $\boldsymbol{r}$ を表わすと

$$\boldsymbol{r} = \bar{\boldsymbol{r}} + \boldsymbol{u}t \tag{5.75}$$

$\bar{K}$ 系での変数は $\bar{\boldsymbol{r}}$ と t，K 系では $\boldsymbol{r}$ と t である．(5.75) から，t を一定にした偏微分は等しい：

$$\nabla f = \bar{\nabla} f$$

しかし $\bar{\boldsymbol{r}}$ を一定にした $\bar{K}$ 系での t による偏微分は

$$\left.\frac{\partial f}{\partial t}\right|_{\bar{\boldsymbol{r}}} = \left.\frac{\partial f}{\partial t}\right|_{\boldsymbol{r}} + \boldsymbol{u}\cdot\nabla f$$

となる．したがって $\bar{K}$ 系での (5.27, 28) は K 系で (5.73, 74) になるのである．

上の結果 (5.73, 74) から振動数 ω と波数 $\boldsymbol{k}$ の関係は

$$(\omega - \boldsymbol{k}\cdot\boldsymbol{u})^2 - k^2 c^2 = 0$$

すなわち

$$\omega = kc + \boldsymbol{k}\cdot\boldsymbol{u} \tag{5.76}$$

となることがわかる．$\boldsymbol{k}$ と $\boldsymbol{u}$ との間の角を θ とすると (図 5-16)

$$\omega = k(c + u\cos\theta) \tag{5.77}$$

である．

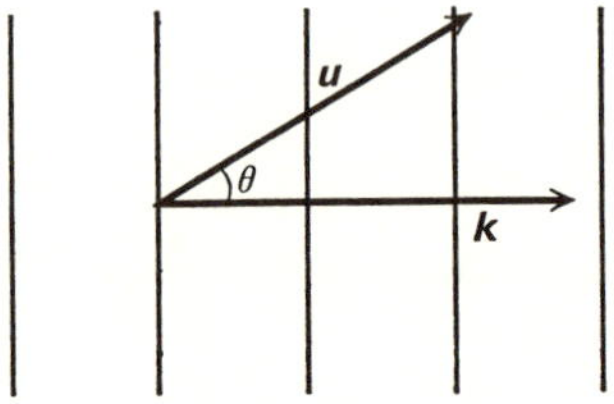

図 5-16　流体の進行方向 $\boldsymbol{u}$ と音波の波数ベクトル $\boldsymbol{k}$.

音源から充分離れたところに伝わってくる音波は平面波とみなしてもよい．音源と観測者に対し流体が $\boldsymbol{u}$ で動いているとき観測された振動数は音源の振動数 ω と同じであるが，音速は (5.77) によると $c + u\cos\theta$ になる．したがって音源の風下には速く伝わり風上には遅く伝わる．風が吹いていると地表より高いところの方が風速が大きい．このようなときには図 5-17 のように音波が屈折し，普通聞えないところに伝わることがある．

次に振動数 ω_0 の音源が一定速度 $\boldsymbol{u}$ で動いている場合に移ろう．音源が静止

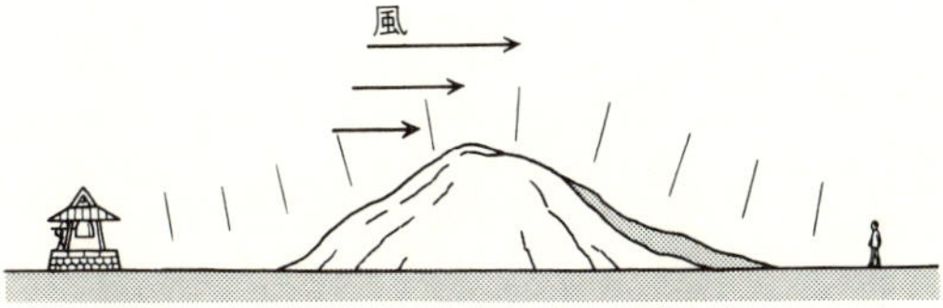

図 5-17　風の強い日，ふだんは聞えない鐘の音などが聞えることがある．

している系から見ると流体は $-\boldsymbol{u}$ で動いている．したがって上の結果(5.77)で $\boldsymbol{u}\to-\boldsymbol{u}$ として，$\omega_0=k(c-u\cos\theta)$，それゆえ波数は

$$k = \omega_0(c-u\cos\theta)^{-1}$$

となる．流体が静止している系での関係は $\omega=kc$ であるから

$$\omega = \frac{\omega_0 c}{c-u\cos\theta} \tag{5.78}$$

が得られる．山と山との間の距離すなわち波長，したがって波数はどの観測者から見ても同じである(非相対論)ことを使った．音源が近づいてくる(遠ざかる)とき $\omega>\omega_0$ ($\omega<\omega_0$) となる．これは**ドップラー効果**(Doppler effect)とよばれる．

音源と流体に対し観測者が $\boldsymbol{u}$ で動いているときには，波数は $k=\omega_0/c$ で定まり，流体は観測者の静止している系では $-\boldsymbol{u}$ で動くから，(5.77)より

$$\omega = \omega_0\left(1-\frac{u}{c}\cos\theta\right) \tag{5.79}$$

となる．

マッハ円錐　　音源の速度 u が音速 c よりも大きいとき，ある時刻に音源からの音が伝わっている領域は限られてくる．図 5-18 のように時間 t の間に音源は ut 進み，$t=0$ に放出された音波は ct の球面に到達する．したがって音源が点 P にきたとき，音波の到達した領域は

$$\sin\alpha = c/u \tag{5.80}$$

できまる角度 α の円錐の内部である．この円錐をマッハ円錐(Mach cone)とよぶ．この角度 α は，(5.78)の分母が 0 となる角を θ_0 としたとき，$\alpha=\pi/2-\theta_0$

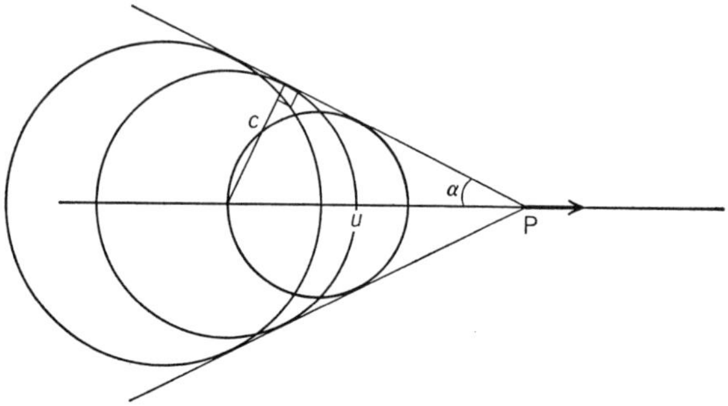

図 5-18　マッハ円錐．超音速ジェット機が頭上を過ぎてから爆音が聞えるのはこのためである．

である．

問　　題

1. 線路から 30 m 離れたところで，時速 100 km で通過する電車の警笛の振動数を測定したとする．測定した振動数の時間変化を求めよ．ただし $t=0$ で警笛がもっとも近接したとする．

5-8　水面の波：浅い場合

水面の波は目に見える波のなかではもっとも身近で魅力のある波である．最初に簡単な例として水深よりはるかに大きな波長をもつ波を取り上げよう．長い水槽のなかで水が流れて一方の側の水面が上ると重力が復原力となって逆方向の流れにかわり，今度は他方の側の水面が上る．また，防波堤にかこまれた港で，つながれたボートがゆっくり上下するのを見た人は多いだろう．このような振動がその一例である．

音波では密度の変化による圧力の変化が復原力であったが，今度は重力が原因であるから，流体(以下では水とよぶ)は縮まないと見なしてよい．図 5-19 のように一定の幅の溝のなかに水があり，静止しているときの水の深さ h_0 はどこでも一定であるとし，水面を $z=0$ とする．溝の方向(x 方向)に伝わる 1

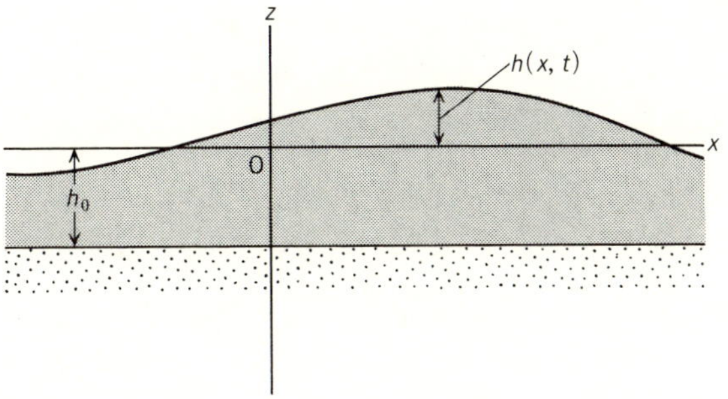

図 5-19　浅い水の長波長の波.

次元的な波，つまり y 方向には一様な波を問題にしよう．波があると水面は上下するから，時刻 t での x における高さを $h(x,t)$ とする．いいかえると $z=h(x,t)$ が水面を表わす式である．水は主に x 方向に流れ，しかも浅いからその速度 v_x は z によらないとしてもよいであろう．水面の高さが h のとき x と $x+dx$ の間にある水の質量の増加は $\rho h(x,t)wdx$ である．ただし w は溝の幅である．また x における質量の流れは $\rho v_x(x,t)(h_0+h(x,t))w \cong \rho v_x(x,t)h_0 w$ であるから(変化量について 2 次以上の項は無視する)，いまの場合，連続の方程式は

$$\rho \frac{\partial h}{\partial t} w + \rho \frac{\partial v_x}{\partial x} h_0 w = 0$$

すなわち

$$\frac{\partial h}{\partial t} + h_0 \frac{\partial v_x}{\partial x} = 0 \tag{5.81}$$

となる．

次に v_x に対するオイラーの方程式は線形近似をしているから

$$\rho \frac{\partial v_x}{\partial t} = -\frac{\partial P}{\partial x} \tag{5.82}$$

$$\rho \frac{\partial v_z}{\partial t} = -\frac{\partial P}{\partial z} - \rho g \tag{5.83}$$

である．g は重力定数．いまの場合，水は主に x 方向に流れ，上下方向の運動の速度は小さいと考えられるから，(5.83) で v_z の項を無視しよう．すなわち

静水平衡の式(3.4)で近似する：

$$\partial P/\partial z = -\rho g$$

ρg は定数であるからすぐ積分できて

$$P(x,z,t) = -\rho g z + f(x,t) \tag{5.84}$$

となる．$f(x,t)$ は x と t の任意の関数であり，水面での境界条件から定まる．水面はいつも一定の大気圧 P_0 で押されている．したがって水の中の圧力も水面ではつねに P_0 に等しくならなければならない(水の表面張力は無視する)．すなわち境界条件は $P(x,h(x,t),t)=P_0$ である．それゆえ

$$P_0 = -\rho g h(x,t) + f(x,t)$$

こうして定まった f を(5.84)に代入し整理すると，圧力の変化は

$$P(x,z,t) - P_0 = \rho g[h(x,t) - z]$$

であることがわかる．すなわち深さ $|z|$ (水の中では $z<0$) での圧力はその上にある水の重さと大気圧の和に等しい．(5.82)に代入して

$$\frac{\partial v_x}{\partial t} = -g\frac{\partial h}{\partial x}$$

(5.81)とあわせると，波動方程式

$$\frac{\partial^2 h}{\partial x^2} - \frac{1}{c^2}\frac{\partial^2 h}{\partial t^2} = 0, \qquad c = \sqrt{h_0 g} \tag{5.85}$$

が得られる．波の速度が深さの平方根に比例するのは興味深い結果である(コーヒー・ブレイク「波の形」参照)．

浅い水の波として取り扱ってよいのは水の深さ h_0 に比べて波長が大きい場合である．したがって波長が 100 km をこえる津波にとっては太平洋も浅いとみてよい(問題 3)．

例題 1 やわらかいゴム管や血管のような細い弾性的な管のなかに縮まない流体が入っている．管にそって伝わる波の速度を求めよ．

［解］ 流体が静止しているときの圧力を P_0，管の断面積を A_0 とする．管は細いから半径方向の流れの速度は無視してよい．また縮まない流体であるから密度 ρ は一定である．図 5-20 のように管にそう座標の x というところの時刻

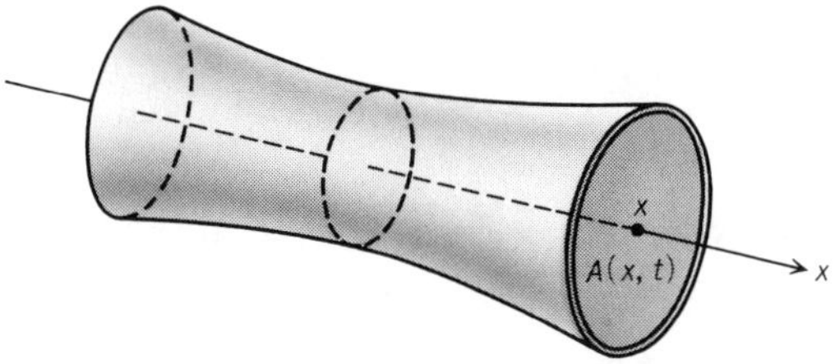

図 5-20　細い管の中の流体を伝わる波.

t での断面積を $A(x,t)$，流速を $v(x,t)$ とすると，連続の方程式は

$$\rho\frac{\partial A(x,t)}{\partial t}+\rho\frac{\partial}{\partial x}[A(x,t)v(x,t)] = 0$$

となる(管の x と $x+\Delta x$ との間にある流体の量の変化を考えて導くことができる)．線形近似では第 2 項はすでに小さな量 v を含んでいるから，A を A_0 でおきかえてもよい．したがって

$$\frac{\partial A}{\partial t}+A_0\frac{\partial v}{\partial x} = 0 \tag{5.86}$$

これはちょうど水の波のときの(5.81)に対応している．断面積 A は管内の圧力 P の変化に比例して変化すると考えてよい．すなわち圧力が P_0 から ΔP 変化したとき断面積は $A_0+\Delta A$ になるとすると，ΔA は

$$\Delta A = \alpha A_0\Delta P$$

で与えられるとする．α は管の弾性によって定まる係数である．そうすると

$$\frac{\partial P}{\partial x} = \frac{1}{\alpha A_0}\frac{\partial A}{\partial x}$$

であるから，線形近似でのオイラーの方程式(5.82)に代入すると

$$\rho\frac{\partial v}{\partial t} = -\frac{1}{\alpha A_0}\frac{\partial A}{\partial x} \tag{5.87}$$

が得られる．(5.86)と(5.87)から v を消去すると

$$\frac{\partial^2 A}{\partial x^2}-\alpha\rho\frac{\partial^2 A}{\partial t^2} = 0 \tag{5.88}$$

となる．したがって管を伝わる波の速度は $c=\sqrt{1/\alpha\rho}$ で与えられる．▍

Coffee Break

波の形

遠浅の海岸に寄せる波は，沖の方では波の山と山の間隔が大きいが，岸に近づくにつれてその間隔がせばまり，同時に波の高さも大きくなる．(5.85)によると，水深 h_0 がゆっくり小さくなると波の進む速度も小さくなるから山と山の間隔，つまり波長が小さくなるのは理解できる．そうすると波の振幅は大きくなるだろう．振幅が大きくなると線形近似で求めた結果は適用できなくなるが，すこし無理をして使ってみよう．波の山のところは谷のところよりも当然水深が大きいから，山のところの進む速度は谷のところよりも速いことになる．そうすると図のように波が立ってくるに違いない．寄せてくる波はこうして頭をもたげ，しまいには崩れるのであろう．

海岸に寄せてくる波でなくて，深い水の上の波の形の変化も面白い．振幅が小さいときには正弦波であるが，大きくなるとだんだん波の山がとがってくる．しまいには山の頂点は3角形のようになるが，その角度はストークスが示したように，120°より小さくなることはない．それより鋭い波は不安定で崩れてしまう．荒れた海で波頭が白くなるのはそのせいである．

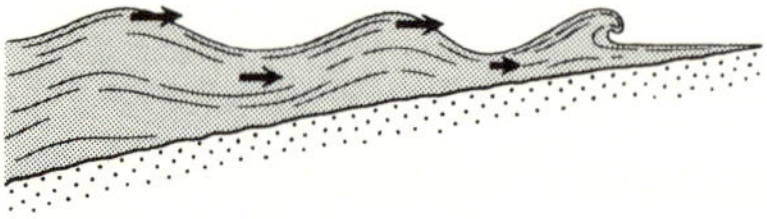

また潮が満ちるとき，孤立した1つの波が，河口からその形を保ったまま河をさかのぼるのが世界のいくつもの河で見られる．ボア(海嘯)とよばれ，わが国でも1983年の日本海中部地震による津波のさいに，いくつかの河川でみられた．このような水面の孤立波はいわゆる‘ソリトン’の一例であり，上のとがった波と同様に有限な振幅を考える，つまり非線形性を考えて初めて理解できる．最近，活発に研究されている問題の1つである．

(5.88)は2-3節で議論した1次元の波動方程式である．そこでの結果によるとパルス，すなわち管のふくらみは速度cで伝わる．心臓が収縮したとき，血液はパルスとして動脈を送られていく．もし硬い血管のなかを血液が流れるとすると，それは血管の全長にわたる粘性力にうちかって流れなければならない．とくに細い血管では流れにくくなるであろう．血圧の変化ΔPは1/10気圧くらいであるから，それに対応する断面積の変化の割合を10%とすると，αは$\alpha \sim 1\,\mathrm{bar}^{-1} = (10^5\,\mathrm{N/m^2})^{-1}$のていどである．これから$\rho \sim 10^3\,\mathrm{kg/m^3}$として速度$c$を評価すると10 m/sくらいになる．

問　題

1.　図のような直方形の港がある．水深はどこでも15 mとする．海に面した入口が開いているときと防波堤でふさがれているときの2つの場合について，矢印の方向の波の基本振動数を求めよ．

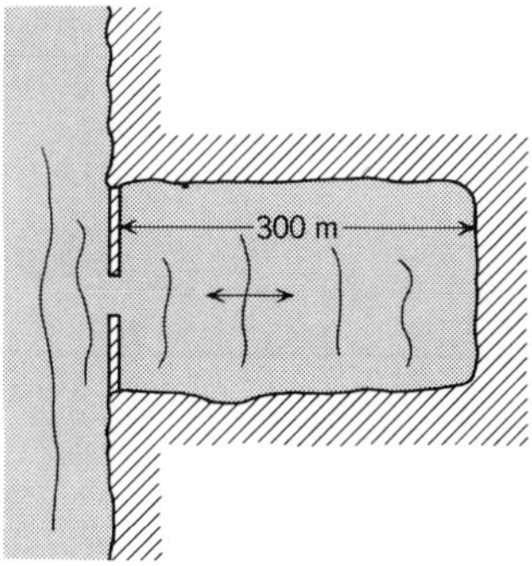

2.　小さな円形の島があってそのまわりは遠浅になっている．沖から寄せてくる波が島の近くでどうなるかを示した波面の図を描け．

3.　太平洋の平均の水深を4300 mとして波長が100 kmの津波の進む速度を求めよ．

5-9　水面の波：深い場合

前節では水が浅いとして上下方向の流速を無視する近似を行なったが，この節では逆に深いときの波の理論を述べよう．(任意の深さの場合もすこし一般化すればよい．) 気体と液体(あるいは液体と固体)との界面に生じる波を**表面波**(surface wave)とよぶ．気体の密度はたいていの場合液体の密度よりはるかに小さいから，波にともなう気体の運動は考えなくてもよい．ここでは液体は縮まない完全流体であるとする．

音波のときと同様に，微小な振幅の表面波にともなう流れは渦なしの流れであり，速度ポテンシャル ϕ で速度場が与えられる．4-1 節で見たとおり，縮まない流体としているから連続の方程式は ϕ に対するラプラス方程式

$$\nabla^2\phi = \frac{\partial^2\phi}{\partial x^2}+\frac{\partial^2\phi}{\partial y^2}+\frac{\partial^2\phi}{\partial z^2} = 0 \tag{5.89}$$

となる((4.4)式)．前の節と同様に，x 方向に伝わる 1 次元的な波を問題にする．波にともなう流れは振動数 ω で波数 k であると仮定すると，ϕ は

$$\phi(x,z,t) = f(z)e^{i(kx-\omega t)}$$

という形に書ける(複素表示)．これを(5.89)に代入すると

$$\frac{d^2f(z)}{dz^2}-k^2f(z) = 0$$

となる．これの解は A, B を積分定数とすると

$$f(z) = Ae^{kz}+Be^{-kz}$$

である．$z\to-\infty$(水の中に向かう)で速度場が有限であるためには，$B=0$ でなければならない．したがって連続の方程式をみたすポテンシャルとして(実部をとる)

$$\phi(x,z,t) = Ae^{kz}\cos(kx-\omega t) \tag{5.90}$$

が得られる．速度場は

$$\begin{aligned} v_x &= -kAe^{kz}\sin(kx-\omega t) \\ v_z &= kAe^{kz}\cos(kx-\omega t) \end{aligned} \tag{5.91}$$

となる．流線は図 5-21 のようになる．

流れは境界条件を満足しなければならない．前節のように $z=h(x,t)$ を時刻 t における表面の方程式としよう．表面が上下するのはもちろん流体が上下するからで，したがってその速度 $\partial h(x,t)/\partial t$ は表面の流体速度の z 成分に等しいはずである．線形近似では

$$\begin{aligned} v_z(x,h(x,t),t) &= v_z(x,0,t)+\frac{\partial v_z(x,0,t)}{\partial z}h(x,t) \\ &\cong v_z(x,0,t) \end{aligned}$$

としてよいから，表面での条件は

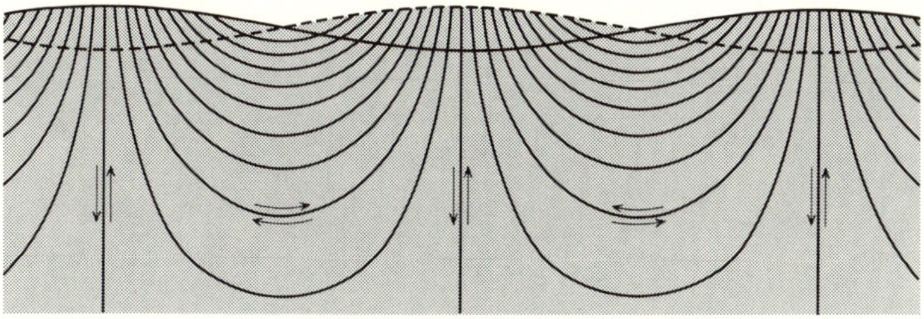

図 5-21　表面波の流線.

$$v_z(x,0,t) = \left.\frac{\partial\phi(x,z,t)}{\partial z}\right|_{z=0} = \frac{\partial h(x,t)}{\partial t} \tag{5.92}$$

となる.

縮まない流体のポテンシャル流では，流体の運動方程式であるオイラーの方程式は(4.6)という形になった．いまの場合，$\boldsymbol{v}^2/2$ の項は無視でき，また外力のポテンシャルは $U_\mathrm{e}=gz$ であるから

$$\frac{\partial\phi}{\partial t}+\frac{P}{\rho}+gz = \text{const.}$$

である．(これを z で微分すると前節で使った(5.83)になる.) 4-1 節で述べたように，縮まない流体の場合この式は流体のなかの圧力を定める方程式である．ところで前節で説明したとおり，表面のところの圧力はいつも大気圧 P_0 に等しい．すなわち $z=h(x,t)$ とすると

$$\frac{\partial\phi(x,h,t)}{\partial t}+\frac{P_0}{\rho}+gh(x,t) = \text{const.} \tag{5.93}$$

となるが，定数を P_0/ρ に等しくとってもよいことおよび $\phi(x,h,t)\cong\phi(x,0,t)$ としてもよいことを使うと，

$$\frac{\partial\phi(x,0,t)}{\partial t}+gh = 0$$

という式が得られる．この式と(5.92)から h を消去すると

$$\frac{\partial^2\phi}{\partial t^2} = -g\frac{\partial\phi}{\partial z} \qquad (z=0) \tag{5.94}$$

が得られる．これで必要な方程式がそろった.

速度ポテンシャル(5.90)を(5.94)に代入すると

$$\omega^2 = gk$$

あるいは

$$\omega = \sqrt{gk} = \sqrt{2\pi g/\lambda} \tag{5.95}$$

が得られる．これが深い水の表面の波の分散関係，すなわち振動数と波数 k あるいは波長 λ との間の関係である．音波のときのように k に比例せず，$\sqrt{k}$ に比例していることに注目しよう．この分散関係をもつ波がどんな伝わり方をするかについては次節で議論する．

海水に浮ぶ小さな虫や砂粒が波とともにゆらゆら動くのを見た人は多いだろう．表面波にともなって水がどんな運動をするかを示しておこう．$t=0$ で (x_0, z_0) にあった水の要素(水の粒子とよぶ)に注目しよう．時刻 t でのこの粒子の速度は，そのときの粒子の位置 $x(t), z(t)$ を速度場の式(5.91)に入れたものである．しかしいまは波の振幅 A が微小であるとしているから，$x(t)-x_0$, $z(t)-z_0$ はいつも微小である．したがって粒子の速度としては

$$v_x(t) = -kAe^{kz_0}\sin(kx_0-\omega t)$$

$$v_z(t) = kAe^{kz_0}\cos(kx_0-\omega t)$$

を使ってよい．時刻 t での位置はこれを積分して

$$\begin{aligned} x(t) &= \int_0^t v_x(t')dt' \\ &= -(kAe^{kz_0}/\omega)(\cos\omega t-1) \end{aligned}$$

同様に

$$z(t)-z_0 = (kAe^{kz_0}/\omega)\sin\omega t$$

ただし x_0 はどこにとってもよいから $x_0=0$ とした．上の 2 つの式から t を消去すると

$$\left(x-\frac{kAe^{kz_0}}{\omega}\right)^2+(z-z_0)^2 = \left(\frac{kAe^{kz_0}}{\omega}\right)^2 \tag{5.96}$$

が得られる．これは $(kAe^{kz_0}/\omega, z_0)$ を中心とする半径 kAe^{kz_0}/ω の円を表わす(図 5.22．図は A が負のときを表わす)．このように進行波があるとき水の粒子は円運動をし，その半径は波長ていどの深さになると急に小さくなる．水深

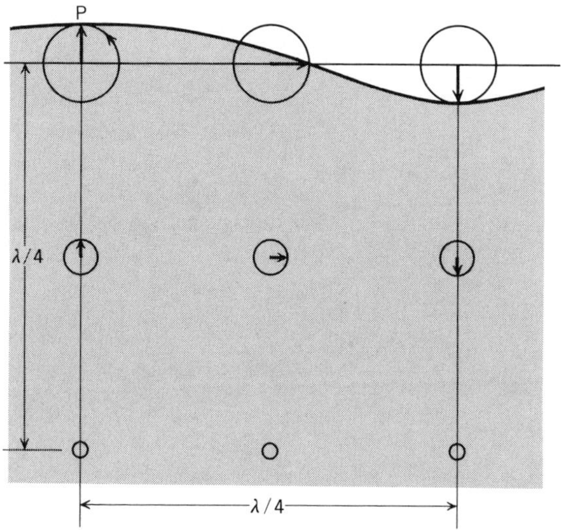

図 5-22　進行波があるとき，水の粒子は円運動をする．

が有限だと，楕円軌道となり，前節の浅い水の場合には往復運動となる．

5-2 節で進行波の音波にともなって流体が小さな速度で移動する場合があることを注意した(135 ページ)．ここで扱った表面の波でも同じことが生じる．上で軌道を求めたとき速度は x_0, z_0 での値を使ったが，本当は $x(t), z(t)$ での速度場の値を使わなければならない．図 5-22 の点 P にある粒子に注目しよう．それは円運動をするから，1/4 周期たったとき，すなわち $\pi/2$ まわったときこの粒子は円の半径だけ $-x$ 方向に進む．そこでの流体の速度の x 成分 v_x の値はそのとき正確には 0 にならない．そのため粒子の軌道は円ではなく，すこしずつ前に進むことになる．海岸に寄せてくる波にともなって表面では岸に向かって流れがあり，その見返りとして底の方では帰りの流れが生じる．

例題 1　波長の短い表面波では重力の代りに表面張力が重要になる．このような波は**表面張力波**(capillery wave)とよばれる．その分散関係を求めよ．

［解］　表面張力は，液体をおおう表面という膜の張力であると考えればよい．2-7 節で考察したように，表面が $z=h(x,t)$ (2-7 節では $u(x,y,t)$，いま y 方向の変化はない)となったとき，表面張力の z 成分は

$$F_z(x,t) = f\frac{\partial^2 h(x,t)}{\partial x^2}$$

である．ただし f は表面張力の係数．したがって表面には一定の大気圧 P_0 だけでなく F_z もはたらくから，(5.93)の代りに，重力を無視して

$$\frac{\partial\phi}{\partial t}+\frac{P_0}{\rho}-\frac{f}{\rho}\frac{\partial^2 h}{\partial x^2} = \text{const.}$$

が成り立つ．したがって(5.94)の代りに

$$\frac{\partial\phi}{\partial t} = \frac{f}{\rho}\frac{\partial^2 h}{\partial x^2} \qquad (z=0)$$

が得られる．(5.92)によって h を消去すると

$$\frac{\partial^2\phi}{\partial t^2} = \frac{f}{\rho}\frac{\partial^3\phi}{\partial z\partial x^2} \qquad (z=0)$$

(5.90)を代入すると

$$\omega^2 = \frac{f}{\rho}k^3$$

すなわち

$$\omega = \sqrt{\frac{f}{\rho}}k^{3/2} \tag{5.97}$$

という分散関係が得られる．重力より表面張力が重要になるのは

$$\frac{f}{\rho}{k_0}^2 = g$$

できまる k_0 より波数の大きな(波長の短い)波である．▎

問題

1. 波長が 1 m, 10 m の深い水の表面波の振動数を求めよ．
2. 水の場合，重力より表面張力が重要になる波長の下限を求めよ．ただし水の表面張力は $f=7.35\times10^{-2}$ N/m である．

5-10 群速度

前節で得た結果からわかるように，一般に波の波長 λ あるいは波数の大きさ

k と振動数 ω との間の関係は，音波(そして真空中の電磁波)のときの

$$\omega = 2\pi c/\lambda = kc \qquad (5.98)$$

という形ではない．他の例を1つあげると，電離したガス中のプラズマ振動の波では $\omega=\sqrt{k^2c^2+\omega_p{}^2}$ (c, ω_p は定数)という分散関係がある(図5-23)．一般に波の分散関係が $\omega=\omega(k)$ であるときの波の伝搬の仕方を考察する．

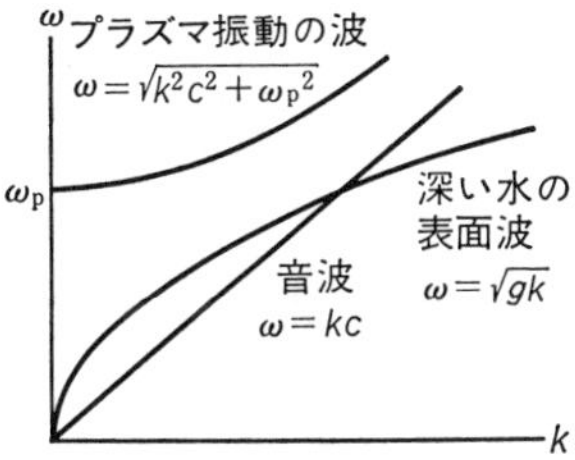

図5-23　いろいろな波における波数 k と振動数 ω との関係.

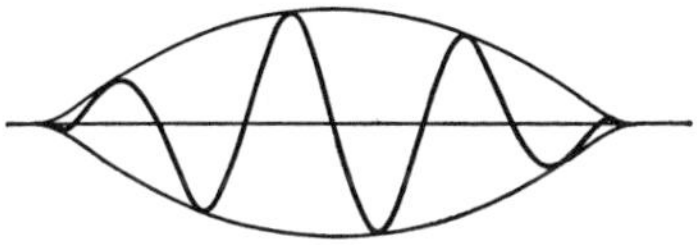

図5-24　波束.

いままではある振動数 ω の無限につながった波，すなわち $u=Ae^{i(kx-\omega t)}$ という形の波を主として取り扱ってきたが，現実には有限の広がりをもつ図5-24のような波束(wave packet)を問題にすることが多い．ある振動数の電波のパルスとか，海底の地震によって起こる津波のようにあるところで短い時間に励起された波や，量子力学で局在した粒子を表わす波動関数などがその例としてあげられる．

簡単のため1次元の進行波を考える．最初にうなりの現象に注目しよう．波数 k で振動数 ω_k の単色波は

$$u_0(x,t) = A\exp[i(kx-\omega_k t)]$$

で表わされるが，この波と $k\pm\Delta k$ というすこし異なった波数をもつ振幅 $A/2$ の2つの波を重ね合わせると

$$u(x,t) = A\exp[i(kx-\omega_k t)]\left\{1+\frac{1}{2}\exp[i\{\Delta k\cdot x-(\omega_{k+\Delta k}-\omega_k)t\}]\right.$$
$$\left.+\frac{1}{2}\exp[-i\{\Delta kx-(\omega_k-\omega_{k+\Delta k})t\}]\right\} \qquad (5.99)$$

という波が得られる．音波や弦の波のように $\omega_k=kc$ であれば

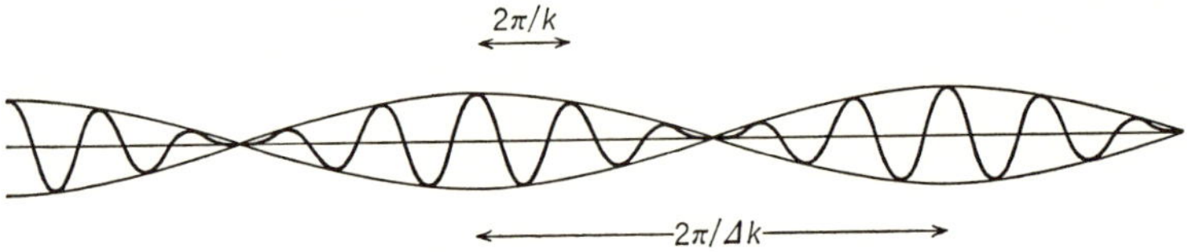

図 5-25　うなり.

$$u(x,t) = A\exp[i(kx-\omega_k t)]\{1+\cos\Delta k(x-ct)\} \qquad (5.100)$$

となって，図 5-25 のように波数 k の波が波長 $2\pi/\Delta k$ で変調されたうなりが得られる．表面波のような場合でも，Δk が k に比べて充分小さければ(5.99)で $\omega_{k\pm\Delta k}$ を k のまわりに展開する近似が許されるであろう．展開の第1項までとって $\omega_{k\pm\Delta k}\cong\omega_k\pm(d\omega_k/dk)_k\Delta k$ を (5.99)に代入すると

$$u(x,t) = A\exp[i(kx-\omega_k t)]\left\{1+\cos\Delta k\left(x-\left(\frac{d\omega_k}{dk}\right)_k t\right)\right\} \qquad (5.101)$$

が得られる．これと(5.100)を比べると，速度 c として

$$\boxed{c_k \equiv \frac{d\omega_k}{dk}} \qquad (5.102)$$

をとればよいことがわかる．この速度を**群速度**(group velocity)とよぶ．音波のような場合の(5.100)とそうでない場合の(5.101)とでは，重要な違いがあることに注意しよう．というのは，どちらの場合でも波数 k のもとの波の山や谷(あるいは位相が一定の点)は位相速度(phase velocity) ω_k/k で進行するが，この位相速度が群速度に等しいのは $\omega_k=kc$ という分散関係のときだけだということである．たとえば前節で得た深い水の表面の重力波では $\omega_k=\sqrt{gk}$ であるから，

$$\text{位相速度} = \sqrt{g/k}, \qquad \text{群速度} = \frac{1}{2}\sqrt{g/k}$$

である．したがって音波のようなときにはうなりのゆるやかな波ともとの波とは同じ速さで進むが，表面の波ではうなりの波は半分の速さでしか進まないのである．

さて有限なひろがりをもつ波束であるが，波束はうなりの１つの波の部分だけをとったようなものである．そのような波形をつくるのには非常に多くの波を重ね合わせなければならない．いま $t=0$ での波形が

$$u(x,0) = e^{ikx}f(x) \tag{5.103}$$

であるような波束を考える．$f(x)$ は図 5-24 のような $x=0$ を中心とし，幅が l ていどの波束の形を表わす関数である((5.100)のうなりの場合の $1+\cos \varDelta kx$ に相当する)．この波形を波数 k の波の重ね合わせでつくるには，2-4 節で述べたとおり，(5.103)のフーリエ分解を行なえばよい．関数 $f(x)$ のフーリエ成分を

$$f_k = \int_{-\infty}^{\infty} \frac{dx}{2\pi} f(x)e^{-ikx} \tag{5.104}$$

とすると，

$$u(x,0) = e^{ikx}\int_{-\infty}^{\infty} dk' f_k e^{ik'x} = \int_{-\infty}^{\infty} dk' f_{k'-k} e^{ik'x}$$

と書ける．波数 k の波の振動数は ω_k であるから，任意の時刻 t での波は

$$u(x,t) = \int_{-\infty}^{\infty} dk' f_{k'-k} \exp[i(k'x-\omega_{k'}t)] \tag{5.105}$$

と表わされる．

1 例として(図 5-26)

$$f(x) = Ae^{-x^2/l^2}$$

(これはガウス型とよばれる)であれば，

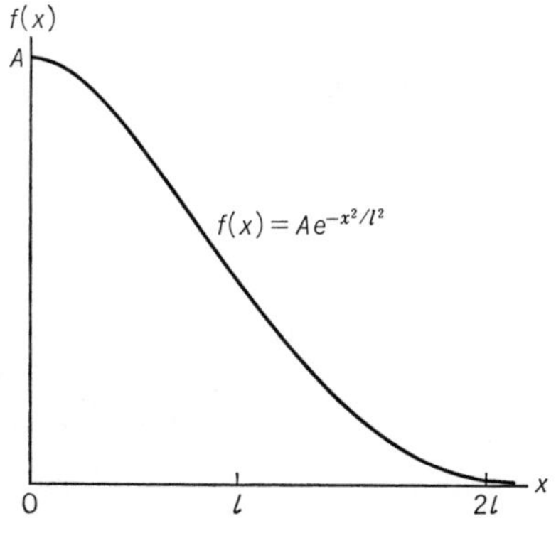

図 5-26　ガウス型波束.

$$f_k = \frac{1}{2\sqrt{\pi}} A l e^{-k^2 l^2/4}$$

となる．この f_k は $|k| > 2/l$ になると急激に小さくなることに注意しよう(他の例は問題 2)．この例からわかるように一般に f_k は波束のひろがりのていどを l としたとき，$|k| \gg 1/l$ になると 0 に近づく．したがってうなりの場合にやったように(5.105)で指数関数の位相を

$$k'x - \omega_{k'}t \cong kx - \omega_k t + (k'-k)\left[x - \left(\frac{d\omega_k}{dk}\right)_k t\right]$$

と近似することができる．そうすると(5.105)は

$$\begin{aligned} u(x,t) &\cong \exp[i(kx-\omega_k t)] \int_{-\infty}^{\infty} dk' f_{k'-k} \exp[i(k'-k)(x-c_k t)] \\ &= \exp[i(kx-\omega_k t)] f(x-c_k t) \qquad (5.106) \end{aligned}$$

となる．これは波束が群速度 c_k で進むことを意味している．

うなりの場合と同様に，位相速度が群速度より大きい水の重力波の波束では，後端から山や谷が現われて先端で消えて行く．表面張力波では逆であり，音波のような場合では同じ山や谷が波束の中にとどまって進行する．

なお(5.105)の近似で k の高次の項まで残すと，波束の形も時間とともに変化する(一般には広がる)ことを注意しておこう．

問　題

1. 波長 1 m と 10 m の深い水の表面波の群速度を求めよ．

2. $f(x)$ が

$$f(x) = \begin{cases} 1 & (-a \leqq x \leqq a) \\ 0 & (|x| > a) \end{cases}$$

と与えられているとき，フーリエ変換を求めよ．

6

粘性流体の流れ

水のような現実の流体がパイプの中を流れるとき，水とパイプの壁との間には摩擦力がはたらく．同様に水の要素の間にも摩擦力がはたらく．流体の場合には摩擦力のことを粘性力とよぶ．粘性力があると，完全流体の流れには見られなかった運動が現われる．まず粘性力とはどんな力であるかを調べよう．

6-1 粘性力

もともと流体とは，体積の変化をともなわない変形を自由に行なうものであると考えた．しかし流れのように変形が有限の速度で進行するときには現実の流体は抵抗を示す．2枚の平行な板の間に流体があって一方をある速度で動かすと，流体は図6-1のような変形を続けるが，このときには板は流体から力を受ける(6-2節)．粘りのある油や蜂蜜のような液体ではこの力はとくに大きい．上の板に力を加えて動かしているとき，下の板を固定しておくにはもちろん逆向きの力を必要とする．ということは，流体の中でどこでも上の層の流体は下の流体を引きずろうとする力(そしてその逆)を及ぼしているに違いない．このような**粘性力**(viscous force)がはたらく性質を粘性(viscosity)といい，粘性をもつ流体を**粘性流体**(viscous fluid)とよぶ．

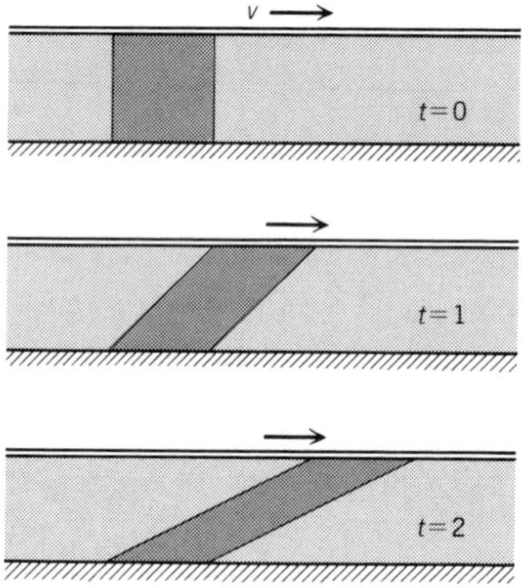

図6-1 下の板を固定し，上の板を動かすと，間にはさまれた流体は変形する．

完全流体とは流れがあっても流体要素の間には圧力だけしかはたらかない流体であった．それでは粘性力はどうして生じるのだろうか．気体の場合にこの問題を考えてみよう．上の例のような流れのとき，図6-2のように隣接する気体の微小な要素1,2に注目すると，両者はすこし異なった速度で運動している．微視的に見ると気体の分子はたがいに衝突しながら乱雑な運動をしており，もちろん要素1と2の間にわれわれが勝手に考えた境界を通して出入りしている．そのさい1から2へ入る分子のx方向の速度の平均値は2から1へ入る分子のそれよりもすこし大きいであろう(流れがなければ平均値は0である)．したがって，個々の分子は乱雑な運動をしているが，平均として1から2へいく分子の運ぶx方向の運動量は，2から1へ移る運動量よりも大きい．ということは差し引き1から2へx方向の運動量が移る，つまり1は2へx方向に引きずる力を及ぼしているということになる．気体運動論では粘性力をこのメカニズムによって微視的に求めるのである．また密度の大きな液体では分子間の力も粘性力の原因になる．ここではこうして生じる粘性力が巨視的なスケールで見るとどのような性質の力であるかという問題に注目しよう．

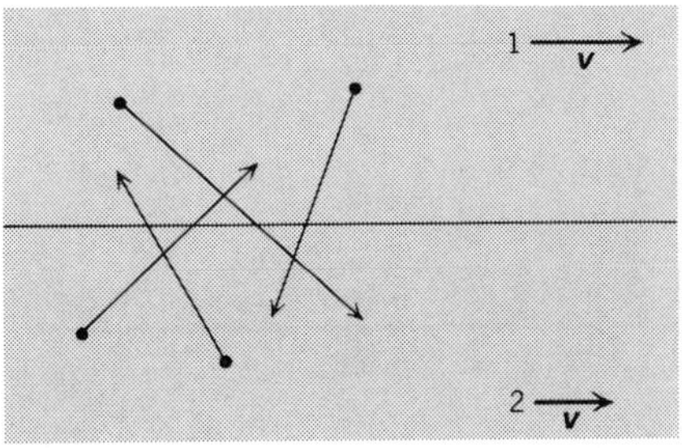

図6-2　隣接している気体の要素の間の運動量のやりとり．

x方向の流れ$v_x(z)$があるとき，z軸に垂直な微小な面$dxdy$を通して上の流体が下の流体に及ぼす力を考察しよう．圧力は面に垂直方向，すなわちz方向であったが，こんどはx方向の力に注目する(図6-3)．圧力と同様にこの力も面の面積に比例するから

$$F_{xz}dxdy$$

と表わそう．F_{xz}はz軸に垂直な単位面積にはたらくx方向の力である．ニュートンはこの力が流体の速度の勾配，すなわち$\partial v_x/\partial z$に比例すると考えた．すなわち

$$F_{xz} \propto \frac{\partial v_x}{\partial z} \tag{6.1}$$

この仮定は上に述べたことから考えても自然である．一様な流れではどんなに速度が大きくても粘性力ははたらかないこと，上下の流体のすべりが大きければそれだけ粘性力は大きいということにかなっている．

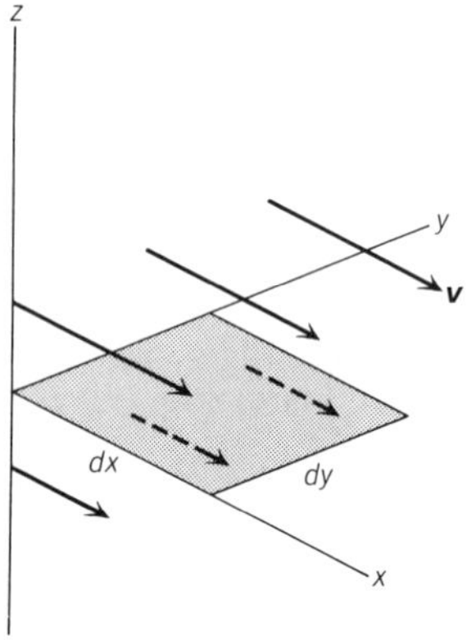

図 6-3

ニュートンの仮定(6.1)を一般の流れの場合に拡張しよう．まず第1に流体が**等方的**(isotropic)，すなわち流体の性質としてはどの方向も区別がないということを考えると，粘性力と速度の勾配との関係はそれがどの方向に生じても同じはずである．いいかえると座標軸さえとりかえれば $F_{xz}\propto\partial v_x/\partial z$ は，たとえば $F_{yx}\propto\partial v_y/\partial x$ になる．したがって

$$F_{ik} = \eta\frac{\partial v_i}{\partial x_k} \tag{6.2}$$

とおけばよさそうである．添字 $\boldsymbol{i}, \boldsymbol{k}$ は x, y, z のどれでもよい．η は比例定数．はたしてこの形は正しいであろうか？　粘性力は流体の要素の間に相対的な運動があった場合にはたらくはずである．互いの位置の関係が変化しない運動としてはすでにふれた一様な流れがあるが，もう1つ全体としての回転，すなわち剛体回転がある．3-4 節の例題1によると，z 軸を回転軸にして角速度 Ω で剛体回転しているときの速度場は

$$\boldsymbol{v} = (-\Omega y, \Omega x, 0) \tag{6.3}$$

である．このとき(6.2)によると xy 成分は

$$F_{xy} = -\eta\Omega$$

となって粘性力がはたらくことになってしまう．したがって(6.2)は粘性力の式として正しい形をしていないのである．(6.3)の速度場では $\partial v_x/\partial y = -\Omega$, $\partial v_y/\partial x = \Omega$ であるから

$$\frac{\partial v_x}{\partial y} + \frac{\partial v_y}{\partial x}$$

という形であれば0になる．それでは

$$\boxed{F_{ik} = \eta\left(\frac{\partial v_i}{\partial x_k} + \frac{\partial v_k}{\partial x_i}\right)} \tag{6.4}$$

と仮定してみよう．任意の軸のまわりの剛体回転に対して

$$\partial v_i/\partial x_k = -\partial v_k/\partial x_i$$

であるから(問題1)，(6.4)の形はたんなる剛体回転ではいつも0になる．

粘性力の式(6.4)が正しいとすると，始めにあげた例の場合に x 軸に垂直な面にはたらく z 方向の力もはたらいていることになる．板の間隔を h とし，上の板を速度 $\boldsymbol{v}$ で動かしたときの流れは(3-7節)

$$v_x = vz/h, \qquad v_y = 0, \qquad v_z = 0 \tag{6.5}$$

であるから，

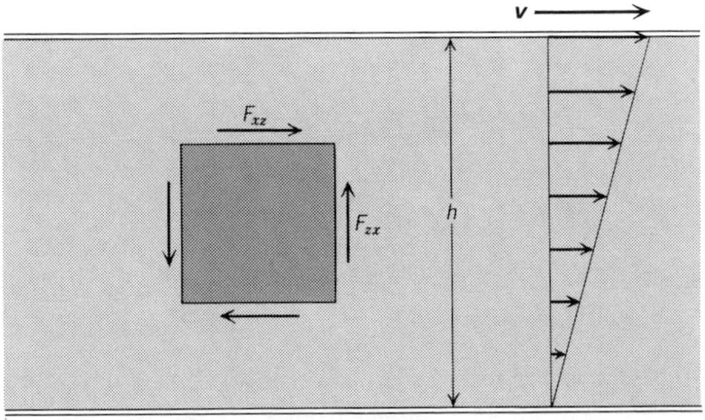

図 6-4　流体の中に立方体を考える．この場合も下の板は固定し，上の板を速度 $\boldsymbol{v}$ で動かす．

$$F_{xz} = F_{zx} = \eta v/h \tag{6.6}$$

である．したがって単位体積の立方体を図 6-4 のようにとると，z および x に垂直な面には矢印のように等しい大きさの力がはたらくことになる．実際，そうでなくてはならない．上の板に x 方向の力を加え，下の板に(動かないように) $-x$ 方向の力を加えただけでは，偶力を加えたことになり全体が回りだしてしまう．回りださないためには上下の板に z 方向の力を加えていなければならない．力は流体のなかを伝達されるから，流体の中の要素にも，それが回りださないように，図のように力がはたらいているはずである．

(6.4)式が正しいとすると，F_{xx}, F_{zz} という面に垂直にはたらく力も 0 でなく，しかも F_{xz} などと同じ比例係数をもっている．これはおかしいのではないかという疑問がでるかもしれない．しかし座標軸はわれわれが勝手に選んだものであることを忘れてはならない．上の例で 45° 回転した座標系 $\bar{x}, \bar{z}$ をとってみよう (xz 面だけで考えれば充分である)：

$$\bar{x} = \frac{1}{\sqrt{2}}(x+z), \qquad \bar{z} = \frac{1}{\sqrt{2}}(-x+z)$$

速度もベクトルであるから同じ変換をする：

$$v_{\bar{x}} = \frac{1}{\sqrt{2}}(v_x+v_z), \qquad v_{\bar{z}} = \frac{1}{\sqrt{2}}(-v_x+v_z)$$

したがって(6.5)を代入すると $v_{\bar{x}} = -v_{\bar{z}} = vz/\sqrt{2}h$，$z$ を $\bar{x}, \bar{z}$ で表わすと

$$v_{\bar{x}} = -v_{\bar{z}} = \frac{1}{2}\frac{v}{h}(\bar{x}+\bar{z})$$

となる．したがって新しい座標系では

$$F_{\bar{x}\bar{x}} = \eta\frac{v}{h}, \qquad F_{\bar{z}\bar{z}} = -\eta\frac{v}{h}, \qquad F_{\bar{x}\bar{z}} = F_{\bar{z}\bar{x}} = 0 \tag{6.7}$$

であり，こんどは添字のそろった成分，つまり面に垂直な方しか現われない．しかしこれは当然期待されるべき結果である．図 6-5 のように，$F_{\bar{z}\bar{z}}$ は 2 等辺 3 角形の底辺にはたらく力であるが，これは 2 辺にはたらく力の合力のはずである．辺の長さと角度を考えると，その大きさは

$$\frac{1}{\sqrt{2}}\cdot\frac{1}{\sqrt{2}}\cdot F_{xz}+\frac{1}{\sqrt{2}}\cdot\frac{1}{\sqrt{2}}\cdot F_{zx}=\eta\frac{v}{h}$$

である．同様にして(6.7)の $F_{\bar{x}\bar{x}}$ も得られる．圧力とちがって $F_{\bar{z}\bar{z}}$ と $F_{\bar{x}\bar{x}}$ とは符号が反対であることに注意しよう．

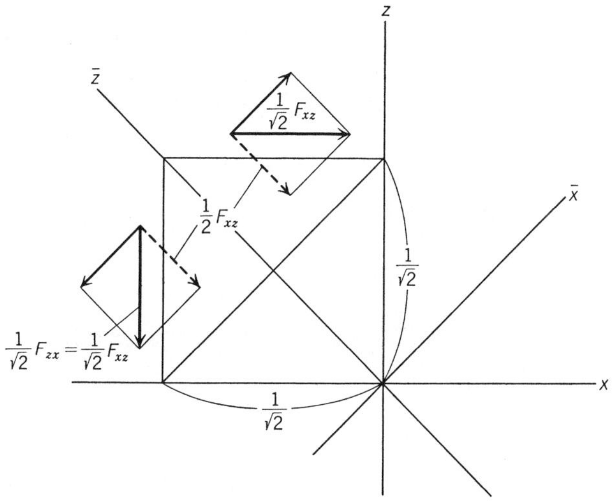

図 6-5

粘性力の式(6.4)は，実は，縮まない流体の場合に正しい式であって，密度の時間変化があるときにはそれに関係する項がつけ加わる．微小な流体要素の体積が変化する割合は div $\boldsymbol{v}$ に比例するから(3-3節の例題1参照)，この項は $\zeta(\mathrm{div}\,\boldsymbol{v})\delta_{ik}$ という形で与えられる．ζ は(6.4)の η とは異なる係数である．しかし以下では縮まない粘性流体の流れに話を限るから，粘性力としては(6.4)だけを考えることにする．

粘性力をきめる係数 η は**粘性率**あるいは粘性係数とよばれ，個々の流体によって異なる値をもつ．η の単位は MKS 単位系では N･s/m²，CGS 単位系では dyn･s/cm² でポアズ(poise, P)とよばれる(1 ポアズ=0.1 N･s/m²)．次の節でわかるように，η のかわりに

$$\nu\equiv\eta/\rho$$

という定数を導入すると便利である．ν は動粘性率とよばれることもある．ν

表 6-1　粘性率

物質	$\nu\,(10^{-6}\,\mathrm{m^2/s})$	$\eta\,(10^{-3}\,\mathrm{N\cdot s/m^2})$
空気(0°C)	13.22	0.0171
(20°C)	15.01	0.0181
水素(20°C)	105.0	0.0088
水　(0°C)	1.792	1.79
(20°C)	1.004	1.00
グリセリン	1183	1495

の単位は $\mathrm{m^2/s}$ である(CGS では $\mathrm{cm^2/s}$ でストークスとよばれる). 表 6-1 にいろいろな流体の粘性率が与えてある.

問　題

1. 任意の軸のまわりの剛体回転に対して(6.4)が 0 になることを示せ.

6-2　ナヴィエ-ストークス方程式

粘性力があると流体の運動方程式であるオイラーの方程式に粘性力の項がつけ加わる. 辺が dx, dy, dz の直方体の微小要素にはたらく粘性力は, その各面にはたらく前節で求めた力の合力である. たとえば x 成分を求めてみよう:

$$\begin{aligned}&[F_{xx}(x+dx, y, z)-F_{xx}(x, y, z)]dydz\\&\quad+[F_{xy}(x, y+dy, z)-F_{xy}(x, y, z)]dxdz\\&\quad+[F_{xz}(x, y, z+dz)-F_{xz}(x, y, z)]dxdy\\&\quad\cong\left\{\frac{\partial F_{xx}}{\partial x}+\frac{\partial F_{xy}}{\partial y}+\frac{\partial F_{xz}}{\partial z}\right\}dV\equiv\frac{\partial F_{xk}}{\partial x_k}dV\end{aligned}$$

この章ではベクトル $\boldsymbol{r}$ の任意の成分 x, y, z を表わすとき x_i と書く. また, 最後の形のように, 同じ添字 k が対になって現われるときには $k=x, y, z$ について和をとると約束する. したがって単位体積にはたらく粘性力の i 成分は

$$\frac{\partial F_{ik}}{\partial x_k}=\eta\frac{\partial}{\partial x_k}\left(\frac{\partial v_i}{\partial x_k}+\frac{\partial v_k}{\partial x_i}\right)=\eta\left(\nabla^2 v_i+\frac{\partial}{\partial x_i}\mathrm{div}\,\boldsymbol{v}\right)\qquad(6.8)$$

となる. ここでは縮まない流体の場合だけを考えるから $\mathrm{div}\,\boldsymbol{v}$ の項は省略する.

オイラー方程式(3.23)の左辺は単位体積の流体の慣性力であり，右辺はそれにはたらく力であった．いまの場合，上に求めた粘性力 $\eta\nabla^2\boldsymbol{v}$ が余分につけ加わることになる．したがって求める方程式は

$$\rho\left\{\frac{\partial\boldsymbol{v}}{\partial t}+(\boldsymbol{v}\cdot\nabla)\boldsymbol{v}\right\} = -\nabla P+\eta\nabla^2\boldsymbol{v}+\rho\boldsymbol{f}$$

である．たとえば x 成分に対する式は

$$\rho\left\{\frac{\partial v_x}{\partial t}+\left(v_x\frac{\partial}{\partial x}+v_y\frac{\partial}{\partial y}+v_z\frac{\partial}{\partial z}\right)v_x\right\}$$
$$= -\frac{\partial P}{\partial x}+\eta\left(\frac{\partial^2}{\partial x^2}+\frac{\partial^2}{\partial y^2}+\frac{\partial^2}{\partial z^2}\right)v_x+\rho f_x$$

これが縮まない粘性流体の運動方程式で**ナヴィエ-ストークス方程式**(Navier-Stokes Equation)とよばれる．以下でこれを使うときは両辺を ρ でわった形

$$\boxed{\frac{\partial\boldsymbol{v}}{\partial t}+(\boldsymbol{v}\cdot\nabla)\boldsymbol{v} = -\frac{1}{\rho}\nabla P+\nu\nabla^2\boldsymbol{v}+\boldsymbol{f}} \tag{6.9}$$

が便利である．ここで $\nu=\eta/\rho$ は前節の終りに導入した動粘性率である．

3-5節の運動量保存則に出てきた運動量の流れのテンソル Π_{ik} ((3.33))の意味，すなわち k 軸に垂直な面を通して単位時間に流れる運動量(あるいは面にはたらく力)の i 成分という意味から，粘性流体では F_{ik} がつけ加わる．したがって

$$\Pi_{ik} = \rho v_i v_k+\delta_{ik}P-\rho\nu\left(\frac{\partial v_i}{\partial x_k}+\frac{\partial v_k}{\partial x_i}\right) \tag{6.10}$$

(3.34)にこれを代入し，連続の方程式を使うと，ナヴィエ-ストークスの方程式になる(外力があるときには(3.33)の左辺が $\boldsymbol{f}$ に等しい)．

粘性力の加わった運動方程式(6.9)に従う流体の流れには完全流体の流れとは定性的に異なる点がある．その1つは粘性があると流れの運動エネルギーの散逸，すなわち熱エネルギーへの転換が生じ，運動の減衰が起こることである．この点についてはあとで議論しよう．もう1つ重要な点は，循環が保存されるというケルヴィンの定理がもはや成り立たなくなることである．外力が保存力でポテンシャル U で与えられるとすると，いまは縮まない流体としているか

ら，(6.9)は(3.50)に対応する形

$$\frac{\partial \boldsymbol{v}}{\partial t}+(\boldsymbol{v}\cdot\nabla)\boldsymbol{v} = -\nabla\left(\frac{1}{\rho}P+U\right)+\nu\nabla^2\boldsymbol{v} \qquad (6.11)$$

に書くことができるが，粘性力の項はグラジエントの形にすることはできない．そのために3-8節のケルヴィンの渦定理の証明は最後のところで行きづまってしまう．したがってこれから具体例で見るように粘性流体の中では渦の生成消滅，成長と減衰が起こり，渦なし流とみなせるのは特別な場合だけなのである．

縮まない粘性流体の運動は，連続の方程式 $\mathrm{div}\,\boldsymbol{v}=0$ とナヴィエ-ストークスの方程式(6.9)を連立させて取り扱うことになる．そのさい必要になる固体の表面での境界条件であるが，流体の分子は固体の表面と衝突したり，また分子間力によって吸着されては離れるという過程をくり返している．したがって固体表面で流体と固体の速度は等しいと考えるのが妥当である．表面についたものがなかなか流れおちないのは日常経験する事実である．完全流体では速度の法線方向の成分だけが等しければよかったことを思い出そう．それに対し粘性流体での境界条件は物体表面の速度を $\boldsymbol{u}$ とすると，表面で

$$\boxed{\text{境界条件：}\quad \boldsymbol{v}=\boldsymbol{u}} \qquad (6.12)$$

でなければならない．静止している物体があればもちろんその表面で $\boldsymbol{v}=0$ となる．

エネルギーの散逸 上に述べたように粘性力があると流れの運動エネルギーが熱エネルギーに転換される．縮まない流体を考えているから密度の変化にともなう流体の内部エネルギーの変化は考えなくてよい．流れの運動エネルギーの密度は $(1/2)\rho\boldsymbol{v}^2$ であるから，これの時間変化を調べてみよう．時間微分をとり，ナヴィエ-ストークスの方程式を使うと

$$\frac{\partial}{\partial t}\left(\frac{1}{2}\rho\boldsymbol{v}^2\right) = \rho\boldsymbol{v}\cdot\frac{\partial \boldsymbol{v}}{\partial t} = \rho v_i\left\{-(\boldsymbol{v}\cdot\nabla)v_i+\frac{1}{\rho}\frac{\partial F_{ik}}{\partial x_k}-\frac{1}{\rho}\frac{\partial P}{\partial x_i}\right\}$$

となる．ただし外力はないとし，粘性力の項は F_{ik} を使って書いた．$\mathrm{div}\,\boldsymbol{v}=\partial v_i/\partial x_i=0$ によって右辺を変形し，3-6節でやったようにできるだけ発散の形にまとめるようにすると

$$\frac{\partial}{\partial t}\left(\frac{1}{2}\rho \boldsymbol{v}^2\right) = -\frac{\partial}{\partial x_k}\left\{v_k \frac{\rho \boldsymbol{v}^2}{2} + v_k P - v_i F_{ik}\right\} - \frac{\partial v_i}{\partial x_k} F_{ik} \qquad (6.13)$$

となる(問題1). これは(3.39)に相当しているが(縮まない流体としているから $\rho\varepsilon$ の変化は考えなくてもよい), 粘性力による付加項が現われている. もし最後の項がなければ { } の中はエネルギーの流れの密度であり, (6.13)は保存則の形をしている. 最後の項は F_{ik} の形を代入すると

$$-\rho\nu \frac{\partial v_i}{\partial x_k}\left(\frac{\partial v_i}{\partial x_k} + \frac{\partial v_k}{\partial x_i}\right) = -\frac{1}{2}\rho\nu\left(\frac{\partial v_i}{\partial x_k} + \frac{\partial v_k}{\partial x_i}\right)\left(\frac{\partial v_i}{\partial x_k} + \frac{\partial v_k}{\partial x_i}\right)$$

と書きなおされる. この項は粘性力による流れのエネルギーの減衰を与える項で, 定符号の形をしているから粘性率 ν は必ず正の値でなければならない.

エネルギーの収支を理解しやすくするために, (6.13)式をある体積 V にわたって積分しよう. そうすると発散の項はガウスの定理によって V をかこむ面およびそのなかにある物体表面にわたる表面積分となる:

$$\frac{d}{dt}\int_V \frac{1}{2}\rho \boldsymbol{v}^2 dV = \int_S \left\{v_k \frac{\rho \boldsymbol{v}^2}{2} + v_k P - v_i F_{ik}\right\} dS_k - \int \frac{\partial v_i}{\partial x_k} F_{ik} dV \qquad (6.14)$$

(S が物体表面であれば境界条件から $\boldsymbol{v}=\boldsymbol{u}$ ($\boldsymbol{u}$ は物体表面の速度)でなければならない.) ここでは法線をいつも表面から流体内部に向う方向にとる. 表面積分のなかの第3項は, 物体が粘性のため流体を引っぱることにより流体とやりとりする単位時間あたりのエネルギーであり, 右辺の体積積分は流体のなかで粘性によって熱に散逸する単位時間あたりのエネルギーである. これらの意味は以下具体例の考察で明らかにしよう. 流体のなかで熱の発生があるから粘性流体の流れは一般に可逆過程ではなく, エントロピーの増加をともなう. しかしここではそれによる温度変化は小さく, 流体の性質は変わらないものとする.

問　　題

1. (6.13)を証明せよ.

6-3 定常流の簡単な例

粘性流体の定常流のなかで簡単に取り扱うことのできる例を2つ3つ取り上げよう．これらの例で取り扱いが簡単になる理由は，問題の幾何学的な性質からナヴィエ-ストークス方程式の非線形項$(\boldsymbol{v}\cdot\nabla)\boldsymbol{v}$が消えることである．

(i) 平行板の間の流れ

xy面に平行な無限に広い板が$z=0$と$z=h$にあり，その間に粘性流体がある．流れはどこでもx方向とする：$\boldsymbol{v}=(v_x,0,0)$．

a) <u>上の板が動く場合</u>　これは6-1節で考えた例であるが，ナヴィエ-ストークスの方程式を解くという立場から見なおしてみよう．境界条件は

$$v_x = 0 \quad (z=0), \qquad v_x = u \quad (z=h) \tag{6.15}$$

である．問題の設定からv_xはzだけに依存する．したがって連続の方程式は自動的にみたされる$(\partial v_x(z)/\partial x=0)$．ナヴィエ-ストークスの方程式は，$\boldsymbol{v}$が時間によらず(定常流を考えている)，また$(\boldsymbol{v}\cdot\nabla)\boldsymbol{v}=v_x\partial v_x(z)/\partial x=0$であり，また圧力も$x$によらないから，たんに

$$\nu\frac{d^2v_x}{dz^2} = 0 \quad (x\text{成分}), \qquad \frac{dP}{dz} = 0 \quad (z\text{成分}) \tag{6.16}$$

となる(y方向にはすべてが一様であるとしているから，以下xz面で考える)．ただし重力などはないとした．したがって圧力は一定であり，また境界条件(6.15)をみたす上の式の解として，すでに6-1節で使った結果(6.5) $v_x=uz/h$が得られる．

上の板をいつも速度uで動かすには仕事をしなければならない．板にはたらく粘性力は単位面積あたり

$$F_{xz} = \eta\partial v_x/\partial z = \eta u/h$$

の大きさである((6.6)式参照)．したがって必要な仕事は単位面積あたり単位時間に

$$W = \eta u^2/h$$

である．これはちょうど(6.14)の表面積分の第3項から得られる値である．また(6.14)の散逸項の大きさは単位体積あたり $\rho\nu u^2/h^2$ に等しい(問題1)．すなわちこれだけの熱が流体のなかで発生する．

b) 圧力差による流れ　上下の板が固定されているとき，一定の流量の流れがあるとする．境界条件は，こんどは

$$v_x(0) = v_x(h) = 0 \tag{6.17}$$

となる．粘性力に対抗する圧力差があって流れが保たれているから，圧力は x の関数である．したがってナヴィエ-ストークスの方程式は

$$\nu \frac{d^2 v_x}{dz^2} - \frac{1}{\rho}\frac{\partial P}{\partial x} = 0, \qquad \frac{\partial P}{\partial z} = 0 \tag{6.18}$$

となる．第2の式から P は x だけの関数であることがわかり，第1の方程式の第1項は x によらない(速度場は x 方向には変化しない)から，dP/dx は定数のはずである．したがって第1の式は積分定数を C, C' とすると

$$v_x = \frac{1}{2\nu\rho}\frac{dP}{dx}z^2 + Cz + C'$$

と積分される．境界条件(6.17)から $C'=0$, $C=-(h/2\nu\rho)dP/dx$ と定まり，解は

$$v_x = \frac{1}{2\nu\rho}\frac{dP}{dx}(z-h)z \tag{6.19}$$

という形になる．圧力の勾配 dP/dx は流量によって定められる．y 方向に単位長さの断面を通して単位時間に流れる流体の質量を J とすると

$$J = \rho\int_0^h v_x dz = -\frac{h^3}{12\nu}\frac{dP}{dx}$$

であるから，結局

$$\frac{dP}{dx} = -\frac{12\nu}{h^3}J, \qquad v_x = \frac{6J}{\rho h^3}(h-z)z \tag{6.20}$$

という結果が得られる．流れは図6-6のようになる．一定量の流れを保つのに要する圧力差が粘性率に比例し，間隔の3乗に逆比例すること，速度場は粘性率によらないことに注意しよう．

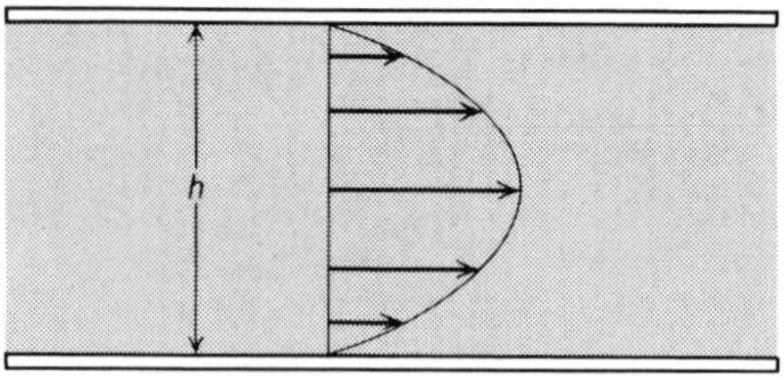

図 6-6　圧力差による流れ．上下の板は固定してある．

(ii)　パイプの中の流れ

(i)項の b)と同じ種類の問題であるが，こんどは半径 a の長いパイプの中の定常流を考える．パイプの軸を z 軸にとり，円柱座標を使うと，問題の性質から速度場は z 成分 v_z だけがあり，しかも r だけの関数である．上の例と同様，圧力勾配 dP/dz は一定であるから，ナヴィエ-ストークス方程式の z 成分は

$$\nu\left(\frac{d^2}{dr^2}+\frac{1}{r}\frac{d}{dr}\right)v_z-\frac{1}{\rho}\frac{dP}{dz}=0$$

となる．境界条件 $v_z(a)=0$ をみたす解は

$$v_z(r)=-\frac{1}{4\rho\nu}\frac{dP}{dz}(a^2-r^2) \tag{6.21}$$

である．流量を J とすると

$$\frac{dP}{dz}=-\frac{8\nu J}{\pi a^4} \tag{6.22}$$

となる．この流れはハーゲン-ポアズイユの流れ(Hagen–Poiseuille's flow)とよばれる．彼らは 19 世紀の半ばころ，独立に細い管中の水流の実験をおこない，圧力差が流量に比例し，管の半径の 4 乗に逆比例することを観測した．

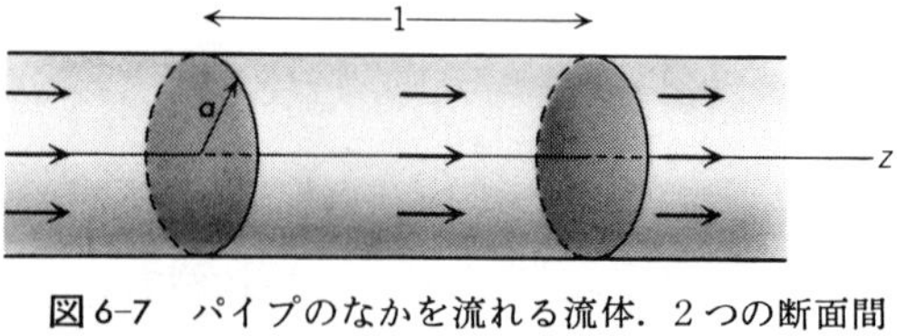

図 6-7　パイプのなかを流れる流体．2 つの断面間の距離を単位長さにとって考える．

ハーゲン-ポアズイユ流の場合にエネルギーの収支を調べてみよう．パイプの単位長さのなかにある流体に対して(6.14)をあてはめよう(図6-7)．左辺は定常流であるから0である．右辺の表面積分のうちパイプの内壁にわたる部分は，パイプが静止しているから0である．2つの断面からの寄与は圧力の項だけからくる．単位長さあたりの圧力差は勾配一定であるから dP/dz に等しく v_z は z によらないから，(6.21,22)を(6.14)に代入すると

$$\int_S v_k P dS_k = \frac{1}{4\rho\nu}\left(\frac{dP}{dz}\right)^2 2\pi\int_0^a (a^2-r^2)rdr = \frac{\pi a^4}{8\rho\nu}\left(\frac{dP}{dz}\right)^2$$

となる．一方(6.14)の最後の散逸項は

$$-\rho\nu\int\left(\frac{\partial v_z}{\partial r}\right)^2 dV = -\rho\nu\cdot 2\pi\left(\frac{1}{2\rho\nu}\frac{dP}{dz}\right)^2\int_0^a r^2 rdr = -\frac{\pi a^4}{8\rho\nu}\left(\frac{dP}{dz}\right)^2$$

となって(6.14)がたしかに成り立っていることがわかる．実際にはパイプの両

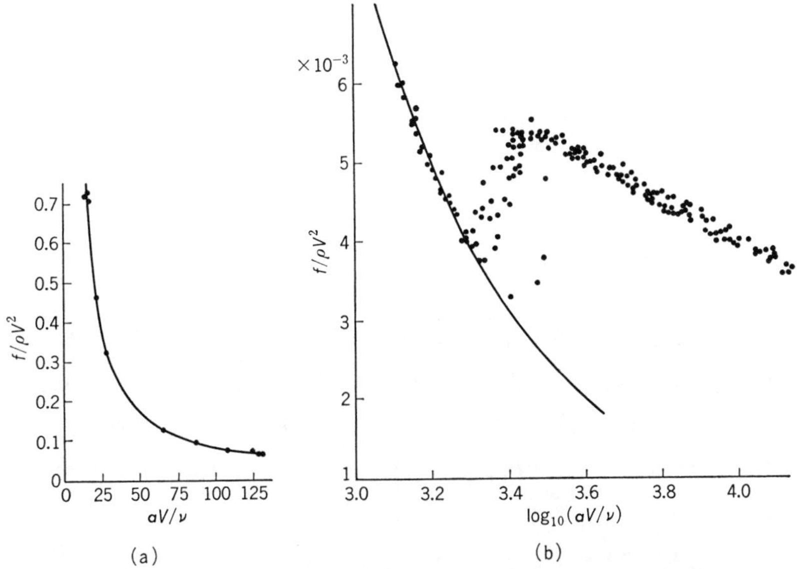

図6-8 ポアズイユ流の検証．(a)半径5 cmの管に粘性の大きな油を流したデータ．(b)直径1.26, 0.71, 0.36 cmのパイプ中を水および空気を流して得たデータ．縦軸は単位面積あたりの粘性力を ρV^2 でわった値．横軸は aV/ν(レイノルズ数．6-8節参照)．実線はいずれもここで求めた理論式による．

端で圧力差 ΔP をつくって流体を流すのであるが，パイプの長さを L とすると（L は a に比べて充分大きく端の影響はないとする），$\Delta P = LdP/dz$ であるから，単位時間あたり J(kg/s) だけの流体を流すのに使われる仕事は $-(J/\rho)\cdot LdP/dz$ である．(6.22)を使うと

$$-\frac{J}{\rho}L\frac{dP}{dz} = \frac{\pi a^4}{8\rho\nu}\left(\frac{dP}{dz}\right)^2 L$$

これはちょうど上の結果とつじつまがあっている．

図 6-8 はパイプの壁にはたらく単位面積あたりの力 $f \equiv -(dP/dz)(a/2)$ と平均の流速 $V = J/\rho\pi a^2$ との関係をいろいろな半径のパイプ中の水，空気，油の流れで測定した結果で，(6.22)を書き直した式 $f/\rho V^2 = 8\nu/aV$ と，V があまり大きくないときにはよく一致している．V が大きくなったときの変化については 6-9 節でふれることにする．

問　　題

1. 本節(i)項の a)の場合について，(6.14)式で表わされるエネルギーの収支を示せ．

2. 長さ 1 m，半径 1 mm の円形のパイプで 2 つの水槽を結んだ．水面の差が 50 cm のときの管の中心での流速と流量を求めよ．

6-4 球のまわりのおそい流れとストークス抵抗

粘性の大きな油のような流体のなかの球の運動を考えてみよう．粘性が大きいから球の速度が小さくても大きな力で引っ張らなければならない．球の速度が小さければまわりの流体の速度も小さいから，流体の要素の運動を考えるとき慣性力は無視できて，流体を動かそうとする力すなわち圧力と粘性力との釣り合いで運動が定められる．たとえば滑車にひもで吊りさげられた錘が落下するとき，滑車に摩擦があると，運動方程式は

$$m\frac{d^2z}{dt^2} = -mg - \lambda\frac{dz}{dt}$$

となる．ここで右辺第 2 項の摩擦力は速度に比例するとした．もし λ が大きけ

れば錘はすぐ摩擦力と重力の釣り合いだけできまる一定速度 $dz/dt=-mg/\lambda$ で運動するようになる．

流れの速度が小さいとナヴィエ-ストークス方程式で $\boldsymbol{v}$ について2次の慣性項 $(\boldsymbol{v}\cdot\nabla)\boldsymbol{v}$ は無視できる．さらに定常流を問題にするときには $\partial\boldsymbol{v}/\partial t=0$ である．この場合には上に述べたようにナヴィエ-ストークス方程式(6.9)は流体要素にはたらく圧力と粘性力と外力の釣り合いの式となる(これからは外力=0とする)：

$$-\frac{1}{\rho}\nabla P+\nu\nabla^2\boldsymbol{v}=0 \tag{6.23}$$

流体は縮まないとしているから，速度場は

$$\mathrm{div}\,\boldsymbol{v}=0 \tag{6.24}$$

を満足しなければならない．したがって(6.23,24)が $\boldsymbol{v}$ と P を定める方程式となる．慣性力を無視する近似はストークス近似とよばれる．

ここで速度 $\boldsymbol{V}$ の一様流のなかに球が静止しているとき，そのまわりにできる流れをストークス近似で求めよう．完全流体の場合の同じ問題は4-3節で扱った．完全流体の場合の境界条件は球の表面で速度 $\boldsymbol{v}$ の法線成分が0であればよ

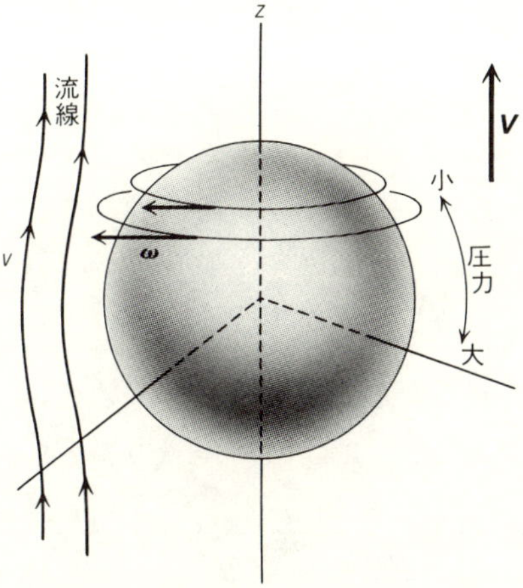

図6-9　一様流のなかに静止している球のまわりの流れ．

かったが，こんどは(6.12)によって $\boldsymbol{v}=0$ でなければならない．原点を球の中心にえらび $\boldsymbol{V}$ の方向を z 軸にとろう(図 6-9)．

一般に(6.23)の両辺の発散をとると，(6.24)のために

$$\nabla^2 P = 0 \tag{6.25}$$

でなければならない．すなわち連続の方程式に従う流れをつくり出す圧力場はラプラス方程式の解でなければならない．球から充分離れたところでは圧力は一定になるはずであるから，r とともに大きくなる解は許されない．4-2 節でみたようにラプラス方程式をみたし，$r\to\infty$ で一定になる解は

$$P(\boldsymbol{r}) = P_0+\frac{c}{r}+\frac{\boldsymbol{a}\cdot\boldsymbol{r}}{r^3}+\cdots$$

(4.14,17)である．第 2 項があると，半径方向の圧力勾配によって，半径方向の流れが生じることになるから $c=0$ でなければならない．そこで圧力場として

$$P(\boldsymbol{r}) = P_0+a\rho\nu\frac{\boldsymbol{V}\cdot\boldsymbol{r}}{r^3} \tag{6.26}$$

という形を仮定しよう．この圧力変化は $\cos\theta/r^2$ に比例し，図 6-9 に示したように粘性力に抗して流れをつくりだすために期待される形になっている．a はあとできめる定数であり，$\rho\nu$ を係数に含めたのは以下の式を簡単にするためである．(6.26)を(6.23)に代入すると，

$$\begin{aligned}\nabla^2 v_x &= -aV\frac{3xz}{r^5}\\ \nabla^2 v_y &= -aV\frac{3yz}{r^5}\\ \nabla^2 v_z &= -aV\left(\frac{3z^2}{r^5}-\frac{1}{r^3}\right)\end{aligned} \tag{6.27}$$

が得られる．次の問題はこの方程式をみたし，発散が 0((6.24))であるような速度場を見出すことであるが，ここではいきなり答えを与えよう(問題 1)：

$$\boldsymbol{v} = \boldsymbol{V}\left(1-\frac{b}{3r^3}+\frac{a}{2r}\right)+(\boldsymbol{V}\cdot\boldsymbol{r})\boldsymbol{r}\left(\frac{a}{2r^3}+\frac{b}{r^5}\right) \tag{6.28}$$

ここで b は任意定数である．最後に速度場は球面での条件，すなわち球の半径を r_0 としたとき，$|\boldsymbol{r}|=r_0$ とおくと $\boldsymbol{v}=0$ でなければならない．(6.28)で $r=r_0$

としたとき，$\boldsymbol{r}$ の方向は任意であるから，$\boldsymbol{v}=0$ となるためには第1項と第2項がそれぞれ0でなければならない．これから定数は $a=-3r_0/2$，$b=3r_0{}^3/4$ ときまり，求める速度場は

$$\boldsymbol{v} = \boldsymbol{V}\left(1-\frac{3r_0}{4r}-\frac{r_0{}^3}{4r^3}\right)-\frac{3}{4}\frac{(\boldsymbol{V}\cdot\boldsymbol{r})\boldsymbol{r}}{r^2}\left(\frac{r_0}{r}-\frac{r_0{}^3}{r^3}\right) \tag{6.29}$$

となる．

完全流体のときの速度場(4.24)と比べると，$1/r$ に比例する項があるのが大きな違いであり，球があることの影響が遠くまで及んでいる．渦度は図6-9に示したように球のまわりをとりかこむ(問題2)．圧力は(6.26)で $a=-3r_0/2$ とおけばよい．球の表面にはたらく圧力の合力は，圧力がつねに面に垂直にはたらくことを考えに入れると，球面上の面積分

$$\boldsymbol{F}_{\mathrm{p}} = \int_{|\boldsymbol{r}|=r_0} dS\frac{\boldsymbol{r}}{r}\left(P_0-\frac{3}{2}\rho\nu r_0 V\frac{z}{r^3}\right) \tag{6.30}$$

で与えられる．(6.30)で0でないのは z 成分，つまり $\boldsymbol{V}$ の方向の成分だけで，

$$\boldsymbol{F}_{\mathrm{p}} = 2\pi\rho\nu r_0\boldsymbol{V} \tag{6.31}$$

となる．

球には圧力だけでなく粘性力もはたらくことを忘れてはならない．(6.4)の F_{ik} は k 軸に垂直な単位面積にはたらく i 方向の力であることを思い出そう．球面の法線は $\boldsymbol{r}/r$ $(r=r_0)$ であるから，球にはたらく粘性力の i 成分は

$$F_{\mathrm{v}i} = -\int_{|\boldsymbol{r}|=r_0} dS\left\{F_{ix}\frac{x}{r}+F_{iy}\frac{y}{r}+F_{iz}\frac{z}{r}\right\} \tag{6.32}$$

で与えられる．問題の性質から $\boldsymbol{F}_{\mathrm{v}}$ もやはり z 成分しかないはずである．定義(6.4)に(6.29)を代入して計算すると(問題3)，

$$\boldsymbol{F}_{\mathrm{v}} = 4\pi\rho\nu r_0\boldsymbol{V} \tag{6.33}$$

が得られ，(6.31)とあわせて球の受ける力は

$$\boldsymbol{F} = \boldsymbol{F}_{\mathrm{p}}+\boldsymbol{F}_{\mathrm{v}} = 6\pi\rho\nu r_0\boldsymbol{V} \tag{6.34}$$

となる．これは**ストークス抵抗**(Stokes' resistance)とよばれる．

静止している粘性流体中を球が速度 $\boldsymbol{V}$ で動いているときの速度場は，(6.29)から $\boldsymbol{V}$ を引けばよい．そのときの流線は図6-10のようになる．粘性のため球

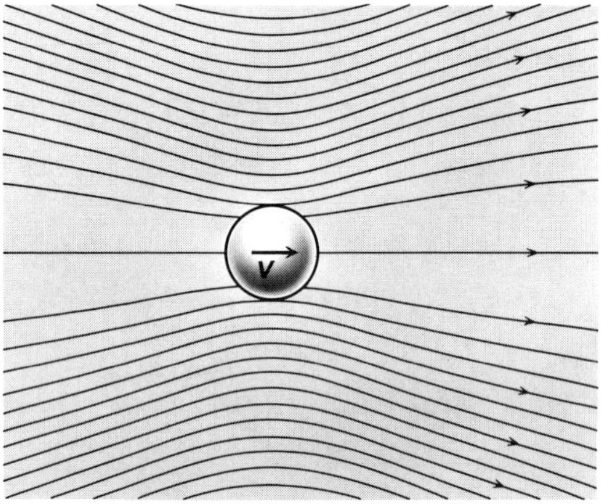

図 6-10　静止している粘性流体中を動く球のまわりの速度場の流線.

が流体を引きずるから，完全流体のときの流線図 4-5 とは著しく異なっている.

上の結果は慣性力を無視する近似で得られたものである. $(\boldsymbol{v}\cdot\nabla)\boldsymbol{v}$ が粘性力 $\nu\nabla^2\boldsymbol{v}$ に比べて無視できるためには，いまの場合

$$V^2/r_0 \ll \nu V/r_0{}^2$$

すなわち

$$V \ll \nu/r_0 \tag{6.35}$$

でなければならない(これは 6-8 節で定義されるレイノルズ数が 1 より小さいという条件である). 20°C の水の場合 $\nu=1.0\times10^{-6}$ m²/s であるから，半径 $r_0=$ 1 mm の球であれば

$$V \ll 1.0 \quad (\text{mm/s})$$

でないといまの近似は適用できない(問題 4). 6-9 節でふれるように，速度が大きくなると流れはまったく異なった様相を示すことを注意しておこう.

問　題

1.　(6.29)の速度場が div $\boldsymbol{v}=0$ および(6.27)をみたすことを確かめよ.

2.　(6.29)から渦度 $\boldsymbol{\omega}=\mathrm{rot}\,\boldsymbol{v}$ を求めよ．

3.　(6.32)および(6.33)を求めよ．

4.　ストークス抵抗の式(6.34)を用いて，半径 0.02 mm の水滴が 20°C の空気中を落下する速度を求めよ．結果はストークス近似を使うことと矛盾しないか？

6-5　平板の振動による流れ

いままで流れが時間によらない定常流を考察してきたが，この節では時間変化のある流れのもっとも簡単な例をとり上げよう．6-3 節では板が一定速度で動く場合を議論したが，こんどは $z=0$ にある板が x 方向に振動数 ω の調和振動をしているとき，それに接している粘性流体がどんな運動をするかを調べる．簡単のため流体は $z>0$ の空間を占めている(上の板は $z=\infty$ にある)としよう(図 6-11)．板は調和振動をしているからその速度は

$$U(t) = U_0 e^{-i\omega t}$$

とする．流体は板に引きずられて運動するからその速度場は x 成分しかなく，しかも z と t だけの関数である：$\boldsymbol{v}=(v_x(z,t),0,0)$．境界条件は板の面 $z=0$ で

$$v_x(0,t) = U_0 e^{-i\omega t} \tag{6.36}$$

および $z=\infty$ で $v_x(\infty,t)=0$ である．

外力がないとすると，ナヴィエ-ストークス方程式はこの場合

$$\frac{\partial v_x}{\partial t} = \nu \frac{\partial^2 v_x}{\partial z^2} \tag{6.37}$$

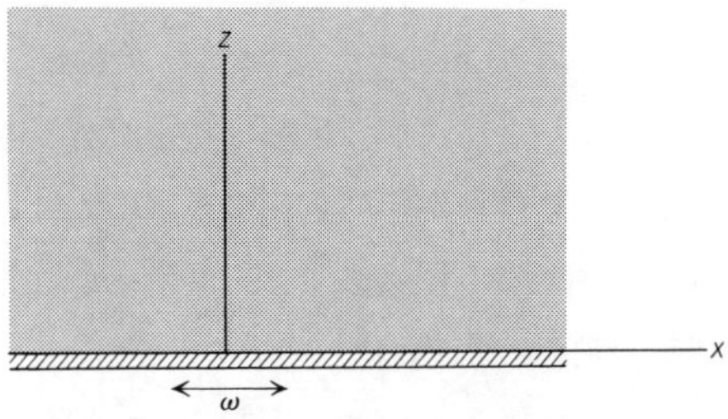

図 6-11　振動数 ω で調和振動している板の上に粘性流体が接している．

という簡単な形になる．板の運動によってつくられる流れであるから v_x も振動数 ω の振動をしているに違いない：$v_x \propto e^{-i\omega t}$．上の偏微分方程式は線形であるから，

$$v_x(z,t) = Ae^{i(kz-\omega t)} \tag{6.38}$$

とおいてみよう．(6.37)に代入すると，

$$-i\omega = -\nu k^2 \quad \text{すなわち} \quad k^2 = i\omega/\nu$$

であればよいことはすぐわかる．$i=e^{i\pi/2}$ を使うと

$$k = \pm e^{i\pi/4}\sqrt{\frac{\omega}{\nu}} = \pm\sqrt{\frac{\omega}{2\nu}}(1+i) \tag{6.39}$$

である．(6.38)に代入し，境界条件(6.36)をみたすようにすると(−符号の解は z とともに振幅が増大するから許されない)，

$$v_x = U_0 e^{-\sqrt{\frac{\omega}{2\nu}}z} e^{i\left(\sqrt{\frac{\omega}{2\nu}}z-\omega t\right)}$$

が得られる．U_0 が実数(すなわち $t=0$ で板の速度が U_0 である)とすると，求める速度場はこの式の実数部分

$$v_x = U_0 e^{-\sqrt{\frac{\omega}{2\nu}}z}\cos\left(\sqrt{\frac{\omega}{2\nu}}z-\omega t\right) \tag{6.40}$$

である．

板の振動が波長 $\lambda=2\pi\sqrt{2\nu/\omega}$ の波として流体のなかに伝わり，その振幅がやはり波長ていどの距離で指数関数的に小さくなることに注目しよう．振動数 ω と粘性率 ν からつくられる長さの単位をもつ量

$$l = \sqrt{2\nu/\omega} \tag{6.41}$$

を**粘性侵入度**(viscous penetration depth)とよぶ．振動数 ω の 1/2 乗に逆比例することに注意しよう．これとよく似た現象は電磁波が導体表面に入射したときにみられる．振動数 ω の電磁波が導体表面に垂直に入射したとき，導体内部に波はちょうど(6.40)と同じように侵入する．粘性率 ν にあたる量は導体の抵抗である(本コース第4巻『電磁気学II』330ページ)．

(6.40)の流れで渦度はどうなっているかを調べてみよう．$\boldsymbol{\omega}=\mathrm{rot}\,\boldsymbol{v}$ の 0 でない成分は

$$\omega_y=\frac{\partial v_x}{\partial z}=-\frac{U_0}{l}e^{-z/l}\left\{\cos\left(\frac{z}{l}-\omega t\right)+\sin\left(\frac{z}{l}-\omega t\right)\right\}$$
$$=-\frac{\sqrt{2}\,U_0}{l}e^{-z/l}\cos\left(\frac{z}{l}-\omega t-\frac{\pi}{4}\right)$$

となる．この式をみると渦度は板の表面で発生して流体のなかに進みながら減衰していくことがわかる(図 6-12)．完全流体の場合は板の表面で流体はすべり，内部にはすべりが入らなかったのであるが，粘性があるとすべりが侵入するのである．

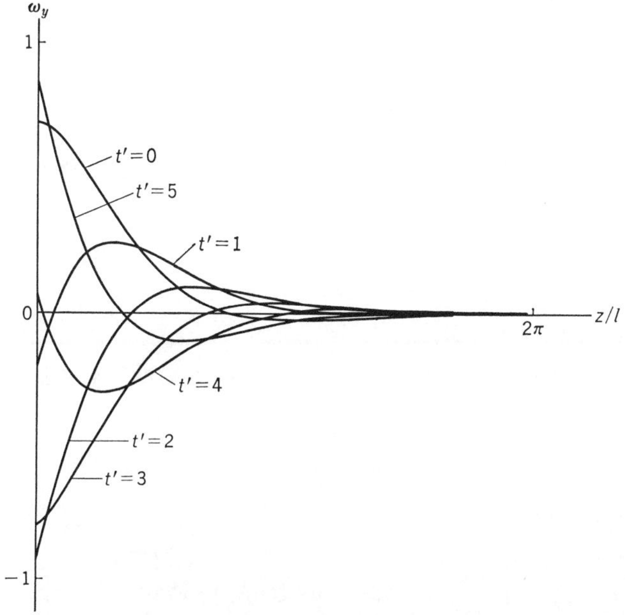

図 6-12 渦度 ω_y の変化の様子．$t'=\omega t$.

問　題

1. 20°C の水の場合に振動数 $\omega=100$ rad/s における粘性侵入度を求めよ．

2. 平板を 20°C の空気中で面に平行に振動数 60 Hz，振幅 1 cm で振動させるとき，単位面積あたり単位時間にどれだけのエネルギーが散逸されるか．

6-6　渦度の拡散

完全流体の運動と粘性流体の運動とのもっとも重要な違いの１つは，前者では循環が保存される(ケルヴィンの定理)のに対し，後者では保存されないという点である．すなわち粘性流体の運動では渦の成長，減衰や拡散がみられるのである．まずこの節では渦の拡散に目を向けよう．

渦の分布を表わすのは渦度 $\boldsymbol{\omega}=\mathrm{rot}\,\boldsymbol{v}$ である．そこで $\boldsymbol{\omega}$ の従う方程式を求めよう．縮まない粘性流体に対するナヴィエ-ストークス方程式は

$$\frac{\partial \boldsymbol{v}}{\partial t}+(\boldsymbol{v}\cdot\nabla)\boldsymbol{v} = -\nabla\left(\frac{1}{\rho}P+U\right)+\nu\nabla^2\boldsymbol{v}$$

であるから，(3.53)を使って左辺第２項をかき直し，全体の rot をとると，グラジエントの項は消えて

$$\frac{\partial \boldsymbol{\omega}}{\partial t}-\mathrm{rot}\,(\boldsymbol{v}\times\boldsymbol{\omega}) = \nu\nabla^2\boldsymbol{\omega} \tag{6.42}$$

が得られる．第２項を，公式

$$\mathrm{rot}\,(\boldsymbol{A}\times\boldsymbol{B}) = \boldsymbol{A}\,\mathrm{div}\,\boldsymbol{B}-\boldsymbol{B}\,\mathrm{div}\,\boldsymbol{A}+(\boldsymbol{B}\cdot\nabla)\boldsymbol{A}-(\boldsymbol{A}\cdot\nabla)\boldsymbol{B}$$

により，$\mathrm{div}\,\boldsymbol{v}=0$，$\mathrm{div}\,\boldsymbol{\omega}=0$ を使ってかき直すと，

$$\mathrm{rot}\,(\boldsymbol{v}\times\boldsymbol{\omega}) = (\boldsymbol{\omega}\cdot\nabla)\boldsymbol{v}-(\boldsymbol{v}\cdot\nabla)\boldsymbol{\omega}$$

となるから，上の方程式は

$$\boxed{\frac{\partial \boldsymbol{\omega}}{\partial t} = -(\boldsymbol{v}\cdot\nabla)\boldsymbol{\omega}+(\boldsymbol{\omega}\cdot\nabla)\boldsymbol{v}+\nu\nabla^2\boldsymbol{\omega}} \tag{6.43}$$

という形にかくことができる．したがって，ある点 $\boldsymbol{r}$ での渦度の時間変化 $\partial\boldsymbol{\omega}(\boldsymbol{r},t)/\partial t$ は，右辺の３つの項に表わされる原因によって生じると考えられる．第１項はオイラーの方程式を導くときにすでに議論したもので(3-4節)，$\boldsymbol{\omega}$ が場所によって異なるときそれが流体とともに速度 $\boldsymbol{v}$ で移動することによる．第２項については次の節で議論することにして，ここでは第３項による効果，つまり渦度の拡散を具体例で考察しよう．

4-6 節で扱った完全流体での直線の渦糸を思いだそう．循環が κ に等しい直線の渦糸が z 軸にそってあるとすると，速度場は z によらず，円柱座標 (r,θ,z) で $\boldsymbol{v}$ の θ 成分は

$$v_\theta = \kappa/2\pi r$$

であった．このとき渦度は渦糸の芯のある z 軸に集中していて，$r=0$ 以外では 0 である．完全流体ではこの渦糸の流れは時間変化をせず，(外から流れを変えないかぎり)渦度はいつまでも z 軸上に集中している．粘性があると，この渦糸はどのように変化するだろうか．すなわち $t=0$ で渦糸の流れがあったとしたとき，流れは t とともにどんな変化を示すかという問題をしらべよう．

まず問題の幾何学的性質から，速度場の z 成分 v_z はいつも 0 であり，また z 方向には一様であるから，$\partial\boldsymbol{v}/\partial z=0$ である．したがって渦度 $\boldsymbol{\omega}$ は z 成分 ω_z しかもたない．そのため(6.43)の右辺の第 2 項は $\omega_z\partial\boldsymbol{v}/\partial z=0$ となる．また渦の流れはいつも z 軸を中心とする円周にそっていて，その速度は z 軸まわりの角度 θ には依存しない．いいかえると速度場の 0 でない成分は r と t だけの関数 $v_\theta(r,t)$ である．したがって ω_z も r と t だけの関数であるから，(6.43)の右辺の第 1 項は

$$(\boldsymbol{v}\cdot\nabla)\omega_z = v_\theta\frac{1}{r}\frac{\partial\omega_z}{\partial\theta} = 0$$

とやはり消えてしまう．その結果，いまの問題では(6.43)は $\omega_z(r,t)$ に対する偏微分方程式

$$\boxed{\frac{\partial\omega_z}{\partial t} = \nu\nabla^2\omega_z} \qquad (6.44)$$

になる．

この型の方程式は**拡散方程式**(diffusion equation)とよばれ，混合気体や液体で分子の乱雑な運動によって濃度の空間分布がどのように変化するかを記述する．時刻 t での溶けている成分の濃度分布を $n(\boldsymbol{r},t)$ とする．濃度に勾配があるとそれに比例した成分の流れ $\boldsymbol{j}=-D\nabla n$ が生ずる．(D は定数，流れは濃度の小さい方へ向かう.) この成分に対する連続の方程式

$$\frac{\partial n}{\partial t}+\mathrm{div}\,\boldsymbol{j}=0$$

は,

$$\frac{\partial n}{\partial t}=D\nabla^2 n \tag{6.45}$$

となり, (6.44)と同じ形になる. 波動方程式と違って時間については1階の微分であることに注意しよう. 係数 D は**拡散係数**(diffusion constant)とよばれる. なお熱伝導, すなわち熱エネルギーの拡散も同じ方程式に従うことをつけ加えておこう.

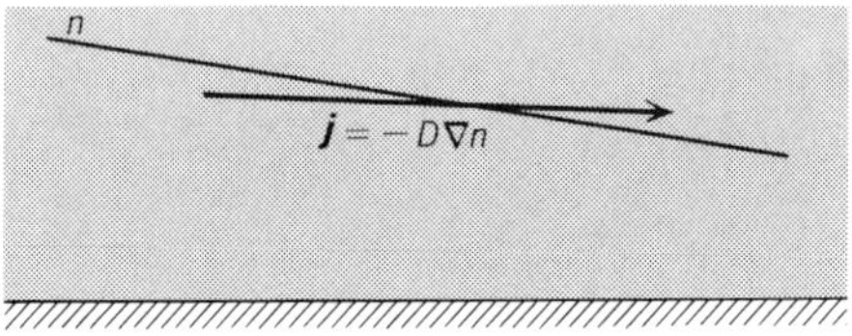

図6-13　濃度に勾配があると
その成分の流れ $\boldsymbol{j}$ が生ずる.

われわれの問題でも z 軸に集中していた渦度が時間とともに拡散することが当然予想される. いまの場合 ω_z は r(円柱座標の r)と t だけの関数であるから, (6.44)は, (2.74)を用いて

$$\frac{\partial \omega_z}{\partial t}=\nu\left(\frac{\partial^2\omega_z}{\partial r^2}+\frac{1}{r}\frac{\partial \omega_z}{\partial r}\right) \tag{6.46}$$

となる. この方程式を与えられた境界条件のもとで解く一般的な方法を述べることは他にゆずって, ここでは必要な結果だけ与えよう(問題1).

$$\omega_z=\frac{\kappa}{4\pi\nu t}e^{-r^2/4\nu t} \tag{6.47}$$

図6-14にみるとおり, ω_z は t が大きくなると外へ拡散していく. 時刻 t での広がりの程度は長さの次元をもつ量 $l=\sqrt{\nu t}$ である. z 軸を中心とする半径 R の円にそう循環を求めてみると, ストークスの定理から

$$\oint \boldsymbol{v}\cdot d\boldsymbol{l}=\int_0^{2\pi}\int_0^R \omega_z r d\theta dr=\frac{\kappa}{2\nu t}\int_0^R e^{-r^2/4\nu t}rdr$$

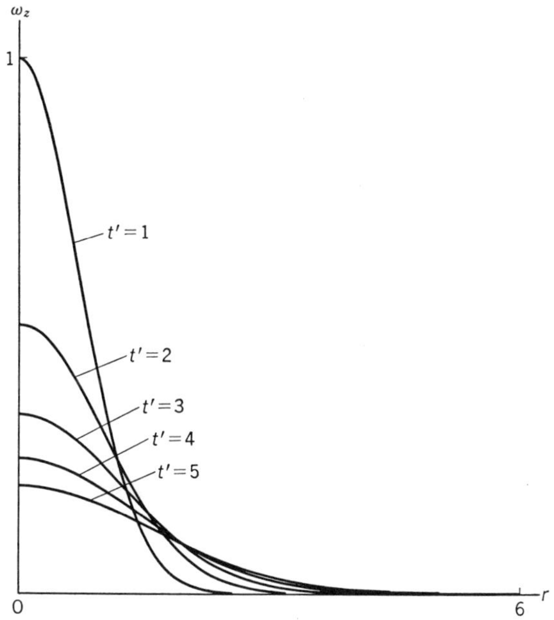

図 6-14　時間とともに渦度が拡散する．$t'=4\nu t$.

$$= \kappa(1-e^{-R^2/4\nu t}) \tag{6.48}$$

と計算される．この結果から $R \gg \sqrt{\nu t}$ の円にそう循環はいつも κ であることがわかる．またこれから速度が

$$v_\theta(r,t) = \frac{\kappa}{2\pi r}(1-e^{-r^2/4\nu t}) \tag{6.49}$$

で与えられることも導かれる．

以上のように粘性流体では渦糸は時間がたつとともにぼやけてくる．しかし(6.48)からわかるとおり，この問題では渦度は拡散するだけで消えていくことはない．これは流体のもつ z 軸まわりの角運動量が保存されることに関係している．(6.49)で $r \ll \sqrt{\nu t}$ の場合に指数関数を展開してみると

$$v_\theta \cong \frac{\kappa}{8\pi\nu t} r$$

となって，中心の方から剛体回転の流れに変わっていくことがわかる．同時にその回転の角速度は t に逆比例して小さくなる．なお前節で扱った板の振動で

は正の渦度と負の渦度が表面で発生し，それが拡散して消しあうことを注意しておこう.

問　題

1. (6.47)が(6.46)を満足することを示せ.

2. $t=0$ で 2 次元的な流れ

$$v_x = \begin{cases} -u & (y>0) \\ u & (y<0) \end{cases}$$

$v_y=v_z=0$ がある(下図 a). u は定数. このとき渦度 ω_z は

$$\omega_z = \frac{u}{\sqrt{\pi\nu t}}e^{-y^2/4\nu t}$$

のように変化する. これが 1 次元の拡散方程式

$$\frac{\partial\omega_z}{\partial t} = \nu\frac{\partial^2\omega_z}{\partial y^2}$$

に従うことを示せ. なお v_x は下図(b)のように変化する.

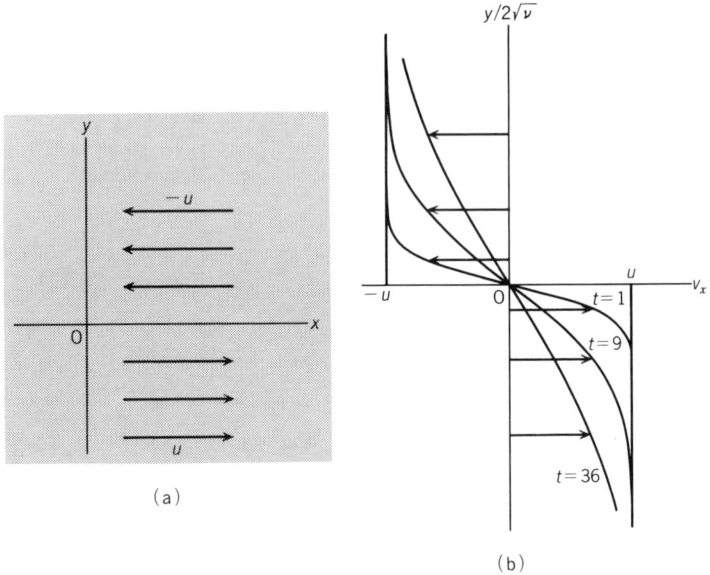

(a)　(b)

6-7 渦の成長

前節では粘性による渦の拡散の効果を考察した．こんどは流れによって渦が引きのばされて成長するという過程が生じることを示そう．すなわち渦度に対する方程式(6.43)の慣性項である右辺の第1項と第2項による効果である．一般論は本書のレベルを越えているので，前と同様に簡単な具体例について議論する．

最初に渦糸が一様でない流れのなかにあるとどのように変化するかを考えよう．その例として $t=0$ に z 方向を軸とする直線の渦糸が，この章の始めに取り上げたような x 方向の平行な流れ

$$\boldsymbol{u} = (az, 0, 0)$$

のなかにあったとする．渦糸の流れでは4-6節で述べたように，渦度は芯に集中しているから，$t=0$ では

$$\boldsymbol{\omega} = (0, a, \omega_0(x, y)) \tag{6.50}$$

であって ω_0 は z 軸の近傍でだけ大きな値をもつ(理想的な渦ではデルタ関数的)．ごく初期の時間変化だけを考えることにして粘性による渦糸のぼやけは小さいとし，渦糸の芯の運動に注目する．(6.43)の右辺第1項 $(\boldsymbol{v}\cdot\nabla)\boldsymbol{\omega}$ は直線の渦糸だけがある流れでは0になるが(6-6節)，いまの場合そのほかに平行流 $\boldsymbol{u}$ があるから，$az\partial\boldsymbol{\omega}/\partial x$ に等しい．また第2項 $(\boldsymbol{\omega}\cdot\nabla)\boldsymbol{v}$ では，t が小さい間は $\boldsymbol{\omega}$ の z 成分による項が支配的であるから，$\omega_z\partial\boldsymbol{v}/\partial z$ としてよいであろう．さらに，初期には渦糸による流れは z に依存しないから，$\partial\boldsymbol{v}/\partial z\cong\partial\boldsymbol{u}/\partial z$ としてよい．したがって粘性項を無視した(6.43)式の z 成分と x 成分は

$$\begin{aligned}\frac{\partial\omega_z}{\partial t} &= -az\frac{\partial\omega_z}{\partial x}\\ \frac{\partial\omega_x}{\partial t} &= -az\frac{\partial\omega_x}{\partial x}+a\omega_z\end{aligned} \tag{6.51}$$

となる．$t=0$ で $\omega_x=0$, $\omega_z=\omega_0(x, y)$ となる解は

$$\omega_z(x, y, t) = \omega_0(x - azt, y)$$

$$\omega_x(x, y, t) = at\omega_0(x - azt, y)$$

であることは代入して確かめられる．これは時間とともに渦糸が流されて斜めになり，渦糸にともなう渦度 $\boldsymbol{\omega}$ の方向はいつも糸の方向を向くことを意味する(図 6-15)．(上の近似は z 軸との角度 $\theta \sim azt/z = at \ll 1$ でしか有効ではない.) この結果は完全流体でのケルヴィンの定理から期待されるものにほかならない.

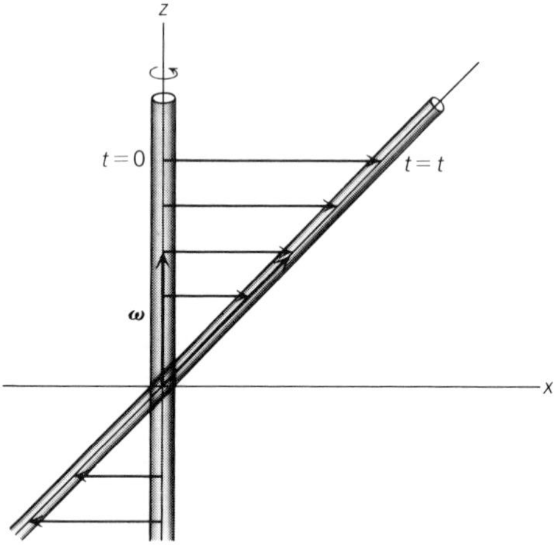

図 6-15 渦糸が流されて斜めになる.

斜めになる分だけ糸の長さが長くなるこの例でわかるように，渦は一様でない流れによって引きのばされる．これは実際の流体の運動できわめて重要な効果である．流れのなかに物体があるとその表面で渦が発生し，それが物体のまわりの一様でない流れで引きのばされて成長する．この渦の成長と粘性による渦の拡散とが粘性流体の運動ではいつも同時に進行している．特殊な場合には 2 つの過程が釣り合って定常的な流れが実現する．その例として，4-2 節で示したよどみ点の近くの流れに z 軸を軸とする渦流が加わった流れを取り上げよう(図 6-16)．よどみ点の近くの流れはポテンシャル流であり，その速度場 $\boldsymbol{v}_1$ を

$$\boldsymbol{v}_1 = (-Ax, -Ay, 2Az)$$

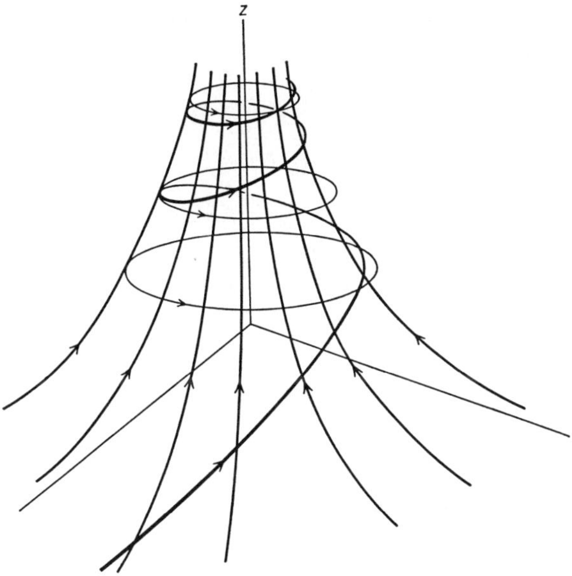

図 6-16　よどみ点近くに渦が加わったとき．

としよう((4.11)で $a=b=-A=$定数 としたもの)．明らかに $\mathrm{div}\,\boldsymbol{v}_1=0$, $\mathrm{rot}\,\boldsymbol{v}_1=0$ である．この流れに加えて，渦度 $\boldsymbol{\omega}=\mathrm{rot}\,\boldsymbol{v}_2$

$$\boldsymbol{\omega} = (0, 0, \omega(r, t))$$

であるような渦流 $\boldsymbol{v}_2$ があるとする．ただし $r=\sqrt{x^2+y^2}$. ω に対する方程式は(6.43)の z 成分

$$\frac{\partial\omega}{\partial t} = -(\boldsymbol{v}\cdot\nabla)\omega+(\boldsymbol{\omega}\cdot\nabla)v_z+\nu\nabla^2\omega$$

である．速度場は $\boldsymbol{v}=\boldsymbol{v}_1+\boldsymbol{v}_2$ であるが渦流 $\boldsymbol{v}_2$ は z 成分がないから，$v_z=2Az$ であり，第2項は $2A\omega$ に等しい．また第1項 $-(\boldsymbol{v}_1\cdot\nabla+\boldsymbol{v}_2\cdot\nabla)\omega$ のなかで，$\boldsymbol{v}_2$ はどこでも z 軸をまわる円周の向き，すなわち円柱座標の θ 方向を向いているから $(\boldsymbol{v}_2\cdot\nabla)\omega=v_2\partial\omega/\partial\theta$ であり，ω が θ によらないから 0 である．したがって

$$\frac{\partial\omega}{\partial t} = A\left(x\frac{\partial}{\partial x}+y\frac{\partial}{\partial y}\right)\omega+2A\omega+\nu\nabla^2\omega \qquad (6.52)$$

となる．A が正ならば右辺第2項は ω を増大させる役割をする．第3項の粘性

による拡散だけならωは時間とともに広がって0になってしまうが第2項との釣り合いで定常流が可能である．$\partial\omega/\partial t=0$とおき，また$\omega$は円柱座標の$r$だけの関数であると仮定しよう．そうすると(6.52)は

$$0 = Ar\frac{d\omega}{dr}+2A\omega+\nu\left(\frac{d^2\omega}{dr^2}+\frac{1}{r}\frac{d\omega}{dr}\right)$$

となる．これは

$$\frac{1}{r}\frac{d}{dr}r\left(\frac{d\omega}{dr}+\frac{A}{\nu}r\omega\right) = 0$$

と書き直せるから，Cを積分定数とすると

$$r\left(\frac{d\omega}{dr}+\frac{A}{\nu}r\omega\right) = C$$

が得られる．$r=0$すなわちz軸上でωが無限大にならないためには$C=0$でなければならない．したがって求める解は

$$\omega = \omega_0 e^{-(A/2\nu)r^2} \tag{6.53}$$

となる．渦度はz軸のまわりの$\sqrt{2\nu/A}$くらいの範囲にあることがわかる．粘

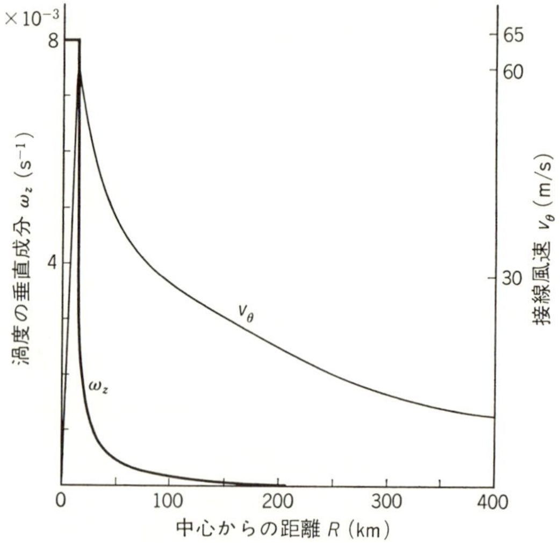

図6-17　1979年の台風16号の最盛時における東側，高度3kmの接線風速および渦度の垂直成分．

性率νが小さいか，周囲から流れこむ速さが大きいと，渦度は集中して保たれるのである(Aの符号が逆であればrとともに渦度が無限大になり，物理的な状況に対応しない)．上昇気流にともなって周囲からの流れこみがあり，それによって渦が成長し保持される竜巻や台風，あるいは風呂の栓を抜いたときの渦などはこの例と共通した現象である．図6-17は最盛時の台風(7916号)の東側，高度約3 kmにおける接線風速と，それから計算した渦度の垂直成分である．渦度が台風の目の付近に集中していることがわかる(図4-10と比べてみよ)．

6-8　相似則とレイノルズ数

われわれは空気や水といった密度や粘性率が異なる流体の運動を扱わなければならない．また問題にする流れのスケールも，地球規模の大気の流れや海流のようなものから，細いパイプのなかの流れにいたるまで大きな幅がある．しかしコップのなかの渦と大きな竜巻，あるいは数十万トンの船とその小さな模型のまわりの流れには似たところがある．この点を正確に表現したのが，粘性流体の流れの議論にとってきわめて重要な相似則である．

粘性流体の基礎方程式は，ナヴィエ-ストークス方程式(6.11)および連続の方程式

$$\begin{gathered}\frac{\partial \boldsymbol{v}}{\partial t}+(\boldsymbol{v}\cdot\nabla)\boldsymbol{v} = -\nabla\left(\frac{1}{\rho}P\right)+\nu\nabla^2\boldsymbol{v} \\ \mathrm{div}\,\boldsymbol{v} = 0\end{gathered} \tag{6.54}$$

である．ただし議論を簡単にするために外場はなく，また流体は縮まない流体であるとした．具体的に話を進めるために，一様流のなかに物体(球，建物，飛行機等々)がおかれてあるとき，そのまわりに生じる流れを考えよう．一様流の速度の大きさをuとし，物体の大きさをl(たとえば球の半径)とする．

いま長さをl，時間をl/uで測ろう．すなわち

$$\tilde{\boldsymbol{r}} = \boldsymbol{r}/l, \qquad \tilde{t} = t/(l/u) \tag{6.55 a}$$

を変数にとる．それに対応して速度は当然uを単位にして測る：

$$\tilde{\boldsymbol{v}} = \boldsymbol{v}/u \tag{6.55 b}$$

これらの量はすべて次元をもたない量である．(6.54)をこれらの量で書き直すには各項をu^2/lでわればよい．物理学のどんな方程式をとってみても，その中に現われる各項の次元は等しいことを思い出そう．$\tilde{\nabla}=l\nabla$に注意すると，結果は，

$$\frac{\partial \tilde{\boldsymbol{v}}}{\partial \tilde{t}}+(\tilde{\boldsymbol{v}}\cdot\tilde{\nabla})\tilde{\boldsymbol{v}} = -\tilde{\nabla}\tilde{P}+\frac{1}{R}\tilde{\nabla}^2\tilde{\boldsymbol{v}} \tag{6.56}$$

となる．ただし

$$\boxed{R = \frac{ul}{\nu}} \tag{6.57}$$

は**レイノルズ数**(Reynolds number)とよばれる無次元のパラメタである．粘性率νの次元は$\mathrm{m^2/s}$であり，<u>l, u, νからできる無次元の量はRだけ</u>である．また$\tilde{P}$は無次元化した圧力である：

$$\tilde{P} = P/\rho u^2 \tag{6.58}$$

このように無次元化した量で書くと基礎方程式にはたった1つのパラメタRしか現われない．このことの意味はきわめて大きい．たとえば水と空気の粘性率の比は

$$\frac{\nu_{空気}}{\nu_{水}} = 15$$

である．$u=0.1\,\mathrm{m/s}$の水の流れのなかに球をおいたときの流れと，$u=1.5\,\mathrm{m/s}$の空気の流れのなかに同じ球をおいたときの流れはまったく同じ問題になるわけである．また同じ形の縮小モデルを使って風洞実験を行なうときには，レイノルズ数を等しくするように風速を選べばよいことになる．このとき物体の受ける抵抗Fは，Fが力すなわちML/T^2の次元をもつことから

$$\tilde{F} = F/\rho u^2 l^2 \tag{6.59}$$

の関係を使って求められる．

境界条件が幾何学的に相似でレイノルズ数が等しい流れは相似である，とい

う法則は**相似則**(similarity law)とよばれる．相似則が成り立つ原因は，流体が連続体とみなせるところにある．理想化した連続体はどんなスケールで見ても連続体である．もし流体をつくっている分子の大きさが問題になるようであれば相似則は成り立たなくなる．縮まない粘性流体の運動方程式に現われるパラメタである粘性率 $\nu=\eta/\rho$ はもちろん個々の流体によって異なる，次元をもつ量である．微視的には，流体分子の乱雑な運動の平均速度を v_{m}，平均自由行程を l_{m} とすると

$$\nu \propto v_{\mathrm{m}} l_{\mathrm{m}}$$

である．このパラメタの値の違いに見合うように流れの問題で与えられる u と l を選びさえすれば，すなわち R を同じにとりさえすれば，連続体とみなせるかぎり相似則が成り立つわけである．

実は相似則を支持する実験データはすでに図6-8に示した．図6-8で横軸に aV/ν をとったのはまさしくこれがレイノルズ数であるからで，縦軸に $f/\rho V^2$ をとったのは f が単位面積あたりの力，したがって(6.59)より $f/\rho V^2$ が無次元になるからであった．水と空気，そして半径の異なるパイプを使った結果が1つの曲線上に乗る(おそい流れから乱れた流れに移る領域を除いて)ことは，相似則がみごとに成り立っていることを物語っている．

流れの非可逆性　ここでナヴィエ-ストークス方程式(6.54)の非可逆性についてふれておこう．粘性によって運動エネルギーが熱に分散されるから，粘性流体の流れが非可逆的であるのは当然であるが，異なった角度からこの問題を眺めてみる．仮想的に時間 t の向きを逆転させる，すなわち $t\to -t$ という時間反転の変換を行なってみよう．このとき $\boldsymbol{v}\to -\boldsymbol{v}$，$\partial/\partial t\to -\partial/\partial t$ になるから方程式(6.54)で粘性項だけが符号を変える．したがって，粘性のない完全流体のオイラーの方程式はこの変換を行なっても前と同じ形をしているが，ナヴィエ-ストークス方程式は異なる方程式になってしまう．このことから前者では，$\boldsymbol{v}(\boldsymbol{r},t)$ が解であれば，$-\boldsymbol{v}(\boldsymbol{r},-t)$ も解であることが示されるが，後者ではそうならない．いいかえると完全流体ではいたるところで流れの向きを逆にした流れも可能なのである．これはオイラーの方程式がニュートンの運動方程式にほ

かならず，力学では軌道を逆にたどる運動も可能であることを考えれば当然である．

定常流では流線が流体粒子の軌跡であるから，完全流体では矢印が書いてなければどちらが上流かわからない．また円柱や球のように前後対称な物体を過ぎる定常流は図 4-5 のように流線も前後対称となる．しかしふつう見られる水の流れなどではどちらが上流かは一見して明らかであるように，粘性流体ではまったく事情が変わってしまう．

Coffee Break

レイノルズの実験

次元的考察は流体力学にとってきわめて重要である．それをはじめて行なったのは，秀れた実験家であったイギリスのレイノルズ(O. Reynolds)である．彼は 1880 年ころ，長い管のなかの流れが 6-3 節で述べた一様な流れ(ポアズイユ流)から渦の発生した乱れた流れになる過程を研究した．図はレイノルズが使った装置で，有名な 1883 年の論文からとったものである．ガラス張りの水槽のなかの水はラッパを通って管に流れこみ下へ流れ出す．フラスコの中には染料で色をつけた水が入っており，細い管で流れの中に導かれ

る．流量は水槽の上のメータで読みとる．流れの速度が小さい間は図(a)のように染料はきれいな直線になっているが，ある速度(臨界速度)をこえると図(b)，(c)のように乱れが生じ，下流では管内に広がってしまう．電気のスパークの光で見るとそのなかに渦状の構造が見られる．レイノルズはこのような実験を異なる内径の管を使い，いろいろな温度(水の粘性係数が変化する)で行なった．そして渦が発生する臨界速度がつねに一定のレイノルズ数(この命名は後にゾンマーフェルト(A. Sommerfeld)が行なった)に対応することを示したのである．レイノルズは，渦が特定の原因によるものなら，流体力学の方程式を解くことにより，渦の発生が ul/ν のある一定の値で始まることが示されるであろうといっている．

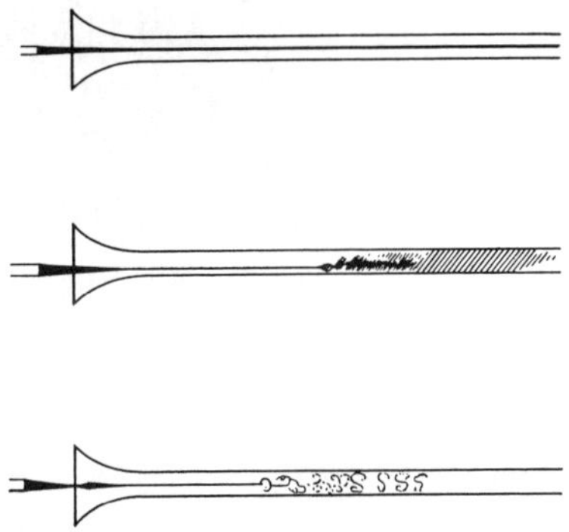
(a)
(b)
(c)

なおレイノルズは染料を流して流れを可視化したが，現在ではそのほかに細い電線を使った電気分解で発生する水素の泡による方法などいろいろ用いられている．またスパークの光のかわりに，レーザー光線によって流体中のある断面を見ることも行なわれている．

6-9　境界層，乱れた流れ

たとえば風呂の水のなかを一定の速さで棒を動かしてみると，そのまわりの流れの様子は速さによって大きく変化することが容易に観察できる．実験によると，一様流のなかに円柱をおいたとき，そのまわりの流れは，流れの速度 u を大きくしていったとき図 6-18 の写真のように変化する．R は円柱の直径を

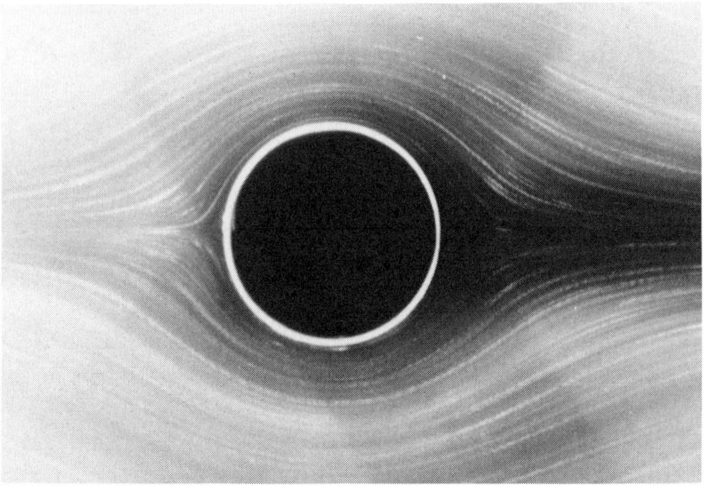

(a) $R=0.16$.

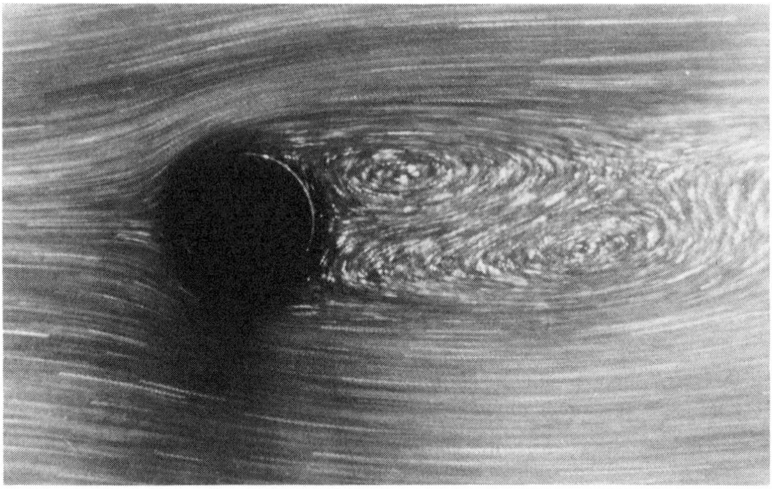

(c) $R=56$.

図 6-18　一様流のなかにおかれた円柱のまわりの流線．流れの速さは

(b) $R=26$.

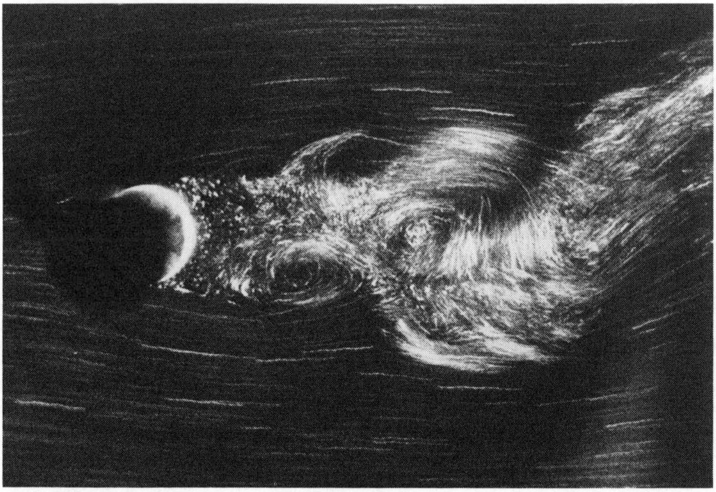

(d) $R=1400$.

(a)から(d)へと大きくなる．Rはレイノルズ数(写真：種子田定俊)．

d としてきめたレイノルズ数 $R=ud/\nu$ である．R が小さいときには流線がなめらかに円柱を過ぎる流れが見られるが(a)，R が大きくなると後方に渦の対が現われる(b)．ここまでは時間的に流れが変化しない定常流であるが，R が約 40 をこえると渦が次つぎと発生して後方に流され(c)，カルマン渦列ができる(図 4-18)．これは周期的に変化する流れである．時間的に変化しない流れのなかに円柱があるのに，その後の流れは時間的に変化するようになるのである．さらに R が約 500 をこえると時間的に不規則に変化し，空間的にも乱れた流れ，いわゆる**乱流**(turbulence)が後方にできる(d)．

6-3 節でとり上げたパイプのなかの定常流は比較的安定な流れであるが，図 6-8 に示されているように R が 2500 くらいになるとやはり不安定になり乱れた流れになる．

このような流れの性格の顕著な変化についてごく簡単にふれよう．与えられた境界条件の下で，上の例のようにレイノルズ数 R を変えたときどんな流れが期待されるかという問題である．

無次元化したナヴィエ-ストークス方程式(6.56)をみればわかるように，R が小さいと $1/R$ に比例する粘性項が慣性項 $(\boldsymbol{v}\cdot\nabla)\boldsymbol{v}$ (定常流では $\partial\boldsymbol{v}/\partial t=0$ で慣性力は $(\boldsymbol{v}\cdot\nabla)\boldsymbol{v}$ の項だけになる)よりも支配的になり，粘性の効果が流れの様子を定める．このときには流線がなめらかに物体のまわりを過ぎる流れ，いわゆる**層流**(laminar flow)となる．粘りのある油のような流体の示す流れが一般になめらかであるのは日常経験することである．慣性力を無視して粘性項と圧力との釣り合いで流れを定めるストークス近似で求めた球のまわりの流れはたしかにこの種の流れであった(図 6-10)．

より興味深いのは逆の場合，すなわち R を大きくしていったときである．R が大きいということは粘性率 ν が小さいことと同じであり，このときには $1/R$ に比例する粘性項は無視してよさそうである．そうすると流体は理想流体のような流れを示すはずであるが，現実の流体では R が大きいとき決して理想流体のような流れはみられないのである．その理由を考えてみよう．

一例として x 方向の流れ

$$v_x = u \tanh \frac{y}{\lambda}$$

をとってみる(6-6節の問題2での，ある時刻の速度場に似ている)．粘性項(無次元化していない)に代入すると

$$\nu \frac{\partial^2 v_x}{\partial y^2} = -\frac{2\nu}{\lambda^2} \operatorname{sech}^2 \frac{y}{\lambda} v_x$$

となり，νが小さくてもλさえ小さければ$|y| \lesssim \lambda$の層のなかでは大きな値をとることがわかる．したがって上下の流体がたがいにすべるような流れのときには必ず粘性が無視できないところがある．同様に静止している壁にそう流れでは，表面で$\boldsymbol{v}=0$という境界条件があるために，表面近くではやはり粘性項が無視できない層ができる(図6-19)．この層のなかで流体はすべり運動をしているから渦度$\boldsymbol{\omega}=\mathrm{rot}\,\boldsymbol{v}$が0ではない．このように渦度が集中している層のことを**境界層**(boundary layer)とよぶ．境界層の外では流れは$\boldsymbol{\omega}=0$のポテンシャル流と考えられる．

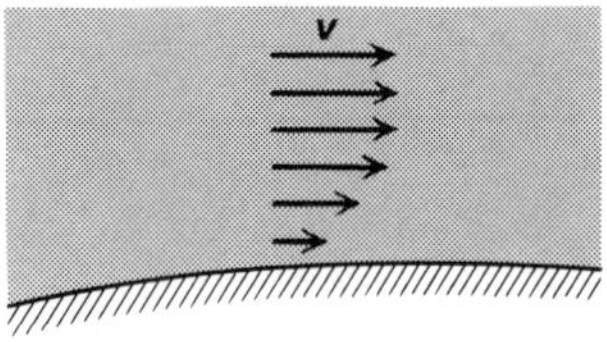

図6-19 壁面の近くで流速が変化する．

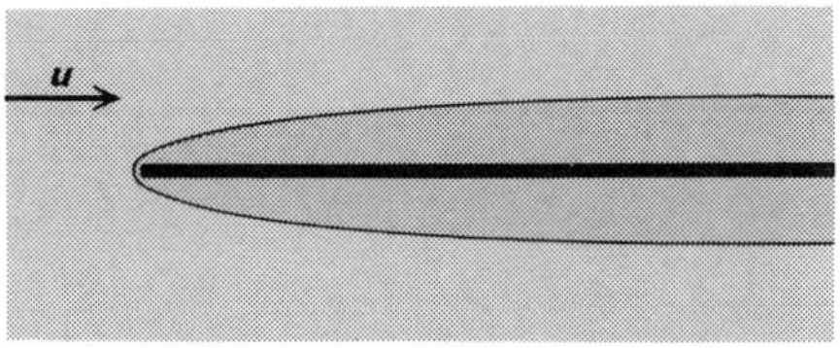

図6-20 平板のまわりの境界層．

非常にうすい板を流れに平行においたときの境界層を調べてみよう．板はxy面の$x \geqq 0$の部分とし，一様流$v_x=u$が$x<0$にあるとする．ここで渦度$\boldsymbol{\omega}$は拡散係数νで拡散すること(6-6節)，またそれは流体とともに運ばれること(6-7節)を思い出そう．板の先端部分で発生した渦は速度uで流されていく．距離xにくるまでに要する時間は$\tau=x/u$である．この時間に渦はz方向に$\lambda \cong \sqrt{\nu\tau}=\sqrt{\nu x/u}$くらい拡散する．したがって板の周りの境界層の厚さは$\sqrt{x}$に比例していると考えられる(図6-20)．この結果はうすい板の場合以外にも定性的にはあてはまると期待されるから，lくらいの大きさの物体であれば，

それをとりまく境界層の厚さはおよそ

$$\lambda \cong \sqrt{\frac{\nu l}{u}} = \frac{1}{\sqrt{R}} l$$

となるであろう．したがってレイノルズ数が大きくなると境界層の厚さはうすくなり，その外では完全流体と同じ渦なしのポテンシャル流になると考えられる．

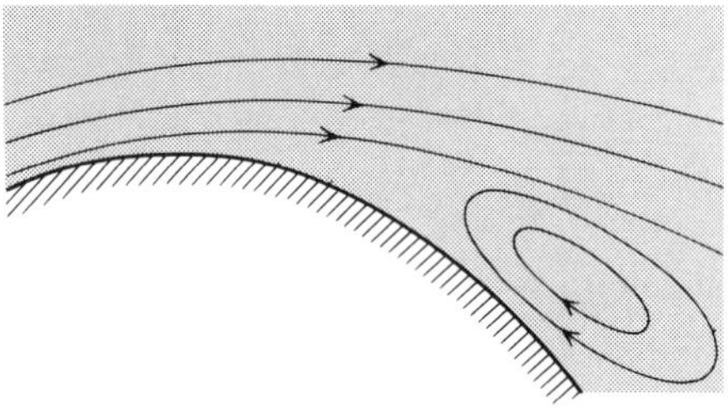

図 6-21 流線がはなれて後方に渦ができる．

ところがここで R が大きくなると境界層のはがれという現象が生じる．図 6-21 のように曲面の場合には，R があるていど大きくなると慣性力のために境界層が面に付着していないで物体の後方ではがれるのである．そうすると後方には大きな渦ができ，図に示してあるように無限遠からくる流線はその渦の外を通るようになる(図 6-18(c)も参照)．さらに R が大きくなると定常的な流れは不安定になって，渦が後方に流され，時間的に振動する流れになり，やがては乱れた流れに移っていく．乱れた流れとは，渦度 $\boldsymbol{\omega}$ の場が乱雑になった，いわばいろいろな方向の大小さまざまな渦ができた，時間的にも不規則に変化する流れである．このような流れの性格の大幅な変化が生じるのは，粘性による渦の発生と流れによる渦管の引きのばしによる渦の成長とによるといってよい．粘性の効果が速度の 2 階微分で与えられるため，R が大きいと渦度は空間的に集中した形で現われ，しかもそれが速度場に関して非線形な慣性項によって大きく変化するのである．渦管はまわりに流れをつくり(3-7 節，4-6 節)，流れは渦管を運ぶから，きわめて複雑な流れが現われることは想像できるであろう．

$l \cong 1\,\mathrm{cm}$，$u \cong 1\,\mathrm{cm \cdot s^{-1}}$ とするとレイノルズ数は空気で $R \cong 6.7$，水で $R \cong 100$（いずれも 20°C におけるもの）である．したがって日常よく目にする流れ，たとえば煙突から立ち昇る煙とか川の流れはむしろ多少は乱れた流れなのである．

地球の振動

大きな地震があると地球全体が振動する．初めて精密な観測が行なわれたのは 1960 年のチリ大地震のときであった．地球は複雑な構造をしているが，全体としては弾性体と見なすことができる．その振動は，第 2 章の弦や膜の振動と同じように，固有振動モードに分解される．固有振動のなかでもっとも簡単なのは半径が変化する，すなわちふくらんだり縮んだりする振動であるが，これは地震では励起されない．観測されるもっとも周期の長いモードは図のような振動である．この周期を粗っぽい仕方で求めてみよう．

弦の固有振動で学んだように，波長を波の速度で割ると周期がえられる．図のような振動では波長はおよそ直径に等しい，すなわち 2×6378 km と考えられる．波の速度としては鉄のなかを伝わる波(縦波)の速度約 6 km/s を使ってみよう．鉄をえらんだのは密度が地球の芯の密度に近いからである．そうすると周期は 2100 秒，つまり 35 分くらいになる．チリ大地震やアラスカ大地震で観測された値は 54 分で，まずまずの一致である．地球の構造も考えて計算するのは大変であるが，どのていどの大きさかは上のような粗っぽい話でも出てくるのである．なお同じ固有振動モードの周期は月の場合 15 分と計算されている．比 15/54 はおよそ月と地球の半径の比 1738/6378 に等しい．

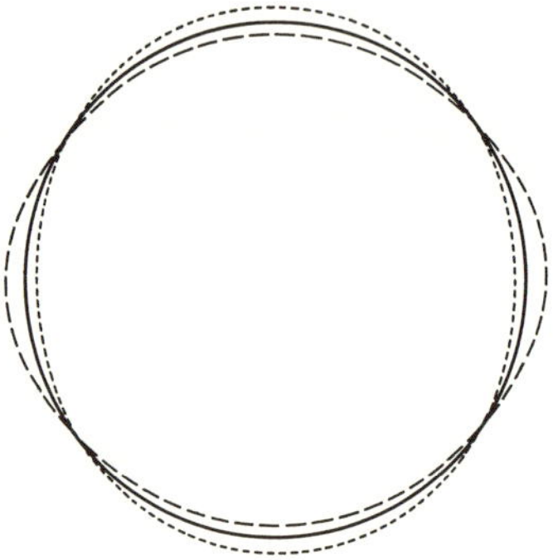

このような地球全体の長周期の振動の分析は，地球の深部をさぐるのに重要な手段である．

7

弾性体

第 2 章で扱った弦や膜では伸ばしたときだけもとにもどろうとする張力がはたらいた．また流体では体積の変化に応ずる圧力だけを考えればよかった．針金や板のような弾性体では体積を変えないで曲げたりねじったりしたときにも，もとにもどろうとする力がはたらく．変形とそれに応じて生じる力をどう記述するかに焦点をしぼろう．

7-1 変形

棒や板に力を加えると伸縮したり曲がったりして形を変える．弾性体では変形したとき，もとの形にもどろうとする復元力がはたらくから，各部分での力の釣り合いや運動を扱うためには弾性体の内部でどのような変形が生じ，そしてそれに応じてどんな復元力がはたらくかを知らなければならない．

たとえば図7-1のように柱に力を加えたとする．柱のある部分をとって見ると，それは変形して歪むと同時に，もとあった場所から移動しまた回転している．復元力は歪みだけに関係しているから，最初に考えなければならないのは，並進や回転と区別して変形だけを取り出して記述するにはどうすればよいかという問題である．

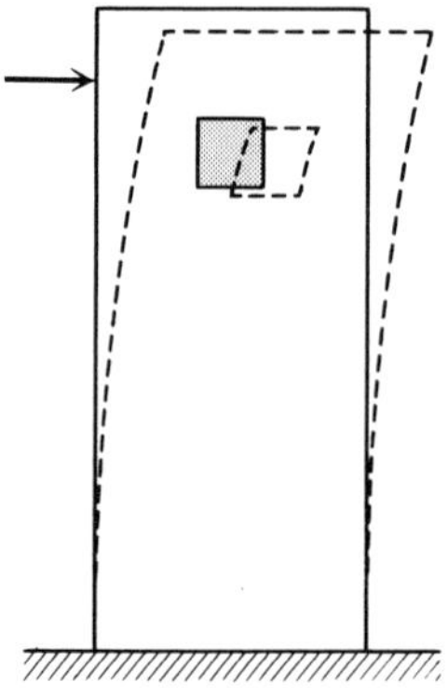

図7-1　柱の変形．

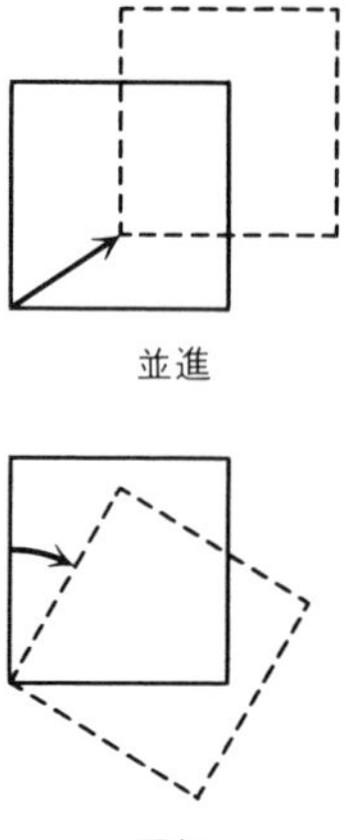

図7-2　並進と回転．

物体が変形したとき，変形の前に点 $\boldsymbol{r}$ にあった要素はある変位ベクトル $\boldsymbol{u}$ だけ移動する(図7-3)．この変位は物体の各部分によって異なるから，$\boldsymbol{r}$ の関数である．すなわち変形によって物体の各点 $\boldsymbol{r}$ は

$$\boldsymbol{r} \to \boldsymbol{r}' = \boldsymbol{r}+\boldsymbol{u}(\boldsymbol{r}) \tag{7.1}$$

に移る．変位 $\boldsymbol{u}(\boldsymbol{r})$ があったとき，点 $\boldsymbol{r}$ にあった部分が単に並進や回転をしたの

か，あるいは変形して歪んだのかを知るにはどうすればよいか？　この問題に答えるためには単なる並進や回転では物体の任意の2点間の距離は変化しない，逆に変形があれば必ずそれが変化するという基本的なことに注意すればよい．点$\boldsymbol{r}_1$と$\boldsymbol{r}_2$との間の距離をl_{12}とすると，$l_{12}{}^2=(\boldsymbol{r}_2-\boldsymbol{r}_1)^2$であるから，(7.1)の変化のあとでは

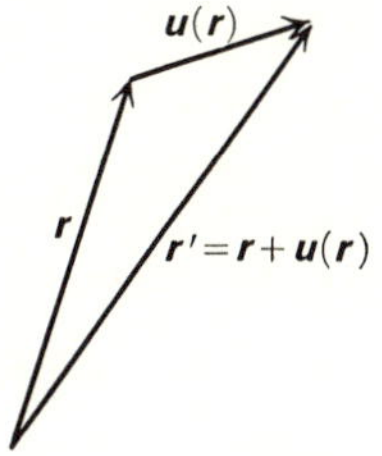

図7-3

$$l_{12}{}^2 \to l_{12}'^2 = (\boldsymbol{r}_2-\boldsymbol{r}_1+\boldsymbol{u}(\boldsymbol{r}_2)-\boldsymbol{u}(\boldsymbol{r}_1))^2$$

この章では式を簡単にするために，x, y, zを

$$x \to x_1, \quad y \to x_2, \quad z \to x_3$$

と書き，x, y, z成分を添字1,2,3で表わそう．したがってベクトル$\boldsymbol{A}$の成分はA_1, A_2, A_3と書く．また同じ添字が現われるときには1,2,3について和をとることにする．$\boldsymbol{r}_1, \boldsymbol{r}_2$として$\boldsymbol{r}, \boldsymbol{r}+d\boldsymbol{r}$をとろう．微小なベクトル$\boldsymbol{r}_2-\boldsymbol{r}_1=d\boldsymbol{r}=(dx_1, dx_2, dx_3)$は(7.1)により

$$d\boldsymbol{r}' = d\boldsymbol{r}+\boldsymbol{u}(\boldsymbol{r}+d\boldsymbol{r})-\boldsymbol{u}(\boldsymbol{r}) = d\boldsymbol{r}+\frac{\partial \boldsymbol{u}}{\partial x_j}dx_j \tag{7.2}$$

に変わる．したがって$(dl)^2=dx_i dx_i$は変位のあとでは

$$(dl')^2 = \left(dx_i+\frac{\partial u_i}{\partial x_j}dx_j\right)\left(dx_i+\frac{\partial u_i}{\partial x_k}dx_k\right)$$

$$\cong dx_i dx_i+\frac{\partial u_i}{\partial x_j}dx_j dx_i+\frac{\partial u_i}{\partial x_k}dx_i dx_k \tag{7.3}$$

となる．ただし変位$\boldsymbol{u}$の空間変化$\partial u_i/\partial x_j$はいつも小さいとして，それについて2次の項は無視した．この仮定は変形がどこでも小さいという仮定である．(7.3)で和をとる添字の記号を書きかえると

$$(dl')^2 = (dl)^2+2\epsilon_{ij}dx_i dx_j \tag{7.4}$$

となる．ただし，ϵ_{ij}は

$$\boxed{\epsilon_{ij} \equiv \frac{1}{2}\left(\frac{\partial u_i}{\partial x_j}+\frac{\partial u_j}{\partial x_i}\right)} \tag{7.5}$$

で定義され，**歪みテンソル**(strain tensor)とよばれる．すなわち距離の変化は

ϵ_{ij} という量で与えられる．ϵ_{ij} は点 $\boldsymbol{r}$ での変位の微分であるから，やはり $\boldsymbol{r}$ の関数，つまり場の量である．$\epsilon_{ij}(\boldsymbol{r})$ が 0 でなければ $\boldsymbol{r}$ にある物体の要素は必ず変形している．変位 $\boldsymbol{u}$ が一定のベクトル $\boldsymbol{a}$ に等しい，すなわちたんなる並進 $\boldsymbol{a}$ であるときにはもちろん $\epsilon_{ij}=0$ である．同様に，たんなる回転においても $\epsilon_{ij}=0$ となる(問題1)．次の節で変形の簡単な例により ϵ_{ij} の意味を明らかにしよう．

歪みテンソル ϵ_{ij} はその名の示すとおりテンソルである．一般にベクトル $\boldsymbol{a}_i$, $\boldsymbol{b}_i$ と，$A_{ij}a_ib_j$ という形の積(個々の添字についてスカラー積)をつくるとスカラー量になる $3\times3=9$ 個の量の組 A_{ij} を 2 階のテンソルとよぶ．最後に ϵ_{ij} は添字の入れ換えに関し対称であることに注意しよう：$\epsilon_{ij}=\epsilon_{ji}$.

問　　題

1. 原点を通り，単位ベクトル $\boldsymbol{n}$ の方向をもつ軸を回転軸として，微小な角 $\delta\theta$ だけ回転すると，点 $\boldsymbol{r}$ は

$$\boldsymbol{r}' = \boldsymbol{r}+\boldsymbol{u} = \boldsymbol{r}+\delta\theta\boldsymbol{n}\times\boldsymbol{r}$$

に移る．この場合に $\partial u_i/\partial x_j=-\partial u_j/\partial x_i$，したがって $\epsilon_{ij}=0$ であることを示せ．このことは微小でない角度の回転にもあてはまる．

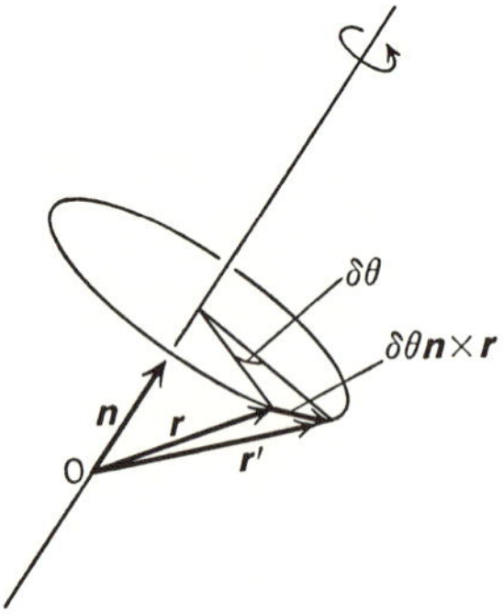

7-2　歪みテンソル

単純な変形の例によって歪みテンソルの意味を理解しよう．$\boldsymbol{r}$ のところにある微小な直方体に注目し，その 3 辺にあたる互いに直交するベクトルを $d\boldsymbol{x}^{(1)}=(dx_1, 0, 0)$，$d\boldsymbol{x}^{(2)}=(0, dx_2, 0)$，$d\boldsymbol{x}^{(3)}=(0, 0, dx_3)$ とする(図 7-4)．(7.2)式の $d\boldsymbol{r}$ としてこの 3 つのベクトルを考える．

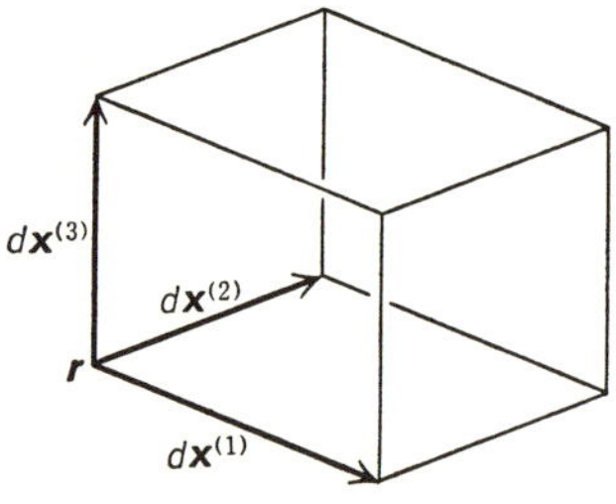

図 7-4

［例 1］ $\epsilon_{11}=\partial u_1/\partial x_1 \neq 0$，それ以外の $\epsilon_{ij}=0$．このときには(7.2)から $\boldsymbol{dx}^{(2)}$，$\boldsymbol{dx}^{(3)}$ は変化せず，$\boldsymbol{dx}^{(1)}$ だけが

$$\boldsymbol{dx}^{(1)\prime} = ((1+\epsilon_{11})dx_1, 0, 0)$$

となる．すなわち，x 方向の長さだけが $1+\epsilon_{11}$ 倍になる．これは単なる伸縮である．$\epsilon_{22}, \epsilon_{33}$ もそれぞれの方向で同じ意味をもつ．したがって，ϵ_{ij} を 3×3 の行列に書いたとき，対角成分だけが 0 でない，

$$\epsilon_{ij} = \begin{pmatrix} \epsilon_{11} & 0 & 0 \\ 0 & \epsilon_{22} & 0 \\ 0 & 0 & \epsilon_{33} \end{pmatrix}$$

の形をしているときには，直方体の各辺が伸縮し，体積 $dV=dx_1dx_2dx_3$ は

$$(1+\epsilon_{11})(1+\epsilon_{22})(1+\epsilon_{33})dV \cong (1+\epsilon_{ii})dV$$

に変化する(いま ϵ_{ij} はすべて小さいとして 2 次以上の項は無視する)．すなわち体積変化は対角和

$$\epsilon_{ii}dV = \left(\frac{\partial u_1}{\partial x_1}+\frac{\partial u_2}{\partial x_2}+\frac{\partial u_3}{\partial x_3}\right)dV = \operatorname{div}\boldsymbol{u}dV \qquad (7.6)$$

で与えられる．流体では(3-3 節)，この量の時間変化 $\operatorname{div}\boldsymbol{v}$ を扱った．この体積変化の式(7.6)は一般の場合にも正しいことを後で示そう．

［例 2］ $\epsilon_{12}=\epsilon_{21}\neq 0$，その他の $\epsilon_{ij}=0$．ただし回転はないと仮定し $\partial u_1/\partial x_2=\partial u_2/\partial x_1$ とする．この場合

$$\boldsymbol{dx}^{(1)} \to \boldsymbol{dx}^{(1)\prime} = (dx_1, \epsilon_{21}dx_1, 0)$$
$$\boldsymbol{dx}^{(2)} \to \boldsymbol{dx}^{(2)\prime} = (\epsilon_{12}dx_2, dx_2, 0)$$

となり，$\boldsymbol{dx}^{(3)}$ は変化しない．ϵ_{12} の 1 次までの近似ではこのとき $\boldsymbol{dx}^{(i)}$ の長さは変化しないが，$\boldsymbol{dx}^{(1)}$ と $\boldsymbol{dx}^{(2)}$ との間の角は，

$$\boldsymbol{dx}^{(1)\prime}\cdot\boldsymbol{dx}^{(2)\prime} = 2\epsilon_{12}dx_1dx_2$$

により $\pi/2$ から $2\epsilon_{12}$ だけ変化する(図 7-5)．しかし体積は

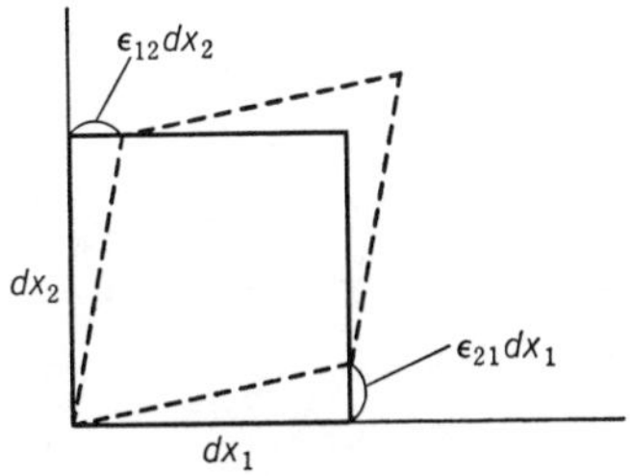

図 7-5

$$dV' = d\boldsymbol{x}^{(3)\prime}(d\boldsymbol{x}^{(1)\prime}\times d\boldsymbol{x}^{(2)\prime}) = dV$$

となって変化しない．すなわち $\epsilon_{12}=\epsilon_{21}$ で表わされるのは図 7-5 のように xy 面でひしゃげる変形である．このような歪みを**ずれ歪み**あるいは**せん断歪み** (shear strain) とよぶ．$\epsilon_{23}, \epsilon_{13}$ も同様の意味をもつ．

ここで歪みテンソル ϵ_{ij} は用いている座標系に依存することに注意しなければならない．例 2 でも図 7-5 からわかるように，対角線の方向には伸び縮みしているから，45° 回転した座標系では ϵ_{ij} は対角要素だけが 0 でない形になる (問題 1)．そこで歪みテンソルが座標系の回転によってどのように変換されるかを明らかにしよう．

座標軸の方向が互いに直交する単位ベクトル $\boldsymbol{e}^{(1)}, \boldsymbol{e}^{(2)}, \boldsymbol{e}^{(3)}$ で与えられる直交座標系 K から，$\bar{\boldsymbol{e}}^{(1)}, \bar{\boldsymbol{e}}^{(2)}, \bar{\boldsymbol{e}}^{(3)}$ である $\bar{K}$ 系に移ったとする．方向余弦を

$$S_{ij} = \boldsymbol{e}^{(i)}\cdot\bar{\boldsymbol{e}}^{(j)} \tag{7.7}$$

と書こう．一般にベクトル $\boldsymbol{a}$ は

$$\boldsymbol{a} = \sum_{i=1}^{3} a_i \boldsymbol{e}^{(i)} = \sum_{i=1}^{3} \bar{a}_i \bar{\boldsymbol{e}}^{(i)} \tag{7.8}$$

と表わされる．$a_i\,(\bar{a}_i)$ が $K\,(\bar{K})$ 系での成分である．両者の間の関係は

$$\begin{aligned} \bar{a}_i &= S_{ik}a_k \\ a_i &= S_{ki}\bar{a}_k \end{aligned} \qquad (i=1,2,3) \tag{7.9}$$

で与えられる (問題 2)．これがベクトルの変換則であり，変換の行列 S_{ij} は

$$S_{ik}S_{jk} = \delta_{ij}, \qquad S_{ki}S_{kj} = \delta_{ij} \tag{7.10}$$

に従う (問題 3)．

さて変位 $\boldsymbol{u}(\boldsymbol{r})$ はベクトルであるから，その成分は (7.9) のように変換する．また $\boldsymbol{u}$ の変数 $\boldsymbol{r}$ もベクトルであるから，

$$\frac{\partial \bar{u}_i}{\partial \bar{x}_j} = S_{ik}\frac{\partial u_k}{\partial x_l}\frac{\partial x_l}{\partial \bar{x}_j} = S_{ik}\frac{\partial u_k}{\partial x_l}S_{jl}$$

したがって

$$\bar{\epsilon}_{ij} = \frac{1}{2}\left(S_{ik}S_{jl}\frac{\partial u_k}{\partial x_l} + S_{jk}S_{il}\frac{\partial u_k}{\partial x_l}\right)$$

カッコのなかの第 2 項で添字をとりかえると，結局

$$\bar{\epsilon}_{ij} = S_{ik}S_{jl}\epsilon_{kl} \tag{7.11}$$

というテンソルの変換則が得られる.

S_{ij} は 3×3 の行列で，9 個の成分をもつが，(7.10) という 6 個の式に従うから，独立な成分は 3 個である(座標軸の回転を指定する回転軸の方向の単位ベクトル $\boldsymbol{n}$ と回転角に対応する)．したがって適当な座標系に移ることによって ϵ_{ij} の 6 個の成分のうちの非対角要素 3 個を 0 にすることが可能である．歪みテンソル ϵ_{ij} が対角形になるような座標軸の方向を**主軸**(principal axis)とよぶ.

適当な座標軸をえらぶといつも ϵ_{ij} が対角形になるとすると，上の例 1 と例 2 との区別はどうなるのか？　それに答えるために，(7.11) の対角和をつくってみると，(7.10) のために

$$\bar{\epsilon}_{ii} = S_{ik}S_{il}\epsilon_{kl} = \epsilon_{ii} \tag{7.12}$$

となり，対角和は座標系のとり方によらない不変量であることがわかる．したがって体積の変化はどんな座標系でも(ϵ_{ij} の非対角要素が 0 でないときでも)，(7.6) で与えられるのである．例 1 と例 2 の違いは対角和が有限か 0 か，すなわち体積変化があるかないかということである.

問　　題

1. 例 2 の歪みを 45° 回転させた座標系で表わせ.
2. (7.9) 式を示せ.
3. (7.10) 式を示せ.

7-3　応力テンソル

流体に関して 3-1 節で行なったと同様に，弾性体の内部の任意の要素に対して周囲が及ぼす力を問題にしよう．点 $\boldsymbol{r}$ のところにある j 軸に垂直な微小面積 dS を通してはたらく i 方向の力を $\sigma_{ij}(\boldsymbol{r})dS$ と書く(図 7-6)．σ_{ij} の次元は単位面積あたりの力である．このとき j 軸の正の側にある部分が反対側に及ぼす力を指すものとする．一般に面積要素 dS にはたらく力の i 成分は

$$\sigma_{ij}dS_j \qquad (7.13)$$

と表わされる．流体では(粘性力を別にすれば)圧力しかはたらかないから $\sigma_{ij}=-P\delta_{ij}$ であった．σ_{ij} は**応力テンソル** (stress tensor) とよばれる．σ_{ij} の非対角成分 $(i\neq j)$ は面に平行に引っ張る力を表わす(図 7-6).

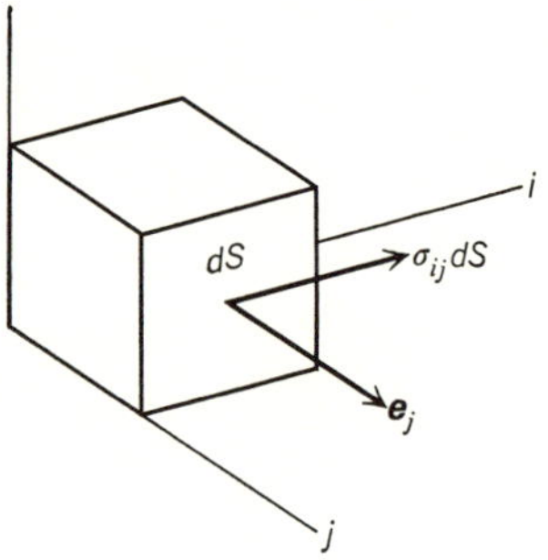

図 7-6

図 7-6 の微小要素の 6 つの面に周囲が及ぼす力の合力は，6-2 節と同様にして

$$(\partial\sigma_{ij}/\partial x_j)dV \qquad (7.14)$$

(i 成分)と求められる．したがって体積 V をもつ任意の部分にはたらく力 $\boldsymbol{F}$ の成分は(7.14)の積分で与えられ，ガウスの定理によって V をかこむ表面 S 上の面積分で表わされる．

$$F_i=\int_V\frac{\partial\sigma_{ij}}{\partial x_j}dV=\int_S\sigma_{ij}dS_j \qquad (7.15)$$

次に直方体にはたらく偶力を調べてみよう．直方体の中心に原点をとる．x 軸に垂直な 2 つの面にはたらく力のモーメントの z 成分は，

$$\frac{1}{2}dx\cdot\sigma_{21}dydz+\left(-\frac{1}{2}dx\right)\cdot(-\sigma_{21})dydz=\sigma_{21}dV$$

に等しい(図 7-7)．y 軸に垂直な 2 つの面からの寄与は同様にして $-\sigma_{12}dV$ となるから，偶力の z 成分は

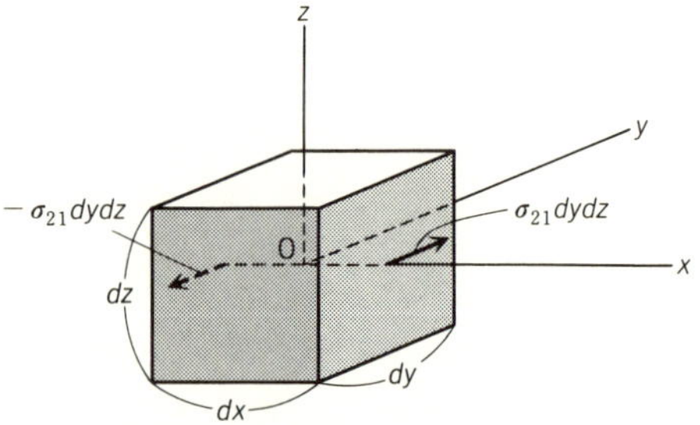

図 7-7　偶力．

$$(\sigma_{21}-\sigma_{12})dV$$

となる．もしこれが消えなければ応力によって要素 dV は回転しはじめるであろう．弾性体が変形して静止しているときその内部の任意の要素に対してはたらく偶力は0でなければならない．したがって $\sigma_{12}=\sigma_{21}$．他の成分についても同様であるから，応力テンソルは添字について対称である：$\sigma_{ij}=\sigma_{ji}$.

要素 dV に直接はたらく重力のような外力は，大きさがその体積に比例する体積力であるから，$\boldsymbol{f}^{(\mathrm{b})}dV$ と表わそう．(7.14)とこれの和が0というのが静止している弾性体の内部での釣り合いの条件となる．

$$\frac{\partial \sigma_{ij}}{\partial x_j}+f_i^{(\mathrm{b})}=0 \qquad (i=1,2,3) \tag{7.16}$$

次に弾性体の表面における力の釣り合いを表わそう．表面 $d\boldsymbol{S}$ が内部から受ける力は $-\sigma_{ij}dS_j$ に等しい．$d\boldsymbol{S}$ の方向は外に向かっているからマイナスがつく．これと外からこの面積要素に加えられる外力 $\boldsymbol{f}^{(\mathrm{s})}dS$ とが釣り合わなければならない．$\boldsymbol{f}^{(\mathrm{s})}$ は単位面積あたりの力である．したがって表面では，$\boldsymbol{n}$ を法線ベクトルとして，

$$\sigma_{ij}n_j = f_i^{(\mathrm{s})} \tag{7.17}$$

が成り立たなければならない．

弾性体に外から力を加えたとき生じる変形は(7.16)および(7.17)式で定められるが，それを行なうには流体力学で圧力と密度との関係が必要であったのと同様に，応力テンソル σ_{ij} と歪みテンソル ϵ_{ij} の間の関係を知らなければならない．

なお σ_{ij} は ϵ_{ij} と同様に2階のテンソルで，同じ変換則に従う．

7-4 フックの法則

伸び縮みが小さければ弦やバネの復元力は長さの変化の割り合いに比例した．流体でも圧力の変化は密度の変化に比例した．弾性体のもっと一般的な変形でも，その度合いがあまり大きくなければ，復元力すなわち応力は変形の割り合

いに比例する．これを**フックの法則**(Hook's law)とよぶ．弾性体中の点 $\boldsymbol{r}$ における変形は歪みテンソル $\epsilon_{ij}(\boldsymbol{r})$ で表わされ，応力は応力テンソル $\sigma_{ij}(\boldsymbol{r})$ で表わされる．ϵ_{ij} も σ_{ij} も一般には 6 個の独立な成分をもつから，両者の間の関係は複雑になるが，ここではもっとも簡単な**等方的**(isotropic)弾性体の場合の関係を考察しよう．等方的とは弾性体の性質がどの方向も同じであるということである．一般に固体は等方的でなく，特に結晶では結晶軸が特別な方向になるから等方的ではない．しかし金属のように微視的には結晶からできているものも，大きなスケールでは結晶軸がいろいろな方向をむいた微結晶の集まりであって，平均的には等方的とみなせる場合が多い．

具体的な問題への応用のために ϵ_{ij} と σ_{ij} との間の関係を次の形に書くのが便利である．7-2 節で示したように，ϵ_{ij} で表わされる変形があったとき，体積の変化率は対角和 ϵ_{ll} で与えられるから，まず ϵ_{ij} を

$$\epsilon_{ij} = \left(\epsilon_{ij} - \frac{1}{3}\epsilon_{ll}\delta_{ij}\right) + \frac{1}{3}\epsilon_{ll}\delta_{ij} \tag{7.18}$$

という形に書く．第 1 項の対角和は $\delta_{ll}=3$ であるから 0 に等しく，また第 2 項はどの方向にも同じ伸び $\epsilon_{ll}/3$ を表わす．したがって第 1 項は純粋なずれ歪み，第 2 項はどの方向にも一様な伸縮歪みを表わしている．そこで応力はこの 2 種類の歪みに対応して，

$$\boxed{\sigma_{ij} = 2\mu\left(\epsilon_{ij} - \frac{1}{3}\epsilon_{ll}\delta_{ij}\right) + K\epsilon_{ll}\delta_{ij}} \tag{7.19}$$

で与えられると考えてよい．μ と K は**弾性定数**(elastic constant)であり，μ を**ずれ弾性率**(shear modulus)，K を**体積弾性率**(bulk modulus)とよぶ．等方的な弾性体ではどの方向の座標軸をとっても物理的な関係式は同じ形になるはずである．たしかに(7.19)は座標軸の回転を行なっても形を変えない(問題 1)．

(7.19)の逆の関係も必要になるので求めておく．対角和から $\epsilon_{ll}=\sigma_{ll}/3K$．これを(7.19)に代入して ϵ_{ij} を求めると

$$\epsilon_{ij} = \frac{1}{2\mu}\left(\sigma_{ij} - \frac{1}{3}\sigma_{ll}\delta_{ij}\right) + \frac{1}{9K}\sigma_{ll}\delta_{ij} \tag{7.20}$$

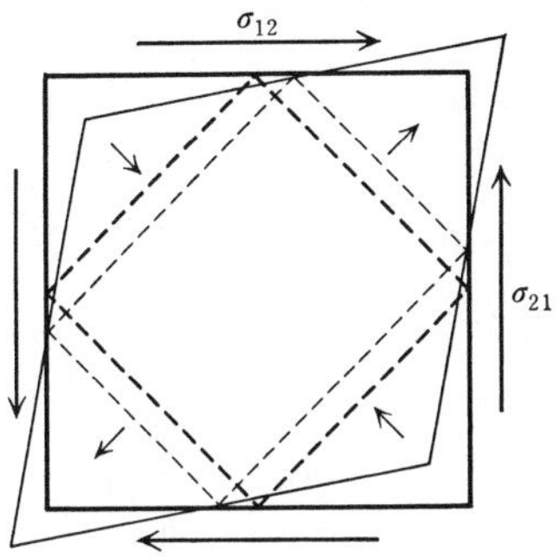

図 7-8　応力 $\sigma_{12}=\sigma_{21}$ と歪みの関係．中の正方形を考えると，図のように長方形に歪み，応力は矢印のようになっている．

が得られる．図 7-8 は $\sigma_{12}=\sigma_{21}$ だけが 0 でないときの応力と歪みを示している．

弾性体に静水圧力を加えたとき，$\sigma_{ij}=-P\delta_{ij}$ であるから，$\epsilon_{ll}=-P/K$．これから K の逆数が圧縮率であることがわかる．

流体は K が有限であるが，$\mu\to 0$ の物質，すなわちどんなに小さいずれ力によっても大きなずれ歪みが生じる弾性体であるといえる．

弾性体を変形させるには外から力を加えて仕事をしなければならない．その分だけのエネルギーが弾性体のなかに蓄えられる．この弾性エネルギー $\mathcal{E}$ は，フックの法則が成り立つときには

$$\mathcal{E}=\frac{1}{2}\int\epsilon_{ij}\sigma_{ij}dV \tag{7.21}$$

で与えられる．

問　　題

1.　歪みテンソルの対角和が不変であること((7.12))を使って，(7.19)の関係が座標系によらないことを示せ．

7-5　ポアソン比とヤング率

棒の端を引っ張ったり押したりしたときのように，棒のどの部分も同じように伸びたり縮んだりする場合を考えよう．このように弾性体のどの部分でも同

じ変形，すなわち一様な変形はもっとも簡単に取り扱える．このとき ϵ_{ij} も σ_{ij} も位置によらず定数になる．

断面が4角形の棒の両端を，棒と平行な力で引っ張ったとする（f の符号を変えれば押した場合になる）．図7-9のように $z=0$ と $z=L$ の断面に単位面積あたり f と $-f$ の力が z 方向に加わるとすると，両端での境界条件すなわち表面での釣合いの式(7.17)は

$$\sigma_{zz}(z=L) = f, \qquad -\sigma_{zz}(z=0) = -f \tag{7.22}$$

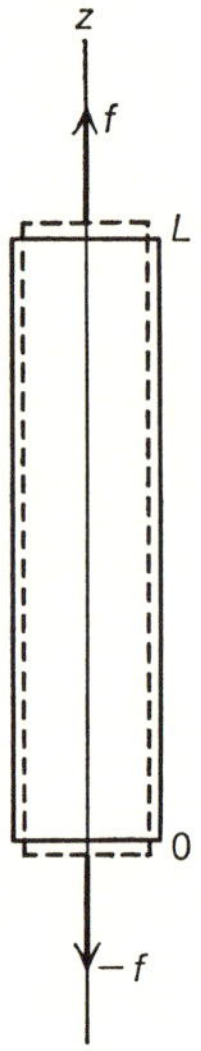

図7-9　棒の両端を引っ張る．

その他の $\sigma_{iz}=0$ である．棒の側面，すなわち x および y 軸に垂直な面には力は加えられていないから

$$\sigma_{ix} = 0, \qquad \sigma_{iy} = 0 \tag{7.23}$$

でなければならない．内部では重力を無視すると(7.16)式で $f_i^{(b)}=0$ とした式 $\partial\sigma_{ik}/\partial x_k=0$ が成り立たなければならないが，いまの場合境界条件(7.22,23)から

$$\sigma_{zz} = f, \qquad \text{それ以外の } \sigma_{ik} = 0$$

が求める応力テンソルであることは明らかである．応力テンソルがわかれば(7.20)から歪みテンソルがわかる．

$$\begin{aligned} \epsilon_{zz} &= \frac{1}{3}\left(\frac{1}{\mu}+\frac{1}{3K}\right)f \\ \epsilon_{xx} = \epsilon_{yy} &= -\frac{1}{3}\left(\frac{1}{2\mu}-\frac{1}{3K}\right)f \end{aligned} \tag{7.24}$$

ϵ_{zz} は棒の伸び（f を正にしたとき）の割り合いであり，$\epsilon_{xx}, \epsilon_{yy}$ はこのときの棒の幅の縮みの割り合いである．両者の大きさの比は

$$\sigma \equiv -\frac{\epsilon_{xx}}{\epsilon_{zz}} = \frac{3K-2\mu}{2(3K+\mu)} \tag{7.25}$$

であり，**ポアソン比**(Poisson ratio)とよばれる．また伸び率と f との関係を

$$\epsilon_{zz}=\frac{1}{E}f$$

と書いたときの定数

$$E=\frac{9\mu K}{3K+\mu} \tag{7.26}$$

を**ヤング率**(Young's modulus)とよぶ．E と σ はこのように物理的にはっきりした意味をもっているので，弾性定数としてよく使われる．いくつかの物質における それらの大きさが表 7-1 に示してある．μ と K は E と σ で

$$\mu=\frac{E}{2(1+\sigma)},\qquad K=\frac{E}{3(1-2\sigma)} \tag{7.27}$$

と与えられる．なお μ も K も正でなければならないから，$E>0$，ポアソン比は

$$-1<\sigma<1/2$$

の値しか許されない．現実には引っ張ったとき必ず横方向に縮むから $0<\sigma<1/2$ である．流体の極限では $\mu, E\to 0$，$\sigma\to 1/2$，ただし K は有限，であることに注意しよう．表 7-1 に見られるように，硬い物では E は大きく σ は小さい．やわらかい物では E は小さく σ は 1/2 に近い．

表 7-1 弾性定数*

物質	μ	K	E	σ
	$\times10^{10}$	$\times10^{10}$	$\times10^{10}$	
アルミニウム	2.61	7.55	7.03	0.345
金	2.7	21.7	7.8	0.44
鉄(軟)	8	17	21	0.3
石英	3.12	3.7	7.3	0.17
タングステンカーバイド	21.9	31.9	53.4	0.22
弾性ゴム	$(5\sim15)\times10^{-5}$		$(1.5\sim5.0)\times10^{-4}$	0.46～0.49

* μ, K, E の単位は N/m^2.

問　題

1. (7.24)の変形による体積変化の割り合いを求めよ.

2. 1 cm×1 cm×1 m の鉄の棒を 500 kgw の力で引っ張った. 伸びと横方向の縮みを求めよ. また弾性エネルギーの大きさを求めよ.

7-6　弾性体のなかを伝わる波

この節では弾性体の運動を考察する. 運動といっても変形はいつも微小であるという条件つきであるから, 具体的に扱うのは振動あるいは波動だけである.

静的な釣り合いを問題にしたとき, 要素 dV にはたらく応力を求め, それと外力(体積力)との和を 0 とおいて釣り合いの式(7.16)を得た. 運動しているときも変形に対応する応力は静止しているときと同じ応力テンソルで与えられると考えてよいから(振動数があまり大きくなければ), $\boldsymbol{r}$ にある要素 dV にはたらく応力は $\partial\sigma_{ij}/\partial x_j\cdot dV$ (i 成分)である. この要素の質量は ρdV であり, 加速度は変位ベクトル $\boldsymbol{u}(\boldsymbol{r},t)$ の時間についての 2 階微分 $\partial^2\boldsymbol{u}(\boldsymbol{r},t)/\partial t^2$ であるから, 慣性力は $\rho\partial^2\boldsymbol{u}/\partial t^2\cdot dV$ に等しい. (ここで ρ は変形のないときの密度であって, その変化は高次の補正であるから無視される.) したがって運動方程式は

$$\rho\frac{\partial^2 u_i}{\partial t^2}=\frac{\partial\sigma_{ij}}{\partial x_j}\qquad (i=1,2,3)\qquad (7.28)$$

となる. ただし外力はないとした. 右辺に(7.19)を代入すると

$$\rho\frac{\partial^2 u_i}{\partial t^2}=2\mu\frac{\partial\epsilon_{ik}}{\partial x_k}+\left(K-\frac{2}{3}\mu\right)\frac{\partial\epsilon_{ll}}{\partial x_i}\qquad (7.29)$$

となる. さらに(7.5)の定義により ϵ_{ij} を変位ベクトル $\boldsymbol{u}$ で表わすと

$$\frac{\partial\epsilon_{ik}}{\partial x_k}=\frac{1}{2}\nabla^2 u_i+\frac{1}{2}\frac{\partial}{\partial x_i}\mathrm{div}\,\boldsymbol{u},\qquad \frac{\partial\epsilon_{ll}}{\partial x_i}=\frac{\partial}{\partial x_i}\mathrm{div}\,\boldsymbol{u}$$

となる. ベクトル解析の公式 $\nabla^2\boldsymbol{u}=\nabla\,\mathrm{div}\,\boldsymbol{u}-\mathrm{rot}\,\mathrm{rot}\,\boldsymbol{u}$ を用いて整理すると, 結局(7.28)は

$$\rho\frac{\partial^2 \boldsymbol{u}}{\partial t^2} = -\mu\,\mathrm{rot}\,\mathrm{rot}\,\boldsymbol{u}+2\mu\frac{1-\sigma}{1-2\sigma}\nabla\,\mathrm{div}\,\boldsymbol{u} \tag{7.30}$$

という方程式になる．ただし K を μ と σ とで表わした．

この運動方程式をもとにして無限に広がった一様で等方的な弾性体のなかを伝わる波を議論しよう．流体のなかを伝わる波すなわち音波の場合には密度あるいはスカラー・ポテンシャル ϕ に対する波動方程式(5.29)が得られたが，こんどは変位ベクトルの場 $\boldsymbol{u}$ の3成分に対する3つの方程式であることにまず注意しなければならない．流体中の音波は，波にともなう流体の運動がいつも波の伝搬する方向に平行である**縦波**(longitudinal wave)であった．すなわち流体の要素の変位 $\boldsymbol{u}$ はいつも波数ベクトル $\boldsymbol{k}$ に平行であったが，弾性体のなかでは $\boldsymbol{u}$ の方向は必ずしも $\boldsymbol{k}$ の方向でなくてもよい．そこで次のような取り扱いをするのが便利である．

ある波数ベクトル $\boldsymbol{k}$ の波

$$\boldsymbol{u}(\boldsymbol{r},t) = \boldsymbol{u}_{\boldsymbol{k}}(t)e^{i\boldsymbol{k}\cdot\boldsymbol{r}} \tag{7.31}$$

を考えよう．$\boldsymbol{u}_{\boldsymbol{k}}$ はこの波にともなってどんな方向にどんな大きさの変位があるかを表わすベクトルである．ベクトルであるから3つの成分で表わされるが，その3成分に分解する仕方としては，第一に $\boldsymbol{k}$ 方向の成分，すなわち縦波の成分をとるのがよい．そうするとあとの2つは $\boldsymbol{k}$ に垂直な面内で互いに直交する2つの方向の成分を考えればよいことになる．したがって図7-10のように

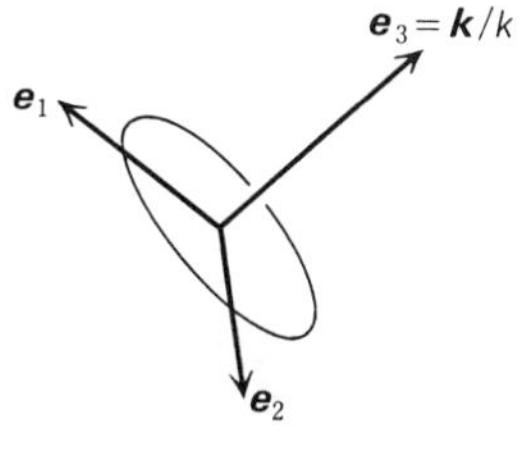

図7-10

$$\boldsymbol{e}_1(\boldsymbol{k}),\ \ \boldsymbol{e}_2(\boldsymbol{k}),\ \ \boldsymbol{e}_3(\boldsymbol{k}) \equiv \boldsymbol{e}_1(\boldsymbol{k})\times\boldsymbol{e}_2(\boldsymbol{k}) = \boldsymbol{k}/k$$

という互いに直交する単位ベクトルの3つ組を導入し，$\boldsymbol{u}_{\boldsymbol{k}}$ を

$$\boldsymbol{u}_{\boldsymbol{k}} = u_{\boldsymbol{k}}^{(1)}\boldsymbol{e}_1+u_{\boldsymbol{k}}^{(2)}\boldsymbol{e}_2+u_{\boldsymbol{k}}^{(l)}\boldsymbol{e}_3 \tag{7.32}$$

と表わそう．こうすると(7.31)から

$$\mathrm{div}\,\boldsymbol{u} = (\boldsymbol{u}_{\boldsymbol{k}}\cdot\nabla)e^{i\boldsymbol{k}\cdot\boldsymbol{r}} = i\boldsymbol{u}_{\boldsymbol{k}}\cdot\boldsymbol{k}e^{i\boldsymbol{k}\cdot\boldsymbol{r}}$$

$$= iku_{\boldsymbol{k}}{}^{(l)}e^{i\boldsymbol{k}\cdot\boldsymbol{r}}$$

$$\mathrm{rot}\,\boldsymbol{u} = -k(\boldsymbol{u}_{\boldsymbol{k}}\times\nabla)e^{i\boldsymbol{k}\cdot\boldsymbol{r}} = -ik(\boldsymbol{u}_{\boldsymbol{k}}\times\boldsymbol{k})e^{i\boldsymbol{k}\cdot\boldsymbol{r}}$$

$$= -ik(-u_{\boldsymbol{k}}{}^{(1)}\boldsymbol{e}_2+u_{\boldsymbol{k}}{}^{(2)}\boldsymbol{e}_1)e^{i\boldsymbol{k}\cdot\boldsymbol{r}}$$

となって，div をとると 0 になる部分

$$\boldsymbol{u}_{\boldsymbol{k}}{}^{(\mathrm{t})} = u_{\boldsymbol{k}}{}^{(1)}\boldsymbol{e}_1+u_{\boldsymbol{k}}{}^{(2)}\boldsymbol{e}_2 \tag{7.33}$$

と rot をとると 0 になる部分

$$\boldsymbol{u}_{\boldsymbol{k}}{}^{(l)} = u_{\boldsymbol{k}}{}^{(l)}\boldsymbol{e}_3 \tag{7.34}$$

とに分けられるのである．$\boldsymbol{u}_{\boldsymbol{k}}{}^{(\mathrm{t})}$ を**横波**(transverse wave)の成分，$\boldsymbol{u}_{\boldsymbol{k}}{}^{(l)}$ を縦波の成分とよぶ．任意の連続なベクトル場 $\boldsymbol{u}(\boldsymbol{r})$ はフーリエ分解によっていろいろな $\boldsymbol{k}$ をもつ波の重ね合わせで与えられるから，一般に縦成分と横成分とにわけられる．すなわち，$\boldsymbol{u}(\boldsymbol{r})=\boldsymbol{u}^{(\mathrm{t})}(\boldsymbol{r})+\boldsymbol{u}^{(l)}(\boldsymbol{r})$，$\mathrm{div}\,\boldsymbol{u}^{(\mathrm{t})}=0$，$\mathrm{rot}\,\boldsymbol{u}^{(l)}=0$ とすることができるのである．

(7.31)を運動方程式(7.30)に代入すると，縦波と横波に対する方程式に分離する．振動数を ω とすると ($\boldsymbol{u}_{\boldsymbol{k}}(t)=\boldsymbol{u}_{\boldsymbol{k}}e^{-i\omega t}$)，縦波に対して

$$-\rho\omega^2\boldsymbol{u}_{\boldsymbol{k}}{}^{(l)} = 2\mu\frac{(1-\sigma)}{(1-2\sigma)}(-k^2)\boldsymbol{u}_{\boldsymbol{k}}{}^{(l)}$$

横波に対して ($\mathrm{rot\,rot}=-\nabla^2+\nabla\,\mathrm{div}$ を使えばよい)

$$-\rho\omega^2\boldsymbol{u}_{\boldsymbol{k}}{}^{(\mathrm{t})} = \mu(-k^2)\boldsymbol{u}_{\boldsymbol{k}}{}^{(\mathrm{t})}$$

が得られる．すなわち縦波と横波の速度を c_l, c_{t} とすると

$$c_l{}^2 = \frac{2\mu}{\rho}\frac{(1-\sigma)}{(1-2\sigma)} = \frac{1}{\rho}\left(K+\frac{4}{3}\mu\right) \tag{7.35}$$

$$c_{\mathrm{t}}{}^2 = \frac{\mu}{\rho} \tag{7.36}$$

という結果になる．σ は 1/2 よりも小さいから，縦波の方がつねに速度が大きい．流体では $\mu=0$ となり c_l は 5-1 節で求めた結果となる．

波の偏り (polarization)　波数 $\boldsymbol{k}$ の横波の場合，変位ベクトルは(7.33)から

$$\boldsymbol{u}^{(\mathrm{t})}(\boldsymbol{r},t) = \mathrm{Re}\,\{(u_{\boldsymbol{k}}{}^{(1)}\boldsymbol{e}_1+u_{\boldsymbol{k}}{}^{(2)}\boldsymbol{e}_2)e^{i(\boldsymbol{k}\cdot\boldsymbol{r}-\omega t)}\} \tag{7.37}$$

で与えられる．ここで $u_{\boldsymbol{k}}{}^{(1)}, u_{\boldsymbol{k}}{}^{(2)}$ は複素数であってよいから，a, b, α, β を実の

定数として

$$u_{\boldsymbol{k}}^{(1)} = ae^{i\alpha}, \qquad u_{\boldsymbol{k}}^{(2)} = be^{i\beta}$$

と書こう．そうすると(7.37)の実部，すなわち必要な部分は

$$\boldsymbol{u}^{(\mathrm{t})}(\boldsymbol{r}, t) = \boldsymbol{e}_1 a\cos(\boldsymbol{k}\cdot\boldsymbol{r}-\omega t+\alpha)+\boldsymbol{e}_2 b\cos(\boldsymbol{k}\cdot\boldsymbol{r}-\omega t+\beta) \tag{7.38}$$

と表わされる．もし $\alpha=\beta$ であれば

$$\boldsymbol{u}^{(\mathrm{t})} = (a\boldsymbol{e}_1+b\boldsymbol{e}_2)\cos(\boldsymbol{k}\cdot\boldsymbol{r}-\omega t+\alpha) \tag{7.39}$$

となり，変位はいつも $a\boldsymbol{e}_1+b\boldsymbol{e}_2$ という方向に生じる．このような波は**平面の偏り**(plane polarized)をもつという(図 7-11)．また $a=b$，$\beta=\alpha\mp\pi/2$ であると

$$\boldsymbol{u}^{(\mathrm{t})} = a\{\boldsymbol{e}_1\cos(\boldsymbol{k}\cdot\boldsymbol{r}-\omega t+\alpha)\pm\boldsymbol{e}_2\sin(\boldsymbol{k}\cdot\boldsymbol{r}-\omega t+\alpha)\} \tag{7.40}$$

となる．このとき波は図 7-12 のようになり，ある点での変位ベクトルは $\boldsymbol{k}$ の方向を軸にして右および左まわりに回る．このような波を**円の偏り**をもつという($a\neq b$ であれば楕円を描く)．

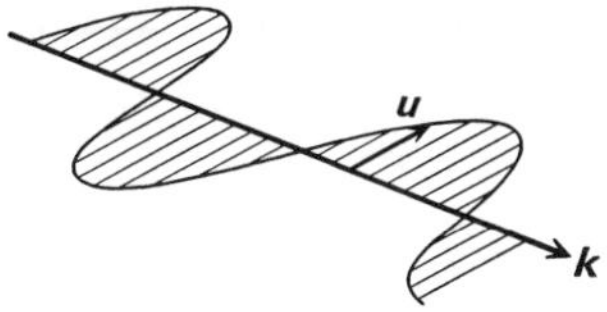

図 7-11 平面の偏り．

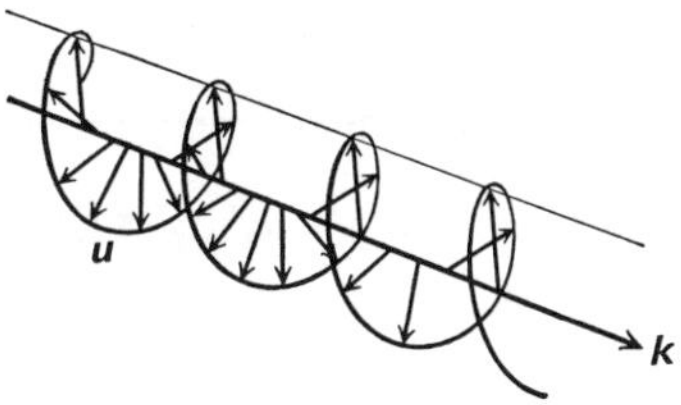

図 7-12 円の偏り．

真空中の光(電磁波)は純粋の横波であって，変位に対応するのは電場のベクトルになる．光の場合，波の偏りは偏光とよばれる．

反射と屈折 2種類の弾性体の境界面あるいは弾性体の自由表面では，流体のときと同様に波の屈折や反射が生じる．弾性体で興味深いのは，境界面で横波と縦波の変換が起こることである．いま図 7-13 のように，波数ベクトルを含む境界面に垂直な面(xz 面とする)内に偏りをもつ横波が入射したとすると，同じ偏りをもつ横波の反射波と透過波だけでなく縦波も発生する．境界面では，変位 $\boldsymbol{u}$ と面にはたらく力 σ_{iz} が連続でなければならない．0 でないのは

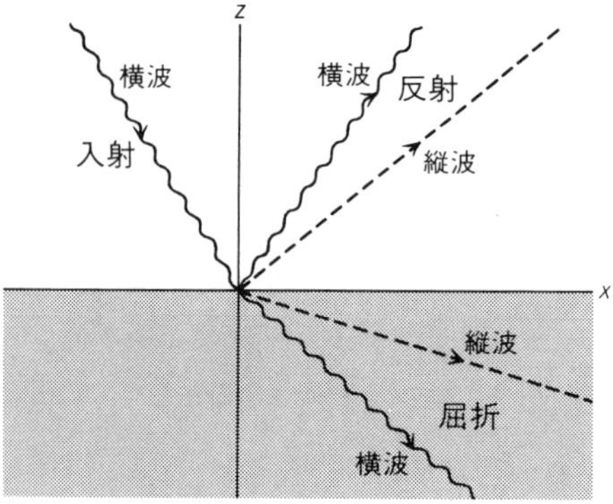

図 7-13　弾性体の境界面に横波が入射すると，
反射波と屈折波は横波だけでなく縦波も生ずる．

$u_x, u_z, \sigma_{xz}, \sigma_{zz}$ であるから，全部で 4 つの条件がある．横波だけだと反射波と透過波の振幅という 2 個の自由度しかなく，条件がみたされないのである．

横波が入射したとき境界面で縦波が発生することは，光という横波だけを伝える媒質エーテルの弾性体モデルを考える上でどうすることもできない困難であった．

流体の表面波のように，弾性体でも表面だけを伝わる波がある．表面波の速度は内部を伝わる縦波や横波の速度よりも小さい．

地球は殻，マントル，液体の芯といった密度や弾性的性質の異なるいくつかの層からできている．また同じ層のなかでも深さによって密度などが連続的に変化する．したがって地震波のようにある所で発生した弾性波は，境界での反射，屈折，横波・縦波の転換，表面波の発生などをともなうきわめて複雑な伝わり方をする．

さらに勉強するために

連続体の力学全般にわたる本のなかでは，古典的名著として

[1] A. Sommerfeld : *Mechanics of Deformable Bodies*(Lectures on Theoretical Physics, Vol. II), Academic Press(英訳, 1950)(島内輝ほか訳：『変形体の力学』(ゾンマーフェルト理論物理学講座 II)，講談社(1969))

を薦めたい．最近の本のなかでは

[2] A. L. Fetter and J. D. Walecka : *Theoretical Mechanics of Particles and Continua*, McGraw-Hill(1980)

が物理コース向きである．第2章に関しては，波動についての詳しい入門書

[3] F. S. Crawford, Jr. : *Waves*(Berkeley Physics Course, Vol. 3), McGraw-Hill(1968)(高橋秀俊監訳：『波動』(上・下)(バークレー物理学コース 3)，丸善(1973))

をむしろ参考書としてあげておこう．流体力学については

[4] 今井功：『流体力学(前編)』(物理学選書 14)，裳華房(1973)

[5] 巽友正：『流体力学』(新物理学シリーズ 21)，培風館(1982)

[6] G. K. Batchelor : *An Introduction to Fluid Dynamics*, Cambridge Univ. Press(1967)(橋本英典ほか訳：『入門流体力学』，東京電機大学出版局(1972))

[7] エリ・デ・ランダウ，イェ・エム・リフシッツ(竹内均訳)：『流体力学 1, 2』(理論物理学教程)，東京図書(1970, 71) (原書は 1954)

[8] D. J. Tritton : *Physical Fluid Dynamics*, Van Nostrand(1977)

をあげれば充分であろう．とくに第5章に関しては，古典

[9] Lord Rayleigh : *The Theory of Sound*(Vol. I, II), Macmillan(2nd ed., 1896), Dover(1945)

[10] J. Lighthill : *Waves in Fluids*, Cambridge Univ. Press(1978)

だけはあげておきたい．なお流れのすばらしい写真集

[11] M. Van Dyke : *An Album of Fluid Motion*, The Parabolic Press (1982)

がある．弾性論については[1]，[2]のほか，

[12] エリ・デ・ランダウ，イェ・エム・リフシッツ(佐藤常三訳)：『弾性理論』(理論物理学教程)，東京図書(1972) (原書は 1965)

がある．

問題略解

2-1 節

1. 滑車の中心を通る鉛直線を y 軸にとり，y 軸から角度 θ を測る．$\theta+\Delta\theta/2$ と $\theta-\Delta\theta/2$ の間にある弧の両端にはたらく張力の合力は中心に向かう大きさ $2\times F\sin(\Delta\theta/2)\cong F\Delta\theta$ の力である．弧の長さは $R\Delta\theta$ であるから，単位長さあたりでは F/R に等しい．したがってその y 成分は $-Fy/R^2$．頂点の近くでは $y\cong R$ であるから，$-F/R$．一方，円の方程式は $y=u(x)=\sqrt{R^2-x^2}\cong R(1-x^2/2R^2)$．したがって(2.4)から求めると $Fd^2u/dx^2=-F/R$ となり，上の結果と一致する．

2. 弦の各点での力の釣り合いは $F\dfrac{d^2u}{dx^2}-\sigma g=0$ である．g は重力加速度．両端で $u=0$ となる解は $u=-\dfrac{\sigma g}{2F}(L-x)x$．したがって中点の下がりは $\sigma gL^2/8F$ に等しい．問題の数値を入れると $10/8=1.25$ m が得られる．

2-2 節

1. 静止しているときの座標が x の点の x 方向の変位を $u(x)$ とする．微小部分 $(x-\Delta x, x)$ および $(x, x+\Delta x)$ に注目する．変位したときそれらの長さは $\left(1+\left.\dfrac{\partial u}{\partial x}\right|_{x\mp\Delta x/2}\right)\Delta x$ になる．張力は伸びに比例するから，点 $x\mp\Delta x/2$ での張力は

$$F\left(1+\left.\frac{\partial u}{\partial x}\right|_{x\mp\Delta x/2}\right)$$

になる．ただし F は変位のないときの張力．したがって微小部分 $(x-\Delta x/2, x+\Delta x/2)$ の両端にはたらく力の合力は $F\partial^2u/\partial x^2\cdot\Delta x$ となり，慣性力と等しいとおいて(2.10)と同じ方程式が得られる．

2-3節

1. $c=\sqrt{F/\sigma}=(3000\times980.67/2)^{1/2}=1213$ cm/s.

2. (2.20)式の不定積分 $G(x)$ はこの場合

$$G(x)=\begin{cases} vx & (a\geqq x\geqq -a) \\ 0 & (\text{それ以外}) \end{cases}$$

となる．これを使って(2.20)の $u(x,t)$ を図示すればよい．とくに $ct<a$, $ct>a$ のときの波形を描くこと．

2-4節

1. (2.35)の第1式を(2.36)の右辺に代入すると

$$\frac{2}{L}\int_0^L f(x)\sin k_n x dx = \frac{2}{L}\sum_{n'=1}^{\infty}\int_0^L a_{n'}\sin k_{n'}x\sin k_n x dx$$

公式 $2\sin k_{n'}x\sin k_n x=\cos(k_{n'}-k_n)x-\cos(k_{n'}+k_n)x$ を使って積分する．

2. $\sigma=\pi(0.05)^2\times7.9=0.062$ g/cm, $\therefore\ c=\sqrt{78.9\times10^3\times g/\sigma}=3.53\times10^4$ cm/s.

$$f=\omega/2\pi=c/2L=257\ \text{Hz}$$

3. (2.39)式より

$$E=\frac{\sigma L}{4}\omega_1{}^2a^2=\frac{\sigma L}{4}\frac{\pi^2c^2}{L^2}a^2=\frac{\pi^2F}{4L}a^2=2.78\times10^6\ \text{erg}=0.278\ \text{J}$$

4. Cを中点の高さとし，(2.36)に

$$f(x)=\begin{cases} 2Cx/L & (0\leqq x\leqq L/2) \\ 2C(L-x)/L & (L/2<x\leqq L) \end{cases}$$

を代入して積分すると

$$a_n=\frac{8C}{L^2k_n{}^2}\sin\frac{k_nL}{2}$$

したがって n が奇数のときだけ0でない．これから

$$u(x,t)=\frac{8C}{\pi^2}\sum_{n=0}^{\infty}\frac{(-1)^n}{(2n+1)^2}\sin k_{2n+1}xe^{-i\omega_{2n+1}t}$$

2-5節

1. (2.42)より $-F\dfrac{\partial u}{\partial x}\dfrac{\partial u}{\partial t}=cF\left(\dfrac{\partial f}{\partial x}\right)^2$.

2. 運動量の流れの密度は，$u=a_n\sin k_nx\cos\omega_nt$ を代入し $-F\partial u/\partial x=-Fa_nk_n\cos k_nx\sin\omega_nt$ であるから，$x=0$ では $-Fa_nk_n\cos\omega_nt$，$x=L$ では $Fa_nk_n\cos\omega_nt$. エネルギー密度は $Fa_n{}^2k_n\omega_n\sin2k_nx\sin2\omega_nt$ に等しい．波数，振動数とも2倍になっていることに注意．

2-6 節

1. $\lim_{\sigma'\to\infty} k'=\infty$, $\therefore\ u_{1r}=-u_{1i}$. すなわち $u_1=u_{1r}+u_{1i}=0$. これは固定端. また $\lim_{\sigma'\to 0} k'=0$, $\therefore\ u_{1r}=u_{1i}$. すなわち $\partial u_1/\partial x=0$, これは自由端である.

2. 略.

2-7 節

1. 面積 $\Delta S=\Delta x\Delta y$ の微小な4角形の各辺にはたらく張力の z 方向の成分を求め，その和を $\Delta x\Delta y$ に比例する項だけ残す近似で求めればよい.

2. 角度 θ だけ回転した座標系での座標 $\bar{x},\bar{y}$ ともとの座標の関係は

$$\bar{x}=\cos\theta\cdot x+\sin\theta\cdot y,\qquad \bar{y}=-\sin\theta\cdot x+\cos\theta\cdot y$$

である．これから

$$\frac{\partial}{\partial x}=\cos\theta\frac{\partial}{\partial\bar{x}}-\sin\theta\frac{\partial}{\partial\bar{y}},\qquad \frac{\partial}{\partial y}=\sin\theta\frac{\partial}{\partial\bar{x}}+\cos\theta\frac{\partial}{\partial\bar{y}}$$

これを用いて $\partial^2 f/\partial x^2+\partial^2 f/\partial y^2$ を計算すればよい.

2-8 節

1. (2.70)で $u\to u+\delta u$ とすると，U の変化は

$$\delta U=\frac{1}{2}f\iint drd\theta r\left\{2\frac{\partial u}{\partial r}\frac{\partial\delta u}{\partial r}+\frac{2}{r^2}\frac{\partial u}{\partial\theta}\frac{\partial\delta u}{\partial\theta}\right\}$$

である．部分積分をすると

$$\delta U=-f\iint drd\theta\left\{\frac{\partial}{\partial r}\left(r\frac{\partial u}{\partial r}\right)+\frac{1}{r^2}\frac{\partial^2 u}{\partial\theta^2}\right\}\delta u$$

膜の周辺で $\delta u=0$ であることを使った．これから F_z が(2.71)の右辺のように求まる.

2. $c=\sqrt{1000\cdot g/0.3}=1.808\times10^3$ cm/s. $kR=2.405$ であるから $\omega=kc=2.405c/10=435$ rad/s.

3-1 節

1. 183 kg.

3-2 節

1. $dl=\sqrt{(dx)^2+(dy)^2+(dz)^2}$, $dl/dt=\sqrt{(dx/dt)^2+(dy/dt)^2+(dz/dt)^2}=|\boldsymbol{v}|$. したがって(3.9)の両辺を $|\boldsymbol{v}|$ でわると(3.9)は $d\boldsymbol{r}/dl=\boldsymbol{v}/|\boldsymbol{v}|$ となる．定常流のとき $\boldsymbol{v}$ は $\boldsymbol{r}$ だけの関数であるから，これは(3.8)と同じ式である.

3-3節

1. 単位ベクトル $\boldsymbol{e}_x$ を両辺にかけると

$$-\int_S P\boldsymbol{e}_x\cdot d\boldsymbol{S} = -\int_V \frac{\partial P}{\partial x}dV = -\int_V \nabla(P\boldsymbol{e}_x)dV$$

これは，ベクトル $P\boldsymbol{e}_x$ に対してガウスの定理を適用した式である．y, z 成分も同様.

3-5節

1. (3.31)の左辺第1項は連続の方程式により

$$\frac{\partial j_i}{\partial t} = \frac{\partial \rho}{\partial t}v_i + \rho\frac{\partial v_i}{\partial t} = -\frac{\partial j_k}{\partial x_k}v_i + \rho\frac{\partial v_i}{\partial t}$$

となるから，第2項とあわせて

$$\rho\frac{\partial v_i}{\partial t} + \sum_k \rho v_k \frac{\partial v_i}{\partial x_k} + \frac{\partial P}{\partial x_i} = \rho f_i \qquad (i=x, y, z)$$

となる($j_i v_k = \rho v_i v_k$ に注意)．これはオイラーの方程式である.

2. 右辺に ρf_i がくる.

3-7節

1. $\mathrm{div}\,\mathrm{rot}\,\boldsymbol{A} = \dfrac{\partial}{\partial x}\left(\dfrac{\partial A_z}{\partial y} - \dfrac{\partial A_y}{\partial z}\right) + \dfrac{\partial}{\partial y}\left(\dfrac{\partial A_x}{\partial z} - \dfrac{\partial A_z}{\partial x}\right) + \dfrac{\partial}{\partial z}\left(\dfrac{\partial A_y}{\partial x} - \dfrac{\partial A_x}{\partial y}\right) = 0.$

2. 2つの断面 S_1, S_2 で区切られた渦管の部分を考えよう．S_1, S_2 および渦管の側面でかこまれた領域で $\boldsymbol{\omega}$ に対しガウスの定理を適用すると，側面ではいつも $\boldsymbol{\omega}$ は面に平行であるから表面積分に寄与せず，

$$\int_{S_1}\boldsymbol{\omega}\cdot d\boldsymbol{S} + \int_{S_2}\boldsymbol{\omega}\cdot d\boldsymbol{S} = \int \mathrm{div}\,\boldsymbol{\omega}dV = 0$$

となる．これは断面 S_1, S_2 の周囲にそう循環が等しいことを意味する.

3-8節

1. C の方程式を $x=x(s)$, $y=y(s)$, $z=z(s)$ としよう．ただし s はパラメタで，$s=0$ と $s=1$ は同じ点であるとする(たとえば C 上のある点から C にそって測った距離)．C にそっての変化 dx は $(dx/ds)ds$ 等々であるから，

$$\nabla A d\boldsymbol{l} = \left\{\frac{\partial A}{\partial x}\frac{dx(s)}{ds} + \frac{\partial A}{\partial y}\frac{dy(s)}{ds} + \frac{\partial A}{\partial z}\frac{dz(s)}{ds}\right\}ds = \frac{dA}{ds}ds$$

$$\therefore\quad \oint_C \nabla A d\boldsymbol{l} = \int_0^1 \frac{dA}{ds}ds = A(x(1), y(1), z(1)) - A(x(0), y(0), z(0)) = 0$$

なぜなら $s=0$，$s=1$ は同じ点であるから.

3-9 節

1. (3.53)の x 成分を示そう.

$$\left(v_x\frac{\partial}{\partial x}+v_y\frac{\partial}{\partial y}+v_z\frac{\partial}{\partial z}\right)v_x=\frac{1}{2}\frac{\partial}{\partial x}(v_x{}^2+v_y{}^2+v_z{}^2)-v_y(\mathrm{rot}\,\boldsymbol{v})_z+v_z(\mathrm{rot}\,\boldsymbol{v})_y$$

右辺第1項を左辺に移項すると

$$v_y\left(\frac{\partial v_x}{\partial y}-\frac{\partial v_y}{\partial x}\right)+v_z\left(\frac{\partial v_x}{\partial z}-\frac{\partial v_z}{\partial x}\right)$$

これは右辺の残りの項に等しい.

4-1 節

1. 速度は $v=200\ \mathrm{km/h}=2\times10^5\ \mathrm{m}/3600\ \mathrm{s}=56\ \mathrm{m/s}$. したがって

$$\Delta P\cong\rho\cdot\frac{1}{2}v^2=1.3\cdot\frac{1}{2}\cdot(56)^2=2\times10^3\ \mathrm{N/m^2}=0.02\ 気圧$$

密度の変化は $\dfrac{\Delta\rho}{\rho}\cong\left(\dfrac{v}{c}\right)^2=\left(\dfrac{56}{331}\right)^2=0.03.$

2. 水面を $z=0$ とすると重力のポテンシャル U は穴のところで $-gh$ に等しい. 圧力は水面でも流れ出るところでも一定(大気圧)であり, 水面で速度0とすると, ベルヌーイの定理により $v^2/2-gh=0$. $h=1\ \mathrm{m}$ のとき速度は $v=\sqrt{2\times9.8\times1}=4.4\ \mathrm{m/s}$.

3. ベルヌーイの定理により

$$\frac{1}{2}v_\mathrm{A}{}^2+\frac{P_\mathrm{A}}{\rho}=\frac{1}{2}v_\mathrm{B}{}^2+\frac{P_\mathrm{B}}{\rho},\quad\therefore\quad P_\mathrm{A}-P_\mathrm{B}=\frac{\rho}{2}(v_\mathrm{B}{}^2-v_\mathrm{A}{}^2)$$

$\rho=10^3$, $v_\mathrm{B}=1.27\ \mathrm{m/s}$, $v_\mathrm{A}=0.32\ \mathrm{m/s}$ を代入すると $P_\mathrm{A}-P_\mathrm{B}=760\ \mathrm{N/m^2}$ (=0.0076 気圧).

4-2 節

1. 等ポテンシャル面の方程式は(4.8). 同じ等ポテンシャル面上にある2点を $\boldsymbol{r},\boldsymbol{r}+\Delta\boldsymbol{r}$ とすると $\phi(\boldsymbol{r})=C$, $\phi(\boldsymbol{r}+\Delta\boldsymbol{r})=C$ であるから $\phi(\boldsymbol{r}+\Delta\boldsymbol{r})-\phi(\boldsymbol{r})=0$. したがって $\Delta\boldsymbol{r}$ が微小のときには $\Delta\boldsymbol{r}\cdot\nabla\phi(\boldsymbol{r})=0$, すなわち $\Delta\boldsymbol{r}\cdot\boldsymbol{v}(\boldsymbol{r})=0$. これは $\boldsymbol{v}(\boldsymbol{r})$ が $\boldsymbol{r}$ という点での等ポテンシャル面の接ベクトル $\Delta\boldsymbol{r}$ に直交していることを意味する.

2. $\nabla(\boldsymbol{r}\cdot\boldsymbol{a})=\boldsymbol{a}$, $\nabla r=\boldsymbol{r}/r$ を使えばよい.

3. 全空間に流体があるとし, 点 $(a,0,0)$ だけでなく点 $(-a,0,0)$ にも湧き出し口 Q をおくと, yz 面上で $v_x=0$ となることを利用すればよい. これは鏡像の方法とよばれる(本コース3『電磁気学I』112ページ).

4-3節

1. 一定速度であるから(4.26)で $d\boldsymbol{u}/dt=0$. 球の中心から表面上の点へのベクトル $\boldsymbol{R}$ と $\boldsymbol{u}$ の間の角を θ とすると, $\boldsymbol{u}\cdot\boldsymbol{R}=uR\cos\theta$ であり, (4.26)は $P=P_0-(\rho/8)u^2(5-9\cdot\cos^2\theta)$ となる. したがって $\rho=1$, $u=10$ cm/s を代入すると $P=P_0-(10/8)(5-9\cos^2\theta)$ N/m^2.

2. $\boldsymbol{X}=0$ のときのエネルギーを計算すればよい. 球の表面の $d\boldsymbol{S}$ は $d\Omega$ を立体角の要素として $d\boldsymbol{S}=-(\boldsymbol{R}/R)R^2d\Omega$ である(負の符号は法線が球の中に向かうから). (4.31)は

$$E_{\rm f}=-\frac{\rho}{2}\frac{R^6}{4}\int\frac{(\boldsymbol{u}\cdot\boldsymbol{R})}{R^3}\left(\frac{\boldsymbol{u}}{R^3}-\frac{3(\boldsymbol{u}\cdot\boldsymbol{R})\boldsymbol{R}}{R^5}\right)\cdot\frac{\boldsymbol{R}}{R}R^2d\Omega$$

この積分を行なえばよい.

3. (4.28)で $M=0$, $\boldsymbol{F}_{\rm e}=\rho Vg\boldsymbol{e}_z$ とおくと $\frac{1}{2}\rho V\frac{d\boldsymbol{u}}{dt}=\rho Vg\boldsymbol{e}_z$ ($\boldsymbol{e}_z$ は鉛直上向きの単位ベクトル). 問題は普通の単振り子の場合と 1/2 の因子だけ異なっている. したがって振動数は $\omega=\sqrt{2g/l}$.

4-4節

1. 建物が長いと, 一様な定常流のなかに直角に置かれた円柱のまわりの流れの上半分と同じ流れになる. したがって(4.41)式で $\kappa=0$ とおいたのが速度場となる. 屋根にはたらく圧力は $P=P_0-2\rho(u^2-(\boldsymbol{u}\cdot\boldsymbol{R})^2/R^2)$. $\boldsymbol{u}\cdot\boldsymbol{R}/R=\cos\varphi$ とし, 上向きにはたらく力を求めると

$$F=2\rho u^2R\int_0^\pi(1-\cos^2\varphi)\sin\varphi d\varphi=\frac{8}{3}\rho u^2R$$

$\rho=1.3$ kg/m^3, $u=30$ m/s, $R=5$ m を代入すると 1592 kgw/m となる.

2. 略.

3. 略.

4-5節

1. $-\nabla^2\Lambda=\mathrm{div}\,\boldsymbol{A}$ の解 Λ を用いて(4.47)の変換を行なう. すなわち $\boldsymbol{A}'=\boldsymbol{A}+\nabla\Lambda$ は $\mathrm{div}\,\boldsymbol{A}'=0$ をみたし, $\mathrm{rot}\,\boldsymbol{A}'=\mathrm{rot}\,\boldsymbol{A}$ であるから, 同じ $\boldsymbol{v}$ を与える.

4-6節

1. $z=0$ が水面となる円柱座標をとる. z 軸にそって循環が $\kappa/2\pi$ の渦糸があるとすると, $v_\varphi=\kappa/r$. 芯の外ではポテンシャル流であるから(4.7)が使える:

$$\frac{1}{2}\frac{\kappa^2}{r^2}+\frac{P}{\rho}+gz=\text{const.}$$

水面では圧力一定で, $r=\infty$ で $z=0$ とすると, 水面の方程式は $z=-\kappa^2/2gr^2$.

2. 略.

4-7 節

1. 2本の渦糸間の距離を R とすると，一方の渦糸が他方の渦糸のところにつくる流れの速度は，大きさが等しく逆向きである．したがって半径 $R/2$ の円運動をする．角速度は $2\kappa/R^2$.

2. どの渦の中心でも他の渦のつくる流れの方向は渦列の方向であり，大きさが等しいことをいえばよい．

5-1 節

1. $\rho'=\rho_0 A\cos kx\cos\omega t$，$v=cA\sin kx\sin\omega t$ の図を描けばよい．

5-2 節

1. 密度の振幅 A と圧力の振幅との関係は $A=P'/\rho_0c^2$ であるから，(5.24)を P' で表わすと，$I=0.117\,(P'\,\mu\mathrm{bar})^2\ \mathrm{W\cdot m^{-2}}$．したがって $P'=10^{-3}\,\mu\mathrm{bar}$ のとき $I=1.17\times10^{-11}\ \mathrm{W\cdot m^{-2}}=10.7\ \mathrm{dB}$.

2. 変位は $A/k=Ac/2\pi f$ で与えられる．ただし f は振動数．したがって $f=100\ \mathrm{Hz}$，変位 0.01 mm のとき $A=(2\pi/c)\times10^{-3}$．(5.24)に代入して，$I=8.4\times10^{-3}\ \mathrm{W}$.

5-3 節

1. 開いている端では圧力は大気圧に等しく，圧力変化がないと考えられる．したがって $Z(L)=0$ でなければならない．$\therefore\ k_zL=\pi(n+1/2)$.

2. $f=\omega/2\pi=k_zc/2\pi=440\ \mathrm{Hz}$．$k_z=\pi/L$ であるから，$L=c/880$．0°C では $L_0=37.6$ cm．20°C の音速と 0°C との比は(5.16)から $\sqrt{(273+20)/273}$．それゆえ $L_{20}=39.0\ \mathrm{cm}$.

5-4 節

1. 音波として毎秒放出されるエネルギー J_E は，(5.49)の第2項$\times4\pi r^2c$ である．$J_E=\dfrac{\rho_0}{2}\dfrac{Q_0{}^2}{4\pi}\dfrac{\omega^2}{c}$．流量を $(1+\cos\omega t)A/2$ とすると，平均は $A/2=10\ l/\mathrm{s}$ であるから，$\cos\omega t$ に比例する部分の大きさ Q_0 も $10\ l/\mathrm{s}$．数値を入れると $J_E=0.016\ \mathrm{W}$.

5-5 節

1. (5.32)の時間平均は，(5.63)の ϕ を使うと $\dfrac{1}{2}\rho_0\left(\dfrac{u_0R^2}{2\pi}\right)^2\dfrac{\omega k}{r^2}[f(kR\sin\theta)]^2$．いま $\theta=0$ であるから $f=1$．$R=0.1\ \mathrm{m}$，$u_0=10^{-3}\ \mathrm{m}$，$r=4\ \mathrm{m}$，$\omega k=(2\pi\times100)^2/331$ を代入すると，$1.4\times10^{-6}\ \mathrm{W}=61.5\ \mathrm{dB}$.

5-6 節

1. (5.72)で $R=1$ となるには $\cos\theta_2=0$．(5.69)より $\sin\theta_1=c_1/c_2$，したがって $\theta_1=$

$\sin^{-1}(c_1/c_2)$.

2. $\theta_1=\theta_2=0$ であるから(5.72)より $T=1-R$ は $T=\dfrac{4\rho_{10}c_1/\rho_{20}c_2}{(1+\rho_{10}c_1/(\rho_{20}c_2))^2}$. いまの場合 $T=1.15\times10^{-3}$.

5-7 節

1. 警笛の振動数を ω_0 とすると $\omega=\omega_0[1+0.07t/\sqrt{1+0.8t^2}]^{-1}$.

5-8 節

1. 開いているとき $h(L)=0$, 閉じているとき $\partial h/\partial x=0$ を使う. それぞれ $\omega=\pi\sqrt{h_0 g}/L=0.4$ rad/s, $\omega=\pi\sqrt{h_0 g}/2L=0.2$ rad/s. 周期は 15.7 秒と 31.4 秒.

2. 右図のようになる.

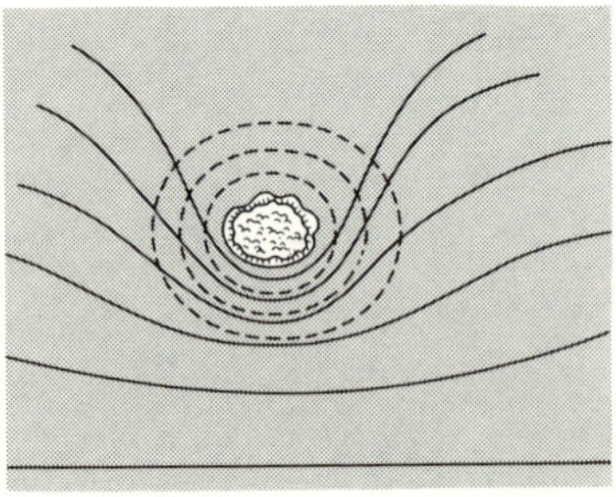

3. 波長の方が水深より大きいから $c=\sqrt{h_0 g}$ を使う. 205 m/s.

5-9 節

1. (5.95)式より $\omega=\sqrt{2\pi g/\lambda}$. それゆえ, $\lambda=1$ m の場合 7.8, 10 m の場合 2.5 rad/s.

2. 1.7 cm.

5-10 節

1. 波長 1 m の場合 0.6 m/s, 10 m の場合 2 m/s.

2. $(\sin ka)/\pi k$.

6-1 節

1. 回転軸上に原点をとる. 回転の角速度のベクトルを $\boldsymbol{\Omega}$ (回転軸の方向を向き, 大きさ Ω のベクトル)とすると, 点 $\boldsymbol{r}$ での速度は $\boldsymbol{v}=\boldsymbol{\Omega}\times\boldsymbol{r}$. したがって $v_x=\Omega_y z-\Omega_z y$, … などであり, $F_{xx}=2\eta\dfrac{\partial v_x}{\partial x}=0$, $F_{xy}=\eta(-\Omega_z+\Omega_z)=0$, 等々.

6-2 節

1. 略.

6-3 節

1. 定常流であるから(6.14)の左辺は 0. 右辺の表面積分は板の面にわたって行なわれるから $d\boldsymbol{S}$ は z 成分しかもたない. 動いている板の面で $v_x=u$. したがって板の単位面積あたりの寄与は $u(\nu u/h)$. 右辺第 2 項の体積積分がこれに等しい. つまり板がした仕事は流体中で散逸される.

2. (6.21)の v_z をパイプの断面にわたって積分すればよい．

$$\frac{J}{\rho} = -\frac{1}{4\rho\nu}\frac{dP}{dz}2\pi\int_0^a (a^2-r^2)rdr = -\frac{\pi}{8\rho\nu}\frac{dP}{dz}a^4$$

ここで $\dfrac{dP}{dz}=-0.5\rho g$ だから，$v(0)=\dfrac{0.5g}{4\nu}a^2=0.68\ \mathrm{m/s}$，$J=1.07\times10^{-3}\ \mathrm{kg/s}$.

6-4 節

1. 略.

2. V を z 方向にとったとき，$\boldsymbol{\omega}=\left(\dfrac{3}{2}V\dfrac{r_0y}{r^3},\ -\dfrac{3}{2}V\dfrac{r_0x}{r^3},\ 0\right)$.

3. 略.

4. ストークス抵抗と重力とが釣り合うとして速度をきめる．$6\pi\rho\nu r_0V=\dfrac{4}{3}\pi\rho' r_0{}^3g$ (ρ' は水の密度)．すなわち $V=\dfrac{2}{9}\dfrac{g}{\nu}\dfrac{\rho'}{\rho}r_0{}^2$．いまの場合 $V=4.8\ \mathrm{cm/s}$．ストークス近似の使える条件は $V\ll70\ \mathrm{cm/s}$ であるから，矛盾はしない．

6-5 節

1. 0.14 mm.

2. 板のする仕事から求める．(6.14)の右辺第1項で(6.40)を代入したとき残るのは

$$-\int_S v_xF_{xz}ds_z = \rho\nu U_0{}^2\sqrt{\frac{\omega}{2\nu}}\left(\cos^2\omega t-\frac{1}{2}\sin 2\omega t\right)$$

ただし $\partial v_x/\partial z$ を求めてから $z=0$ とおき，単位面積について積分した．時間平均するとカッコの中は 1/2 になる．振幅 A は U_0/ω に等しい．したがって求める量は

$$\frac{1}{2}\rho\nu(\omega A)^2\sqrt{\frac{\omega}{2\nu}} = 0.45\ \mathrm{W/m^2}$$

6-6 節

1. 略.

2. 略.

7-1 節

1. $\boldsymbol{u}(\boldsymbol{r})=\delta\theta\boldsymbol{n}\times\boldsymbol{r}$ であるから，

$$\epsilon_{ij}(\boldsymbol{r}) = \frac{1}{2}\delta\theta\left\{\frac{\partial(\boldsymbol{n}\times\boldsymbol{r})_i}{\partial x_j}+\frac{\partial(\boldsymbol{n}\times\boldsymbol{r})_j}{\partial x_i}\right\} = 0$$

7-2 節

1. $\epsilon_{12}=\epsilon_{21}=\alpha$，その他の成分は 0 とする．45° 回転させた座標系に移るには

$$(S_{ij}) = \begin{pmatrix} 1/\sqrt{2} & 1/\sqrt{2} & 0 \\ -1/\sqrt{2} & 1/\sqrt{2} & 0 \\ 0 & 0 & 1 \end{pmatrix}$$

を(7. 11)で用いればよい．結果は

$$(\epsilon_{ij}) = \begin{pmatrix} \alpha & 0 & 0 \\ 0 & -\alpha & 0 \\ 0 & 0 & 0 \end{pmatrix}$$

2.　略.

3.　略.

7-4 節

1.　(7. 10)により $S_{ik}S_{jl}\delta_{kl}=S_{ik}S_{jk}=\delta_{ij}$ であることに注意すればよい.

7-5 節

1.　$\epsilon_{ll}=\epsilon_{xx}+\epsilon_{yy}+\epsilon_{zz}=f/3K$．したがって単位体積あたりの変化は $f/3K$.

2.　$\epsilon_{zz}=f/E=500\times 9.8\times 10^4/20\times 10^{10}$．一様な伸びであるから，棒の伸びは 1 m×$\epsilon_{zz}=2.5\times 10^{-4}$ m.

索引

サ 行

タ 行

ナ 行

恒藤敏彦
1930–2010年．京都市生まれ．1953年京都大学理学部卒業．1958年同大学院博士課程単位修得．イリノイ大学に留学．京都大学教授，龍谷大学教授を歴任．理学博士．専攻は物性理論．
著書に『現代物理学の基礎 物性 I』(共著，岩波書店)，『量子物理学の展望(上・下)』(共編著，岩波書店)，『超伝導・超流動』(岩波書店)など．

物理入門コース 新装版
弾性体と流体

1983年 9月14日 初版第1刷発行
2015年10月13日 初版第31刷発行
2017年12月 5日 新装版第1刷発行
2024年10月25日 新装版第5刷発行

著 者 恒藤敏彦(つねとうとしひこ)

発行者 坂本政謙

発行所 株式会社 岩波書店
〒101-8002 東京都千代田区一ツ橋2-5-5
電話案内 03-5210-4000
https://www.iwanami.co.jp/

印刷・理想社 表紙・半七印刷 製本・牧製本

ISBN 978-4-00-029868-1 Printed in Japan